21世纪高等学校机械设计制造及其自动化专业系列教材

工程训练

——机械制造技术分册

主　编　彭江英　周世权

副主编　李华飞　安　萍　田文峰

　　　　周　立　吴志超　刘怀兰

U0323582

华中科技大学出版社

中国·武汉

内 容 简 介

为适应制造业数字化、网络化和智能化的发展趋势和相应的人才培养要求,本书除介绍常见的机械制造技术知识外,还增加了工业机器人、智能制造等先进制造技术内容。全书内容分为三个部分:材料成形技术实习(金属材料及热处理、铸造、锻压和焊接)、基础机械加工技术实习(车削、铣削、磨削、钳工和装配),以及先进制造技术实习(数控加工、特种加工、工业机器人和智能制造)。每种制造技术围绕"原理—材料—装备"展开阐述。本书配有部分数字化教学资源,可以通过扫描书中二维码浏览。

本书可作为普通高等学校机械及近机械类专业的工程训练、机械制造实习教材,也可供开展机械制造技术和智能制造技术研究的工程技术人员参考。

图书在版编目(CIP)数据

工程训练.机械制造技术分册/彭江英,周世权主编.—武汉:华中科技大学出版社,2019.12(2022.8 重印)
21 世纪高等学校机械设计制造及其自动化专业系列教材
ISBN 978-7-5680-5909-1

Ⅰ.①工⋯　Ⅱ.①彭⋯　②周⋯　Ⅲ.①机械制造工艺-高等学校-教材　Ⅳ.①TH16

中国版本图书馆 CIP 数据核字(2019)第 269935 号

工程训练——机械制造技术分册
Gongcheng Xunlian——Jixie Zhizao Jishu Fence

彭江英　周世权　主编

策划编辑:万亚军
责任编辑:吴　晗
封面设计:原色设计
责任监印:周治超

出版发行:华中科技大学出版社(中国·武汉)　　　电话:(027)81321913
　　　　　武汉市东湖新技术开发区华工科技园　　邮编:430223
录　　排:华中科技大学惠友文印中心
印　　刷:武汉科源印刷设计有限公司
开　　本:787mm×1092mm　1/16
印　　张:16.75
字　　数:436 千字
版　　次:2022 年 8 月第 1 版第 2 次印刷
定　　价:42.00 元

21 世纪高等学校
机械设计制造及其自动化专业系列教材
编审委员会

21世纪高等学校
机械设计制造及其自动化专业系列教材

总 序

"中心藏之,何日忘之",在新中国成立60周年之际,时隔"21世纪高等学校机械设计制造及其自动化专业系列教材"出版9年之后,再次为此系列教材写序时,《诗经》中的这两句诗又一次涌上心头,衷心感谢作者们的辛勤写作,感谢多年来读者对这套系列教材的支持与信任,感谢为这套系列教材出版与完善做过努力的所有朋友们。

追思世纪交替之际,华中科技大学出版社在众多院士和专家的支持与指导下,根据1998年教育部颁布的新的普通高等学校专业目录,紧密结合"机械类专业人才培养方案体系改革的研究与实践"和"工程制图与机械基础系列课程教学内容和课程体系改革研究与实践"两个重大教学改革成果,约请全国20多所院校数十位长期从事教学和教学改革工作的教师,经多年辛勤劳动编写了"21世纪高等学校机械设计制造及其自动化专业系列教材"。这套系列教材共出版了20多本,涵盖了"机械设计制造及其自动化"专业的所有主要专业基础课程和部分专业方向选修课程,是一套改革力度比较大的教材,集中反映了华中科技大学和国内众多兄弟院校在改革机械工程类人才培养模式和课程内容体系方面所取得的成果。

这套系列教材出版发行9年来,已被全国数百所院校采用,受到了教师和学生的广泛欢迎。目前,已有13本列入普通高等教育"十一五"国家级规划教材,多本获国家级、省部级奖励。其中的一些教材(如《机械工程控制基础》《机电传动控制》《机械制造技术基础》等)已成为同类教材的佼佼者。更难得的是,"21世纪高等学校机械设计制造及其自动化专业系列教材"也已成为一个著名的丛书品牌。9年前为这套教材作序的时候,我希望这套教材能加强各兄弟院校在教学改革方面的交流与合作,对机械工程类专业人才培养质量的提高起到积极的促进作用,现在看来,这一目标很好地达到了,让人倍感欣慰。

李白讲得十分正确:"人非尧舜,谁能尽善?"我始终认为,金无足赤,人无完人,文无完文,书无完书。尽管这套系列教材取得了可喜的成绩,但毫无疑问,这套书中,某本书中,这样或那样的错误、不妥、疏漏与不足,必然会存在。何况形势总在不断地发展，更需要进一步来完善，与时俱进，奋发前进。较之 9 年前，机械工程学科有了很大的变化和发展，为了满足当前机械工程类专业人才培养的需要，华中科技大学出版社在教育部高等学校机械学科教学指导委员会的指导下，对这套系列教材进行了全面修订，并在原基础上进一步拓展，在全国范围内约请了一大批知名专家，力争组织最好的作者队伍，有计划地更新和丰富"21 世纪高等学校机械设计制造及其自动化专业系列教材"。此次修订可谓非常必要，十分及时，修订工作也极为认真。

"得时后代超前代，识路前贤励后贤。"这套系列教材能取得今天的成绩，是几代机械工程教育工作者和出版工作者共同努力的结果。我深信，对于这次计划进行修订的教材，编写者一定能在继承已出版教材优点的基础上，结合高等教育的深入推进与本门课程的教学发展形势，广泛听取使用者的意见与建议，将教材凝练为精品；对于这次新拓展的教材，编写者也一定能吸收和发展原教材的优点，结合自身的特色，写成高质量的教材，以适应"提高教育质量"这一要求。是的，我一贯认为我们的事业是集体的，我们深信由前贤、后贤一起一定能将我们的事业推向新的高度！

尽管这套系列教材正开始全面的修订，但真理不会穷尽，认识不是终结，进步没有止境。"嘤其鸣矣，求其友声"，我们衷心希望同行专家和读者继续不吝赐教，及时批评指正。

是为之序。

中国科学院院士

2009. 9. 9

前　言

　　"工程训练"是培养学生工程实践能力、系统工程意识的实践性基础课程,通过系统的工程实践训练,使学生获得对机械技术、电子技术、信息技术、管理技术等专业技术在工程中的融合和应用的感性认识和体验,为相关理论课和专业课学习奠定必要的实践基础。

　　围绕"工程训练"课程的培养目标,结合现代制造技术的发展,确定了本教材的编写内容和形式,突出了以下特点:

　　(1) 为适应制造业数字化、网络化和智能化的发展趋势和相应的人才培养要求,教材增加了工业机器人、智能制造等先进制造技术内容,在实训方式方面增加了虚拟仿真培训模式,力求使教材内容具有先进性和前瞻性。

　　(2) 教材内容编写以制造工艺方法为主线,由于每一种制造技术工艺方法种类多,限于学时和篇幅,教材以常用的、典型的工艺方法为重点展开阐述,精炼内容,以点带面,兼顾知识的深度与宽度、有限的学时与高的培养要求。

　　(3) 每种制造技术的内容围绕"原理—材料—装备"展开阐述,不仅仅局限于工艺方法和操作,突出机械技术、光电技术、控制技术、计算机技术等专业技术在制造工程中的融合和应用。

　　考虑到教材面向对象为大学一、二年级学生,其缺乏系统的专业基础知识,在教材编写上力求简洁易懂,又不失严谨;同时通过典型实例的分析和实操,引导学生入门,培养初步的理论结合实际的分析能力。

　　本书由彭江英、周世权担任主编,李华飞、安萍、田文峰、周立、吴志超、刘怀兰任副主编。本书的编写分工如下:李华飞(第 1 章、第 8 章、第 5 章第 3 节)、安萍(第 2 章)、罗云华(第 3 章)、周世权(绪论、第 4 章)、田文峰(第 5 章第 1,2 节、第 7章)、彭江英(第 6 章、第 9 章)、周立(第 10 章、第 11 章)、吴志超(第 12 章第 1、2节)、刘怀兰(第 12 章第 3,4 节、第 14 章、第 15 章)、王锦春(第 13 章第 1 节)、赵轶(第 13 章第 2 节)、周琴(第 13 章第 3 节),全书由彭江英统稿。

　　本书编写过程中,参阅了有关院校的相关教材,并得到了华中科技大学许多领导、同行的支持与帮助,在此表示衷心的感谢。

　　由于编者水平有限,编写时间仓促,书中难免存在不妥或错误之处,敬请读者批评指正。

编　者

2019 年 8 月

目　　录

第 3 篇　先进制造技术实习

绪　　论

1. 制造业的发展历程

制造是将原材料变换为所希望的有用产品的过程。它是人类所有经济活动的基石,是人类历史发展和文明进步的动力。

"制造"这一术语在应用上有广义和狭义之分。狭义的"制造"指加工,而广义的"制造"不仅指具体的工艺过程,而且还包括市场分析、产品设计、计划控制、质量检验、销售服务和管理等产品的整个生命周期的全过程。国际生产工程学会 1990 年给"制造"下的定义是:制造是一个涉及制造工业中产品设计、物料选择、生产计划、生产过程、质量保证、经营管理、市场销售和服务的一系列相关活动和工作的总称。

制造技术是完成制造活动所需的一切手段的总和。纵观近 200 年制造业的发展历程,影响其发展的最主要的因素是技术的推动及市场的牵引。如图 0-1 所示,随着人类科学技术的发展和对高度物质文明生活的不断追求,制造业的生产规模、资源配置和生产方式发生了显著的变化。

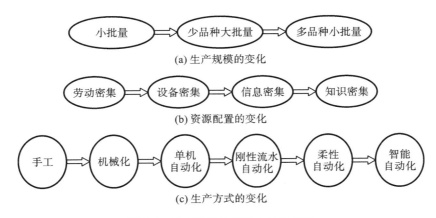

图 0-1　近 200 年的制造业发展历程

图 0-2 更清晰地勾勒了科学技术的发展对制造业发展的引领和推动作用。第一次工业革命以蒸汽机和工具机发明为特征,也称为机械化时代。第二次工业革命以电气、自动化技术和管理科学的发展为特征,也称为电气化时代。第三次工业革命以电子信息技术的发展为特征,也称为数字化时代。第四次工业革命将互联网、大数据、云计算、物联网等新技术与工业生产相结合,以智能制造为代表,也称为智能化时代。从图中可以看到工业革命的步伐在不断加快,第一次工业革命大约持续了 100 年,第二次工业革命持续了大约 50 年,第三次工业革命只持续了大约 30 年,很快第四次工业革命的高潮就已经到来。另一方面,现代制造技术综合集成了机械、电子、信息、控制、材料及现代管理等的最新成果,不同学科、专业走向深度融合,并应用于制造的全过程。

2. 工程训练的目的和要求

"工程训练"课程旨在通过系统的制造工程实践训练,树立工程意识、学习制造基础知识、

图 0-2　制造业的发展阶段

提高工程实践能力、培养综合工程能力与创新意识。通过实践学习达到如下教学目标：

（1）通过系统的制造工程实践训练，获得对一般工业生产方法与工业生产环境的感性认识和体验，了解制造技术的现状和发展方向；

（2）以制造工艺方法为主线，通过对"原理—材料—装备"基础知识的综合学习和体验，培养学科交叉融合的系统工程观，为相关理论课和专业课学习奠定必要的实践基础；

（3）具有基本制造工艺方法操作的技能，提高工程实践能力；

（4）培养工程文化素养、团队合作精神，建立创新、质量、安全、环境等系统的工程意识；

（5）培养社会责任感和严谨求实的作风。

3. 机械制造技术工程训练的内容

机械制造技术工程训练的内容以制造工艺方法为主线安排，包括材料成形技术、基础机械加工技术、先进制造技术，如图 0-3 所示；每种工艺方法围绕"原理—材料—装备"展开基础知识的学习和实训，实现了机械、材料、光电、控制、计算机等专业基础知识的覆盖和融合。

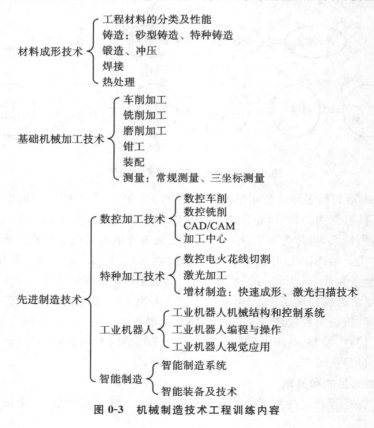

图 0-3　机械制造技术工程训练内容

第1篇　材料成形技术实习

第1章　工程材料及热处理基础知识

1.1　工程材料的分类

工程材料主要是指用于机械、车辆、船舶、建筑、化工、能源、仪器仪表、航空航天等工程领域中的材料，用来制造工程构件和机械零件，也包括一些用于制造工具的材料和具有特殊性能（如耐蚀、耐热等）的材料。按化学组成可将工程材料分成金属材料、高分子材料、陶瓷材料和复合材料四大类，如图1-1所示。

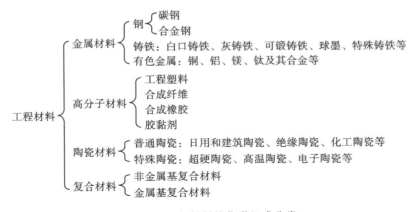

图1-1　工程材料按化学组成分类

金属材料是使用最广泛的工程材料，据统计，目前机械工业所用的材料中，金属材料占90%以上。这是由于金属材料来源丰富，具有优良的综合力学性能与工艺性能。优良的综合力学性能可满足零件的使用要求，良好的工艺性能则便于采用各种加工方法制成各种形状、尺寸的零件。金属材料还可通过调整成分和热处理工艺来改变其组织与性能，从而进一步扩大其应用。

高分子材料的某些力学性能虽不及金属材料，但它们具有金属材料不具备的某些特性，如耐腐蚀性、电绝缘性、隔音、减振、密度小、价廉和加工容易等优点，因而近年来发展速度非常快。目前，高分子材料不仅用于人们的生活用品，而且在工业生产中已日益广泛地代替部分金属材料。

陶瓷材料的塑性与韧度远低于金属材料,但它们具有高熔点、高硬度、耐高温以及特殊的物理性能。随着科学技术的进步,陶瓷材料的开发和应用获得了快速发展,陶瓷已成为一种既古老又年轻的工程材料。

近年来,人们为集中各类材料的优异性能于一体,充分发挥各类材料的潜力,制成了各种复合材料。目前,高的比强度和比弹性模量的复合材料已广泛地应用于航空、建筑、机械、交通运输以及国防工业等部门。

1.2　金属材料的力学性能

金属材料的力学性能是指材料在外力或能量以及环境因素(温度、介质等)作用下表现出的变形和断裂的特性。衡量金属材料力学性能的主要指标有刚度、强度、塑性、硬度、冲击韧度等。

1.2.1　刚度、强度及塑性

刚度是指材料或结构物体在受力时抵抗弹性变形的能力。强度是指金属在外力作用下抵抗变形和断裂的能力,工程上常用来表示金属强度的指标有屈服强度和抗拉强度。塑性是指材料在外力作用下产生永久变形而不破坏其完整性的能力。刚度、强度及塑性可通过静拉伸试验进行测定。

拉伸试验时,将标准拉伸试样装夹在拉伸试验机的两个夹头上,然后缓慢匀速施加轴向拉力,直至试样被拉断为止。试验机会自动绘出拉伸过程中轴向力 F 与试样标距部分的变形量 ΔL 间的关系图。当金属材料受外力作用时,其内部产生与外力相平衡的内力,单位截面上的内力称为应力。若将 F 除以试样原始截面积 A_0,变形量 ΔL 除以标距长度 L_0,则得到应力-应变关系曲线(σ-ε 曲线)。

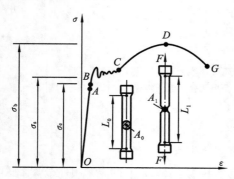

图 1-2　低碳钢应力-应变曲线

图 1-2 为低碳钢拉伸时的 σ-ε 曲线,低碳钢是指碳质量分数在 0.25% 以下的碳素钢,其力学性质具有代表性。σ-ε 曲线的初始阶段(OB 段),试样的变形是弹性变形,即外力去除后,试样恢复原长。将弹性变形阶段的最大应力 σ_e 称为弹性极限。低碳钢的 $\sigma_e \approx 200$ MPa。OA 段为直线段,应力与应变成正比,其比值反映了材料产生弹性变形的难易程度,称为材料的弹性模量,工程上称为刚度,用 E 表示:

$$E = \frac{\sigma}{\varepsilon} \tag{1-1}$$

低碳钢的弹性模量为 200 GPa 左右。

应力超过弹性极限后,试样将同时产生弹性变形和塑性变形,即外力去除后,试样不能恢复原长,有一部分变形成为永久变形。低碳钢试样应力超过弹性极限后将产生屈服现象,即应力在较小的范围内上下波动,而应变急剧增加(图 1-1 中 BC 段)。屈服阶段最低点所对应的应力称为屈服强度 σ_s,低碳钢的 $\sigma_s \approx 240$ MPa。工程中还存在着没有明显屈服阶段的塑性材料,国家标准规定,试样卸载后有 0.2% 的塑性应变时的应力值作为名义屈服强度 $\sigma_{0.2}$。材料进入屈服阶段后将产生显著的塑性变形,这在机械构件中一般是不允许的,因此,屈服强度是零件结构设计时确定材料设计强度的主要依据。

试验中材料过了屈服点以后,需要继续增加应力,试样才能继续伸长。当应力增加到某一数值时(图 1-2 中 D 点),在试样某处出现"颈缩",此后变形主要集中在颈部,最后在颈部断裂。试样断裂前的最大应力 σ_b 称为抗拉强度。低碳钢的 $\sigma_b \approx 400$ MPa。抗拉强度 σ_b 表示材料抵抗断裂的能力,其值越大,材料抵抗断裂的能力越强。

试样断裂后,弹性变形全部消失,而塑性变形保留下来。工程中常以延伸率 δ 和断面收缩率 φ 作为衡量材料塑性变形能力的指标,其定义为

$$\delta = \frac{L_1 - L_0}{L_0} \times 100\%, \quad \varphi = \frac{A_0 - A_1}{A_0} \times 100\% \tag{1-2}$$

式中:L_0 为试样的原始标距长度,L_1 为试样断裂后的标距长度;A_0、A_1 分别为试样标距范围内原始横截面积、断裂后颈部的最小横截面积。

δ 和 φ 越大,说明材料的塑性变形能力越强。工程中将 10 倍标样大小的试样的延伸率 $\delta \geqslant 5\%$ 的材料称为塑性材料,将 $\delta < 5\%$ 的材料称为脆性材料。良好的塑性是金属材料进行压力加工(如锻造和冲压)的基础;另一方面,材料具有一定塑性,可以提高零件使用的可靠性,防止突然脆断。

1.2.2　硬度

硬度是衡量金属材料软硬程度的指标,常采用压入法测试金属材料硬度(如布氏硬度、洛氏硬度、维氏硬度等),它反映了材料表面抵抗被硬物压入而引起局部塑性变形的能力。

1. 布氏硬度

在直径为 D 的球形压头上施加一定试验力 F,压入被测试金属的表面,如图 1-3(a)所示,保持规定的时间后卸除试验力,试样表面将残留压痕。以单位压痕面积所承受的载荷表示材料的布氏硬度值。F 以 N 为单位时,其计算公式为

$$HBW = 0.102 \times \frac{2F}{\pi D(D - \sqrt{D^2 - d^2})} \tag{1-3}$$

式中:d 为残留压痕平均直径(mm)。根据 GB/T 231.1—2018 规定,布氏硬度值的符号以 HBW(硬质合金球压头)来表示,取消了旧国标中的 HBS(淬火钢球压头)。实际测试时是在获得压痕直径 d 后,直接查阅布氏硬度表来得到相应的数值。

布氏硬度的表示:如 210 HBW 10/3000/30,表示采用直径为 10 mm 的硬质合金球为压头、试验力为 3000 kgf、保持时间为 30 s 的条件下,试件的布氏硬度值为 210。

布氏硬度测试的优点是压痕较大,测试结果较准确,但是试验操作及压痕测量较费时间,且压痕大,不适于成品检验。多用于测量较软的金属材料,如未经淬火的钢、铸铁、非铁金属等。

2. 洛氏硬度

用顶角为 120° 的金刚石圆锥体或一定直径的碳化钨合金圆球压头,以一定的压力压入材料表面,通过测量压痕深度来确定其硬度,如图 1-3(b)所示。

测试时先对压头施加初试验力 F_0(10 kgf 或 98.1 N),使压头与试样处于良好接触状态,并将表盘调至零位,然后再加上主试验力 F_1,保持一定时间后卸除 F_1,以消除弹性变形部分。此时表盘上的读数值即为洛氏硬度值。

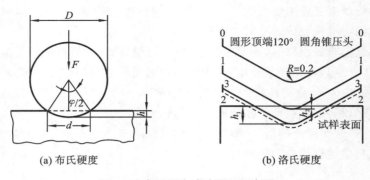

(a) 布氏硬度　　　　　　　　　(b) 洛氏硬度

图 1-3　常用硬度试验原理示意图

为确定洛氏硬度值的大小，规定以压头每压入 0.002 mm 深度为一个洛氏单位。为使材料越硬，其硬度值越高，规定洛氏硬度的计算公式为

$$HR = K - \frac{h_1 - h_2}{0.002} \tag{1-4}$$

式中：$h_1 - h_2$ 为由主试验力所产生的压痕深度的残留增量（mm）；K 为给定标尺的全量程常数，当使用金刚石圆锥压头时 K 取 100，当使用碳化钨合金圆球压头时 K 取 130。

实际洛氏硬度计上方测量压痕深度的百分表表盘上的刻度，已按式（1-4）标定为相应的硬度值。为了能在一台硬度计上测量不同软硬或厚薄试样的硬度，可采用不同的压头和试验力组合成几种不同的洛氏硬度标尺。根据 GB/T 230.1—2018 规定，洛氏硬度共有 9 种标尺，其中 A、B、C、D 最常用，分别以 HRA、HRBW、HRC、HRD 表示，如表 1-1 所示。洛氏硬度的表示方法为硬度值＋HR＋使用的标尺，如 70 HRC。

表 1-1　洛氏硬度常用的四种标尺

硬度符号	压头类型	总载荷/N	洛氏硬度范围
HRA	金刚石圆锥	588.4	20～95 HRA
HRBW	ϕ1.5875 mm 球	980.7	10～100 HRBW
HRC	金刚石圆锥	1471	20～70 HRC
HRD	金刚石圆锥	980.7	40～77 HRD

洛氏硬度试验适于各种不同硬度材料的检验，压痕小，基本不损伤工件表面，且操作简单，效率高，因而广泛用于零件热处理质量检验。其缺点是压痕较小，代表性差，同一产品需要测量多点，取其平均值；用不同标尺测得的硬度值不能直接比较。

硬度与材料的抗拉强度、耐磨性、切削加工性等之间存在着一定联系，可作为选择加工工艺时的参考。因此，在工程上硬度被广泛地用以检验原材料和热处理件的质量，鉴定热处理工艺的合理性以及作为评定工艺性能的参考。

3. 冲击韧度

冲击载荷是指以较高的速度施加到零件上的外力。当零件承受冲击载荷时，瞬间冲击所引起的变形比静载荷时大得多，因此，制造承受冲击载荷的零件，必须考虑材料的冲击韧度。通常采用带缺口的试样，使之在冲击载荷作用下折断，以试样在变形和折断过程中所吸收的能量来表示材料的冲击韧度。

常用夏比冲击试验（见图 1-4）测试材料的冲击韧度。试验时，把带 V 形或 U 形刻槽的标准试样放在试验机的两个支承上,试样缺口背向摆锤冲击方向,将质量为 m 的摆锤放至一定高度 H,释放摆锤,并测量出击断试样后向另一方向升起至的高度 h。根据摆锤质量和冲击前后摆锤的高度差,可算出击断试样所耗冲击吸收功 A_k 或冲击韧度值 a_k。

$$A_k = mg(H-h) \quad 或 \quad a_k = A_k/F \tag{1-5}$$

式中:g 为重力加速度;F 为试样缺口处原始截面积。

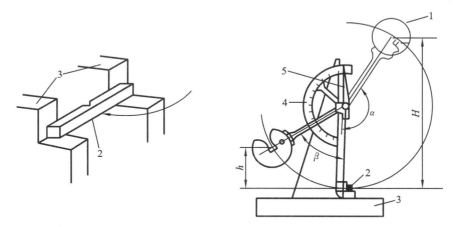

图 1-4　夏比摆锤冲击试验示意图
1—摆锤;2—试样;3—试验机;4—刻度盘;5—指针

冲击试验对材料的缺陷很敏感,它能灵敏地反映出材料的宏观缺陷、显微组织的微小变化和材料的质量,因此冲击试验是生产上用来检验冶炼、铸造、锻造、焊接、热处理等工艺质量的有效方法。

1.3　钢的组织和热处理

1.3.1　钢材的分类

1. 根据钢材的化学成分分类

根据钢材的化学成分可分为碳素钢和合金钢两大类。

(1)碳素钢　碳素钢是指碳质量分数小于 2.11%,含有少量硅、锰、硫、磷等杂质元素的铁碳合金。其中,硅、锰是钢材冶炼时为脱氧而加入的有益元素,硫和磷是从炼钢原料中带入的残留有害杂质。碳的含量对钢的力学性能有很大影响,一般随含碳量的增加,钢的硬度、强度上升,而塑性、韧度下降。当然,钢的力学性能还受其显微组织结构的影响。

碳素钢按碳质量分数可分为:低碳钢(碳质量分数小于 0.25%)、中碳钢(碳质量分数为 0.25%~0.60%)、高碳钢(碳质量分数大于 0.60%)。

(2)合金钢　为了提高钢的某些性能,在碳钢的基础上加入合金元素所炼成的钢。合金元素质量分数总和小于 5% 的称为低合金钢,总和为 5%~10% 的称为中合金钢,总和大于 10% 的称为高合金钢。

2. 根据钢材的用途分类

根据钢材的用途,钢又可分为结构钢、工具钢和特殊性能钢三类。

(1)结构钢　用于制造机器零件或工程结构。重要的机器零件采用合金结构钢(包括合金渗碳钢、合金调质钢、合金弹簧钢、滚动轴承钢等)。重要的工程结构采用普通低合金结构钢,如桥梁、船舶、压力容器等的制造生产。

(2) 工具钢　用于制造各种刀具、量具和模具,要求有相当高的硬度、耐磨性等性能。

(3) 特殊性能钢　是具有特殊物理或化学性能的钢,以满足零件制造的特殊要求,包括不锈钢、耐热钢、耐磨钢等。

1.3.2　钢的基本组织

1. 金属的结晶

固态物质可分为晶体和非晶体两大类。原子(或分子、离子)在三维空间呈长程有序、周期性重复排列的物质称为晶体,而呈无规则排列或短程有序排列的物质称为非晶体。一般情况下金属在固态下都是晶体。

金属由液态转变为晶体的过程称为结晶。结晶时液态金属中首先出现一些尺寸较大的、有序排列的原子集团,即形成晶核,然后晶核长大。结晶过程就是不断形成晶核和晶核不断长大的过程,直至全部结晶完毕。因此,一般情况下,金属是由许多位向不同、大小不一的晶粒组成的多晶体。晶粒之间的界面称为晶界。

2. 金属的组织

晶体中,如果一种原子溶入其他原子的规则排列点阵中形成均匀混合的固态溶体,称为固溶体;如果不同原子间有固定的比例,且形成不同于各组成原子的规则排列形式,则称为化合物。这些不同的固溶体、化合物就构成了金属材料中的组成相(相就是材料中具有相同的结构和性质并以界面相互隔开的均匀组成部分)。金属的组织就是由组成相组成的各种不同组织形态,可在光学显微镜或电子显微镜下观察到。成分和组织是决定金属材料性能的两大基本要素。

3. 碳钢平衡状态的组织组成物

碳钢的室温平衡组织是指材料在极其缓慢的冷却速度(即接近热平衡状态)下冷却至室温所获得的组织,此时,其基本组织组成物有三种:铁素体、渗碳体和珠光体。

(1) 铁素体　纯铁中溶解了微量的碳(质量分数约为 0.0008%)的固溶体。铁素体的硬度很低,塑性很好($\delta \approx 45\%$)。用 4% 硝酸酒精溶液浸蚀后,在显微镜下呈亮白色,有明显的晶界线(见图 1-5(a))。

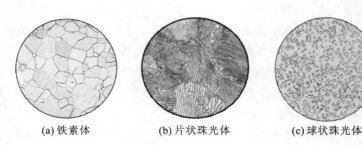

|　(a) 铁素体　|　(b) 片状珠光体　|　(c) 球状珠光体　|

图 1-5　碳钢中的铁素体与珠光体

(2) 渗碳体　渗碳体是铁与碳的化合物(Fe_3C),碳的质量分数为 6.69%。性能硬而脆($a_k \approx 0$),塑性很差($\delta \approx 0$)。经硝酸酒精溶液浸蚀后在显微镜下呈亮白色。

(3) 珠光体　珠光体是铁素体和渗碳体的共析混合物(铁素体和渗碳体含量比为 8:1),

碳质量分数为 0.77%。其性能综合反映了铁素体和渗碳体的性能,既有较高的强度,又有一定的塑韧性。根据渗碳体的形状不同,它分为片状珠光体和球状珠光体(见图 1-5(b)、(c))。

①片状珠光体。由铁素体和渗碳体交替排列形成的层片状组织,经硝酸酒精溶液浸蚀后,在不同放大倍数的显微镜下,可以看到具有不同特征的层片状组织。

②球状珠光体。其组织特征是在亮白色的铁素体基体上,均匀分布着白色的渗碳体颗粒,其边界呈暗黑色。

1.3.3　钢的热处理

热处理是一种改变金属材料的组织和性能的重要工艺方法。对钢进行正确的热处理,能够改善钢的力学性能,从而适应各种不同条件下对钢性能的要求,提高零件的使用寿命。

钢的热处理是指将钢件在固态下加热到所需的温度,保温一定时间后,以一定的冷却工艺规范冷却至室温,以改变其整体或表面组织,从而获得所需性能的一种工艺方法。热处理只改变钢材内部组织与性能,不改变其形状和尺寸。常用的热处理工艺有退火、正火、淬火、回火、表面热处理等。热处理工艺曲线示意说明如图 1-6 所示。

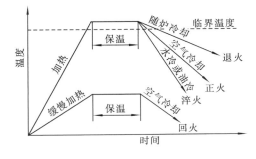

图 1-6　热处理工艺曲线

热处理根据其目的和在加工过程中的工序位置,可分为预先热处理和最终热处理两大类。预先热处理一般安排在铸造、锻造、焊接之后,切削加工之前,其主要作用是消除毛坯中的组织缺陷,降低内应力,调整硬度,改善切削加工性能。最终热处理一般安排在粗加工或半精加工之后,精加工之前,其作用是获得零件最后所需要的组织,使零件力学性能达到使用要求。

1. 钢的退火与正火

1) 退火

把钢件在热处理炉中加热到适当的温度,保温一定的时间,然后缓慢冷却(通常随炉冷却),以获得接近平衡组织的热处理工艺称为退火。

退火工艺种类较多,最常用的退火有以下两种:

(1) 完全退火　将工件加热到 800~900 ℃,保温一定时间后随炉缓慢冷却至 500 ℃左右出炉空冷。它主要用于中碳钢件,目的是使铸件、锻件、焊接件的粗大晶粒细化,使组织均匀,消除内应力,及降低硬度以利于工件后续的切削加工。

(2) 去应力退火　将钢件随炉缓慢加热(100~200 ℃/h)至 500~650 ℃,保温一段时间后,随炉缓慢冷却(50~100 ℃/h)至 300~200 ℃以下出炉。用于消除铸造、锻压、焊接及切削加工中产生的内应力。

2) 正火

正火是将钢件在炉内加热到 800~900 ℃,保温一定时间后,在空气中冷却的一种热处理工艺。正火与完全退火的主要区别在于冷却速度不同,相同成分的钢材,正火冷却速度较快,获得的组织较细,强度和硬度较高。此外,正火生产效率高,成本低。正火可以作为普通结构零件的最终热处理;对于比较重要的工件,正火可作为淬火前的预备热处理;低碳钢在切削加工前多进行正火处理,以适当提高硬度,便于切削加工。

2. 钢的淬火和回火

1）淬火

淬火是将钢加热到 760～820 ℃，经保温后快速冷却的热处理工艺。淬火由于冷却速度很快，得到的是非平衡组织，具有高的硬度和耐磨性，但同时脆性高，内应力大。因此一般需进行进一步的回火热处理。

淬火的冷却介质称为淬火剂，常用的淬火剂为水和油。工件冷却速度过快会产生大的淬火内应力，工件易产生变形、开裂。水或 10％食盐水溶液冷却能力很强，适用于碳钢件的淬火，油的冷却能力低，对减少淬火变形和开裂有利，适用于合金钢的淬火。

2）回火

回火是指钢件淬火后，为了消除内应力并获得所要求的组织、性能，将淬火钢重新加热到一定温度，保温一定时间，然后冷却的热处理工艺。

根据回火温度的高低，一般将回火分为以下三种。

（1）低温回火（150～250 ℃）　目的是降低淬火应力和脆性，保证淬火后的高硬度（58～64 HRC）和高耐磨性。淬火＋低温回火主要用于处理各种高碳钢工具、模具、滚动轴承以及渗碳和表面淬火的零件。

（2）中温回火（350～500 ℃）　目的是获得高的弹性极限和屈服强度，同时也具有一定的韧度和较高的硬度（35～45 HRC）。淬火＋中温回火主要用于处理各类弹性元件。

（3）高温回火（500～650 ℃）　目的是得到强度、塑性和韧度都较好的综合力学性能，硬度一般为 25～35 HRC。通常把淬火＋高温回火称为调质处理，它广泛用于各种重要的机械零件，特别是受交变载荷的零件，如连杆、轴、齿轮等；也可作为某些精密工件如量具、模具等的预先热处理。

3. 钢的表面热处理

有些情况下要求零件表面硬而耐磨，同时心部又要有足够的韧度，能耐冲击，则可采用表面热处理。表面热处理可分为表面淬火和化学热处理两大类。

表面淬火是指将工件表层淬硬，而心部仍然保持未淬火状态的一种局部淬火。其方法是通过快速加热使工件表层迅速达到淬火温度，然后立即喷水（或其他冷却剂）冷却，只使表层得到淬火。

感应加热表面淬火是生产中常用的一种表面淬火工艺。其原理是：将工件放在通有一定频率交流电的感应圈内，利用工件内部产生的感应电流（涡流）加热工件，由于涡流有"集肤效应"（即工件表面电流密度大，中心电流密度小），很快将工件表面层加热到淬火温度，而工件心部温度基本不变或温度较低；随后喷水（或其他冷却剂）冷却，使工件表面层被淬硬，而心部变化不大或不变，如图 1-7 所示。交流电的频率越高，所需加热时间越短，加热层越薄，淬火硬化层厚度也越小。感应加热表面淬火由于加热温度和淬硬层厚度容易控制，便于实现机械自动化，生产中应用广泛。

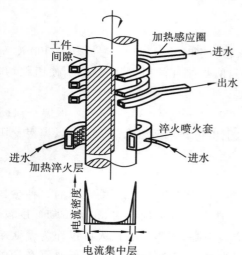

图 1-7　感应加热表面淬火的工作原理

　　表面淬火是强化钢件表面的重要手段。各种齿轮、凸轮、曲轴颈、顶杆、阀门、套筒及轧辊等工件,经常采用表面淬火进行强化。化学热处理是将零件置于某种化学介质环境中加热、保温,使一种或几种元素渗入工件表面,改变其表层化学成分,以调控组织和性能的热处理工艺。化学热处理可提高表层硬度、耐磨性、耐腐蚀性、抗氧化性等。化学热处理包括渗碳、渗氮、碳氮共渗等。

1.3.4　钢的热处理实习指导

1. 实习目的

(1) 了解热处理的基本原理和常用热处理工艺;

(2) 了解退火、正火、淬火及回火、高频淬火的概念及对钢材力学性能的影响;

(3) 了解实验用热处理炉、温度控制仪和洛氏硬度计的使用方法;

(4) 了解热处理在机械制造中的应用。

2. 实习内容

(1) 学习工程材料分类、材料力学性能、热处理工艺基本知识,实习安全注意事项。

(2) T10 钢锯条热处理。

T10 钢是最常见的一种碳素工具钢。碳素工具钢的牌号以 T 加数字表示,数字表示碳质量分数的千分数。T10 钢的碳平均质量分数为 1.00%,属于高碳钢。其韧度适中,价格低廉,经热处理后常温硬度能达到 60 HRC 以上,因此可用于制造刃具。但不耐高温,在 250 ℃后硬度下降,切削性能下降。多用于制造锯条、丝锥、板牙等手工工具。本实习中将对锯条进行正火、淬火、淬火＋中温回火的热处理,通过对比使用性能和实测硬度,分析不同热处理工艺对材料力学性能的影响。

①对 T10 钢锯条分别进行正火、淬火、淬火＋中温回火热处理;

②定性比较不同热处理工艺后锯条的使用性能差异(塑性、韧度、抗弯强度);

③学习洛氏硬度计的操作方法,测试经热处理后的 T10 钢锯条的洛氏硬度值;

④分析不同热处理工艺对材料力学性能的影响。

(3) 弹簧热处理。

弹簧是利用弹性来工作的机械零件。受载时产生较大的弹性变形,把机械功转化为变形能,卸载后弹簧回复原状,将变形能转化为机械功。用于控制机械的运动、缓冲、减振等。由于弹簧经常承受振动和长期在交变应力下工作,因此需具有高的弹性极限、高的抗疲劳性能和一定的韧度。生产中常采用合金结构钢中的弹簧钢制造各种弹簧和弹性元件。65Mn 是最常见的一种弹簧钢,其成分质量分数为 $w(C)=0.62\%\sim0.70\%$、$w(Mn)=0.90\%\sim1.20\%$、$w(Si)=0.17\%\sim0.37\%$、$w(Cr)\leqslant0.25\%$。

　　本实习中采用退火状态供应的钢丝制作螺旋弹簧,如图 1-8 所示。其制作工艺流程:卷簧(冷成形)→淬火→中温回火。分别采用低碳钢和 65Mn 钢丝制作弹簧,通过对不同材料制作的弹簧热处理前后性能的比较分析,对零件材料的选择和热处理在机械制造中的应用建立初步的感性认识和体会。

①学习螺旋弹簧卷制方法;

②分别用低碳钢丝和 65Mn 钢丝卷制螺旋弹簧,并对其

图 1-8　螺旋弹簧

进行淬火、淬火＋中温回火热处理；

③定性比较不同材料、不同热处理工艺制作的弹簧的弹性高低。

（4）高频表面淬火的演示。

1.3.5　金相组织、表面缺陷观察实习指导

1. 实习目的

（1）了解材料的分类，材料成分、组织、性能和应用之间的联系；

（2）了解热处理改变材料的组织和性能的基本原理；

（3）了解金相试样的制作方法；

（4）观察铸造、锻压、焊接、热处理、电子焊接等实习作品的表面缺陷。

2. 实习内容

（1）学习钢的组织、金相试样的基本知识，实习安全注意事项。

（2）金相组织观察。

成分和显微组织是决定金属材料力学性能的两大要素。热处理调控材料力学性能的内在机制在于改变材料的显微组织。

金属材料的显微组织可以通过金相样品进行观察。采用取样—磨光—抛光，获得光亮如镜、无划痕的样品，经组织显示后，在金相显微镜下观察。常用的组织显示方法为化学浸蚀法，钢铁材料常用的浸蚀剂为 $3\%\sim4\%$ 的硝酸酒精溶液或 4% 苦味酸酒精溶液。其基本原理是：由于金属中各相之间、不同位向的晶粒之间、晶界和晶内之间腐蚀速度的差异，造成微观上的凹凸不平。当光线照射到凹凸不平的试样表面时，由于各处对光线的反射程度不同，在显微镜下就能看到各种不同的组织和组成相。

本实习中将观察 T10 钢锯条球化退火、正火、淬火、淬火＋低/中/高温回火后的金相组织，结合不同热处理工艺后 T10 钢锯条的性能，初步认识材料成分、组织、性能间的联系，了解热处理在机械制造中的作用。

①学习金相显微镜的使用操作方法；

②在金相显微镜上观察并分析 T10 钢锯条球化退火、正火、淬火、淬火＋低/中/高温回火后的金相组织；

③分析热处理工艺对材料组织和性能的影响。

（3）体视显微镜缺陷观察。

①学习体视显微镜的使用操作方法；

②利用体视显微镜观察铸造、锻压、焊接、热处理、电子焊接等实习作品的表面缺陷。

（4）观察金相试样的制作过程。

复习思考题

1. 工程材料有哪几种主要类型？列举出实习中接触到的几种工程材料。

2. 什么是热处理？热处理的目的是什么？

3. 硬度的测量方法有几种？不同测量方法测得的硬度值能直接比较谁硬谁软吗？它们可以进行换算吗？

4. 根据体视显微镜表面缺陷观察结果，尝试分析导致该缺陷的原因。

第2章 铸 造

2.1 概述

机械零件一般是由各种毛坯进行切削加工而制成的。生产毛坯的方法有铸造、锻压和焊接等，其中铸造是生产形状复杂毛坯的主要方法。

2.1.1 铸造的特点及应用

铸造是将熔融金属浇注、压射或吸入与零件形状相应的铸型空腔中，凝固后获得铸件的成形方法。铸造在机械制造中占有重要的地位。按质量估算，铸件在一般机械设备中占 40%～90%，在金属切削机床中占 70%～80%。铸造之所以得到广泛应用，是因为它有如下优点。

(1) 铸造采用熔融金属流动充满铸型而成形，因而可以生产形状复杂，特别是具有复杂内腔的毛坯或零件。例如，发动机缸体（见图 2-1）、机床床身、箱体、机架，各类泵体、阀体、支座等。

(2) 铸造的适应性很广。对零件的尺寸、材料、生产批量几乎没有限制。

(3) 铸件的成本低。铸造所用的原材料来源广，价格低，有一定的回用性。一般情况下，铸造设备投资较少，使用效率高。

铸造生产也存在着不足：铸件内部组织致密性差，晶粒粗大，常有缩孔、缩松、砂眼、气孔

图 2-1 发动机缸体

等铸造缺陷，因而铸件的力学性能一般不如锻件；铸造生产工序较多，工艺过程较难控制，致使铸件的废品率较高。

2.1.2 铸造工艺的分类

依据铸型材料、造型工艺和浇注方式不同，铸造可分为砂型铸造和特种铸造两大类。

用型砂制作铸型，使熔融金属在重力作用下充填铸型并凝固的铸造方法称为砂型铸造。砂型铸造成本低、灵活性大、适应面广，是应用最广泛的铸造方法。

除砂型铸造以外的其他铸造方法统称为特种铸造，常用的有熔模铸造、金属型铸造、离心铸造、压力铸造、消失模铸造等。特种铸造在铸件的尺寸精度、表面粗糙度、力学性能和生产率等方面优于砂型铸造，但其生产成本较高，使用有局限性。近年来随着机械制造业的发展，对铸件品质的要求越来越高，特种铸造的方法和使用范围正不断扩大。

随着科学技术的不断进步，铸造技术获得了飞速发展。现代铸造技术是集计算机技术、信息技术、自动控制技术、真空技术、电磁技术、激光技术、新材料技术、现代管理技术和传统铸造

技术之大成,形成了优质、高效、低耗、清洁、灵活的铸造生产的系统工程。铸造生产将朝着绿色化、高度专业化、智能化和集约化生产的方向发展。

2.2　砂型铸造

砂型铸造生产的一般过程如图 2-2 所示,套筒铸件的砂型铸造过程如图 2-3 所示。

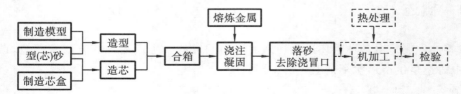

图 2-2　砂型铸造生产的一般过程

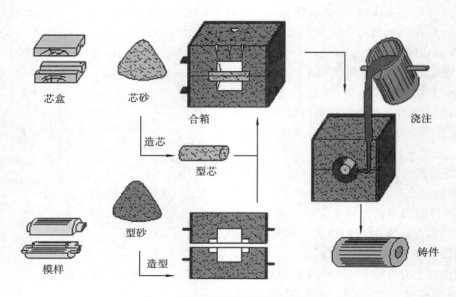

图 2-3　套筒铸件的砂型铸造过程

2.2.1　砂型

图 2-4 为合箱等待浇注的砂型装配图。砂型外围常用砂箱加固。砂型一般由上、下两个砂型装配而成,有些复杂的铸件可由多个砂型组成。各砂型间的接合面称为分型面。模型起出后留下的空腔称为型腔。型腔中的型芯可形成铸件上的孔或凹槽等内腔轮廓,型芯上用来安放和固定型芯的部分称为型芯头。

砂型上设有浇注系统以引导熔融金属注入型腔,浇注系统基本组成如图 2-5 所示。

（1）浇口杯　一般呈盆形（用于大件）或漏斗形。它的作用是承接来自浇包的金属液并将其平稳地引入直浇道。

（2）直浇道　将来自浇口的金属液引入横浇道,并提供足够的（静）压力,以保证金属液克服各种流动阻力在规定时间内充满型腔。直浇道一般做成上大下小的圆锥形。

（3）横浇道　横浇道的截面一般为梯形,其作用是挡渣和减缓金属液流的速度。横浇道

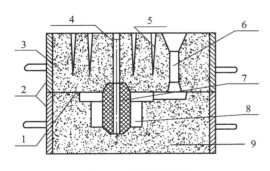

图 2-4 砂型装配图

1—分型面；2—上、下砂箱；3—上砂型；4—排气通道；
5—通气孔；6—浇注系统；7—型芯；8—型腔；9—下砂型

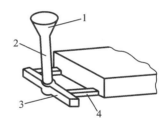

图 2-5 浇注系统的组成

1—浇口杯；2—直浇道；3—横浇道；4—内浇道

多开在内浇道上面，其末端应延长至内浇道之外，浇注时金属液充满横浇道，熔渣上浮到横浇道顶面，纯净金属液由底部平稳流入内浇道。

（4）内浇道 内浇道是金属液流直接进入型腔的通道，其截面多为扁梯形或三角形，其作用是控制金属液流入型腔的方向和速度，调节铸件各部分温度和凝固的顺序。

金属液经浇注系统流入型腔。砂型及型芯上均扎有出气孔，以排除浇注时砂型及型芯中的气体。型腔最高处可开设出气冒口，以观察金属液是否充满型腔及补充内部液体的收缩，也可用来排除型腔内的气体。

质量合格的砂型应达到：型腔表面光洁，轮廓清晰，尺寸准确；浇注系统开设合理；砂型紧实程度适当，能承受搬运、翻转及金属液冲刷等外力作用；能保证浇注时砂型排气通畅。

2.2.2 型（芯）砂

型砂和芯砂是制作砂型和砂芯的主要材料，其性能直接影响铸件的质量。

型砂主要由石英砂、黏结剂、水及附加物按一定配比混制而成。石英砂是型砂的主体，主要成分是 SiO_2（熔点为 1713 ℃）。在砂型铸造中常用黏土作黏结剂。黏土吸水后在砂粒表面形成胶状的黏土膜，把单个砂粒黏结起来，使型砂具有一定的可塑性及强度。砂粒之间的空隙起透气作用。有时为了改善型砂的某些性能而加入煤粉、木屑之类的附加物。如煤粉在高温下分解出一层带光泽的碳膜附着在型腔表面，可防止铸铁件黏砂；木屑烘烤后被烧掉，可增加型砂的空隙，提高型砂的透气性。紧实后的型砂结构见图 2-6。

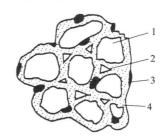

图 2-6 紧实后的型砂结构

1—砂粒；2—空隙；
3—附加物；4—黏土膜

在砂型铸造中常用的黏结剂还有水玻璃、树脂等。使用不同的黏结剂就形成了不同类别的型（芯）砂。

2.2.3 模样及芯盒

1. 模样

模样是用来形成铸型型腔的工艺装备，它决定铸件的外部形状和尺寸，因而模样的形状和尺寸受零件的形状和尺寸制约，但并非完全一致。制造模样时，在零件图上需增加如下内容：

①在零件的加工表面上,要放出加工余量;②为了便于起模,在垂直于分型面的立壁上,要作出一定的斜度;③铸件冷却时要产生收缩,模样的尺寸要比零件尺寸加大一个收缩量;④为了保证铸件质量,减小应力和裂纹,模样壁与壁之间以圆角连接;⑤模样上对应于用型芯形成的孔或外形部位,不仅在对应部位要做成实心的,还要向外突出一部分,以便在铸型中作出存放芯头的空间(见图 2-3)。模样一般用木材、金属或其他材料制成,见图 2-7(a)。

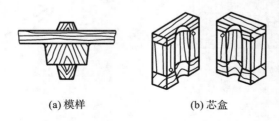

(a) 模样　　　　　　　　　(b) 芯盒

图 2-7　模样及芯盒

2. 芯盒

芯盒是用以制作型芯的工艺装备。型芯在铸型中用以形成铸件的内腔或局部外形部位。制作芯盒时,除和制作模样一样考虑上述问题以外,芯盒中还要制作出芯头的空腔,以便作出带有芯头的型芯。芯头是型芯端部的延伸部分,它不形成铸件轮廓,只用于定位和支撑型芯。芯盒的结构如图 2-7(b)所示。

2.2.4　造型

用型砂、模样(模板)和砂箱等工艺装备制造铸型的过程称为造型。

制造砂型可用手工或机器进行。手工造型操作灵活,工艺装备简单,但生产率低、劳动强度大,适用于单件小批量生产。机器造型生产率高,但需专用设备及工装,一次性投资较大,适用于大批量或专业化生产。

1. 手工造型

手工造型方法很多,一般按砂箱的特征和模样结构特点分类。下面介绍五种常用的手工造型方法。

1) 整模造型

用整体模样进行造型称为整模造型。若铸件的最大截面(多为平面)在一端,可将模样做成整体,且放置在一个砂箱内,这样方便起模,操作简便,容易获得形状和尺寸精度较高的型腔。它适用于形状简单、最大截面在一端的零件,如齿轮、轴承及盖等。图 2-8 所示为压盖铸件的整模造型过程。

2) 分模造型

用分开模样进行造型称为分模造型。当铸件最大截面不是在一端,而是在中部,为了方便起模,需将模样沿最大截面处分成两半,并用定位销加以定位,这种模样称为分开模。分模造型时,模样分别放在上箱和下箱内,分模面与分型面重合。分模造型便于起模和下芯,适用于形状较复杂,特别是有孔的铸件,如套筒、箱体、阀体等。图 2-9 所示为三通铸件的分模造型过程。

3) 挖砂造型和假箱造型

需对分型面进行挖修才能取出模样的造型方法称为挖砂造型。当铸件的最大截面不在端部,而模样又不便分开时,常将模样做成整体结构,造型时挖去妨碍起模的型砂,使模型的最大

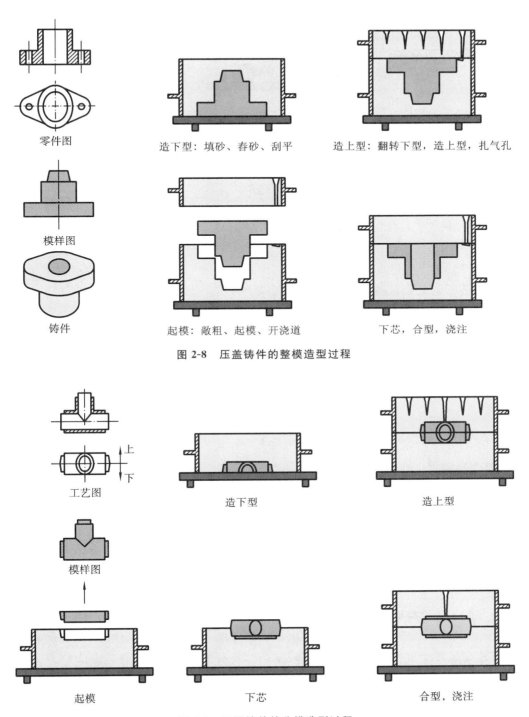

零件图　　　造下型：填砂、舂砂、刮平　　　造上型：翻转下型，造上型，扎气孔

模样图

铸件　　　起模：敞粗、起模、开浇道　　　下芯，合型，浇注

图 2-8　压盖铸件的整模造型过程

工艺图　　　造下型　　　造上型

模样图

起模　　　下芯　　　合型，浇注

图 2-9　三通铸件的分模造型过程

截面露出，造上型时再把挖掉的部分做出。图 2-10 所示为手轮铸件的挖砂造型过程。

挖砂造型生产率低，要求操作技能较高，所以只适用于单件小批量生产。当生产数量较多时，一般采用假箱造型。假箱造型是利用预先制好的半个铸型（此即为假箱）代替底板，省去挖

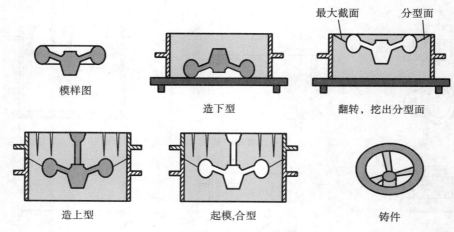

图 2-10　手轮铸件的挖砂造型过程

砂操作的造型方法。假箱只参与造型,不用来组成铸型。手轮铸件的假箱造型过程如图 2-11 所示。假箱造型造型效率高,适用于形状较复杂铸件的小批量生产。

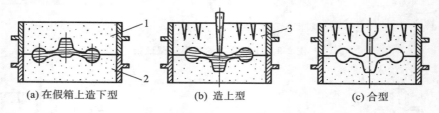

图 2-11　手轮铸件的假箱造型过程

1—下型;2—假箱;3—上型

4) 活块造型

采用带有活块的模样进行造型称为活块造型。当铸件的侧面有局部凸起,阻碍起模时,可把凸起部分做成活块(即活动的模块)。活块用销子或燕尾榫与主体模型连接。取模时先起出主体模型,再从侧面取出活块。活块造型操作麻烦,生产率较低,仅适合于单件小批生产。图 2-12 所示为滑块铸件的活块造型过程。

5) 三箱造型

用三个砂箱制造铸型的过程称为三箱造型。当铸件的外形两头截面大而中间截面小,用一个分型面起不出模样时,可将模样沿最小截面处分成两半,使模样分别从上、下分型面取出。由于分型面数量增加,砂箱容易相互错移而影响铸件尺寸精度,而且操作程序复杂,生产率低,所以三箱造型适用于单件、小批生产形状较复杂的需两个分型面的铸件。图 2-13 所示为槽轮铸件的三箱造型过程。

2. 机器造型

机器造型是现代铸造生产的基本方式,它主要是将紧砂和起模两工序的操作实现了机械化。与手工造型相比,机器造型减轻了工人的劳动强度,生产效率高,铸件尺寸精度较高,表面粗糙度值较低,但设备及工艺装备费用高,生产准备时间长,仅适用于成批、大量生产。

机器造型采用模板两箱造型。模板是将模样和浇注系统沿分型面与底板连成一个组合体的专用模具。模板固定在造型机上,并与砂箱用定位销定位。造型后模底板形成分型面,模样

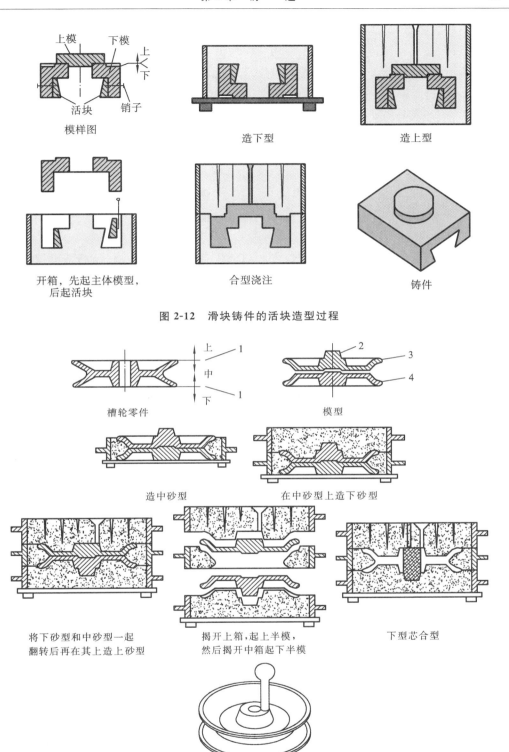

图 2-12 滑块铸件的活块造型过程

图 2-13 槽轮铸件的三箱造型过程

1—分型面;2—型芯座;3—下半模;4—上半模

形成铸型型腔。图 2-14 是单面模板示意图,上模板、下模板分别装在两台造型机上造出上型和下型,然后合型成整体铸型。模板上要避免使用活块,否则会显著降低造型机的生产率。因造型机无法造出中型,故不能进行三箱造型。

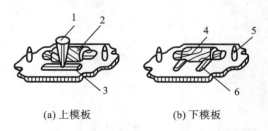

(a) 上模板　　　　　　(b) 下模板

图 2-14　单面模板

1—直浇道;2—上模样;3—横浇道;4—下模样;5—定位销;6—内浇道

根据紧砂方式的不同,机器造型有震压造型、高压造型、射压造型、抛砂造型、气流冲击造型等类型。图 2-15 所示为某震压造型机的结构及紧砂过程,它是以压缩空气为驱动力,通过震击和压实对型砂进行紧实。

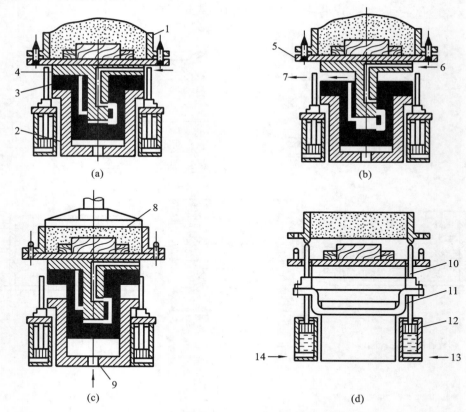

(a)　　　　　　　　　　(b)

(c)　　　　　　　　　　(d)

图 2-15　震压造型机的结构及紧砂过程

1—砂箱;2—压实汽缸;3—压实活塞;4—震击活塞;5—底板;6,9—进气口;7—排气口;
8—压板;10—起模顶杆;11—同步连杆;12—起模液压缸;13,14—压力油

(1) 填砂　将砂箱放在模板上,打开定量砂斗门,型砂从上方填入砂箱(见图 2-15(a))。

(2) 震击　打开震压气阀,使压缩空气从进气口 6 进入震击活塞底部,顶起震击活塞及其以上部分。随着震击活塞的上升,进气口关闭,排气口打开,在重力作用下震击活塞等自由下落,与压实活塞顶面发生碰撞。如此反复多次,使砂型逐渐紧实(见图 2-15(b))。

(3) 压实　将造型机压板移到砂箱上方,打开压实阀,使压缩空气由进气口 9 进入压实活塞的底部,顶起压实活塞及其以上部分,使砂型上部受到压板的压实。然后转动控制阀,排除压实缸内气体,砂型组下降(见图 2-15(c))。

(4) 起模　当压缩空气推动压力油进入两个起模液压缸时,由同步连杆连在一起的四根起模顶杆平稳地将砂箱顶起,从而使砂型与模板分离,完成了起模过程(见图 2-15(d))。

2.2.5　造芯

1. 造芯方法

造芯可用手工完成,也可用机器完成。型芯一般是由芯盒制成的,根据芯盒的结构,手工造芯方法通常分为三种。

(1) 整体式芯盒造芯　用于制作形状简单的中、小型芯,如图 2-16(a)所示。

(2) 对开式芯盒造芯　用于制作圆柱形或形状对称的型芯,如图 2-16(b)所示。

(3) 组合式芯盒造芯　用于制作形状复杂的大、中型芯,如图 2-16(c)所示。

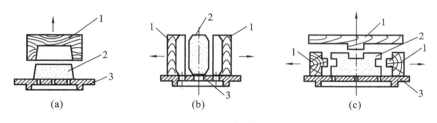

图 2-16　芯盒造芯

1—芯盒;2—型芯;3—烘干板

成批大量生产时可用机器造芯,以提高生产率和保证型芯质量。黏土砂芯多用震击式造芯机,水玻璃砂芯和树脂砂芯可用射芯机。

2. 型芯的固定

砂芯一般靠芯头来定位。芯头是型芯本体(与金属液接触的部分)以外被加长(或加大)的一段。芯头必须有足够的尺寸和合适的形状,才能避免型芯放偏或浇注时受到金属液的冲击和浮力作用而产生移动。根据型芯的形状和定位要求不同,芯头形状多种多样。常见的型芯头的形式如图 2-17 所示。其中以垂直式和水平式应用最多。

2.2.6　合型

将上砂型、下砂型、砂芯等组合成一个完整铸型的操作过程称为合型(又称合箱)。合型是制造铸型的最后一道工序,直接关系到铸件的质量。若操作不当,会造成铸件跑火、错型、偏芯、塌型、砂眼等缺陷。

合型时,首先应清除型腔、浇注系统和砂芯表面的浮砂,并按图纸检查其形状、尺寸以及排气道是否通畅;然后平稳、准确地下芯,并导通砂芯和砂型的排气道,用泥条堵塞芯头与芯座之间的间隙,防止浇注时金属液钻入芯头间隙而堵死排气道。最后平稳、准确地合上上箱。

浇注前上、下砂型应紧固,以免浇注时铁水浮力将上砂型抬起,造成抬箱、跑火等缺陷。

大批量生产时,为充分提高生产率,一般采用各种铸型输送装置,将造型机和其他各种辅

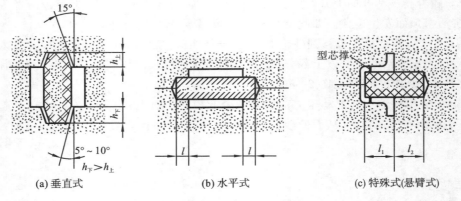

图 2-17　型芯头的几种形式

助设备(如翻箱机、合箱机和捅箱机等)连接起来,组成自动化的造型生产线(见图 2-18)。

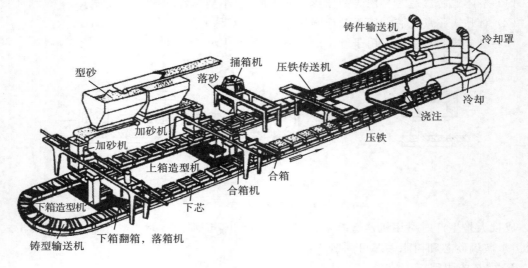

图 2-18　造型生产线

2.2.7　合金的熔炼与浇注

1. 合金的熔炼

常用的铸造合金有铸铁、铸钢、铸造有色金属等,其中铸铁应用最多,占铸件总重量的 80%左右。合金熔炼的目的是获得温度和化学成分合格的金属液体。

熔炼铸铁和铸钢可用感应电炉等。感应电炉是根据电磁感应和电流热效应原理,利用炉料内感应电流的热能熔化金属的。熔炼有色金属常采用电阻炉,见图 2-19。为防止铸件产生气孔、渣孔等缺陷,熔炼过程中需采取以下措施。

(1) 将铜、铝合金置于坩埚炉中(铜合金用石墨坩埚,铝合金多用铸铁坩埚),间接加热,以减少金属的烧损,保持金属液纯净。

(2) 用熔剂覆盖金属液,以隔绝空气,防止氧化。熔炼青铜时用木炭粉加玻璃、硼砂等作熔剂;而熔炼铝合金时常用 KCl、$NaCl$、CaF_2 等作熔剂。

(3) 脱氧、去气精炼。常用的精炼方法是往铝液中通入氯气或氮气,或加入氯化锌

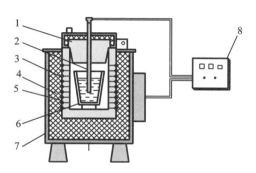

图 2-19 电阻炉结构图
1—炉盖；2—热电偶；3—电阻丝；4—保温材料；5—炉胆；6—坩埚；7—炉壳；8—温控装置

（$ZnCl_2$）、六氯乙烷（C_2Cl_6）等氯盐，利用通入的气泡或反应生成的气泡，在上浮过程中将铝液中的氢气及 Al_2O_3 夹杂物一并带出液面，以净化铝液。精炼后浇注前往往还加入少量（1%～3%）变质剂进行变质处理，使合金的金相组织发生转变，铸件的力学性能，尤其是延伸率得到明显提高。

2. 浇注

把液体金属浇入铸型的过程称为浇注。浇注对铸件质量影响很大，操作不当会引起浇不足、冷隔、跑火、气孔、缩孔和夹渣等缺陷。

1）准备工作

（1）准备浇包　根据铸件大小选择合适的浇包，一般中小件用抬包，大件用吊包。对用过的浇包要及时进行清理、修补并烘干。

（2）清理通道　浇注时行走的道路要畅通，不能有杂物和积水。

2）浇注工艺

（1）浇注温度　浇注温度的选择与合金种类、铸件的大小和壁厚有关。一般情况下，铸钢件的浇注温度为 1520～1580 ℃，铸铁件的为 1280～1400 ℃，铸铜件的为 1000～1200 ℃，铸铝件的为 680～780 ℃。薄壁件取较高的浇注温度，以利于金属液充型；厚壁件尽可能用较低的浇注温度，防止铸件产生缩孔。

（2）浇注速度　浇注速度应根据铸件的形状和大小来决定。一般情况下，开始慢浇，利于型腔排气和减小冲击力，防止产生气孔和冲砂等缺陷；随后快浇，以防止产生浇不足等缺陷；当金属液快充满型腔时又应慢浇，以减小金属液的动压力，防止产生抬箱、跑火等缺陷。薄壁复杂大件则应尽可能快速浇注。

（3）浇注技术　浇注时应注意扒渣、挡渣和引火。浇注时，金属液流应对准浇口杯，且不得断流；挡渣钩应挡住浇包嘴附近，防止浇包中熔渣随金属流入浇道；应及时用挡渣钩等点燃砂型中逸出的气体，加速砂型内气体的排出及减少 CO 等有害气体对环境的污染。浇注有色金属时，为了防止氧化，浇注一定要平稳。同时，浇注系统应能防止金属飞溅，使金属快速、通畅地流入铸型。

2.2.8 铸件的落砂、清理和缺陷分析

1. 铸件的落砂

将铸件从砂型中分离出来的工序称为落砂。铸件在砂型中应冷却到一定温度才能落砂。落砂过早，高温铸件在空气中急冷，易形成铸造内应力、变形及裂纹，且铸铁件还易形成白口组织。但落砂过晚,占用生产场地和砂箱的时间延长,使生产率降低,所以应在保证铸件质量的前提下尽早落砂。铸件在砂型中的停留时间取决于铸件的大小、复杂程度、壁厚及合金种类等。形状简单的 10~30 kg 的铸件,可在浇注后 0.5~1 h 落砂。

铸铁件的落砂温度为 200~400 ℃,有色金属铸件的落砂温度控制在 150 ℃ 以下。单件小批生产时,可用手工落砂;成批大量生产,可在各种落砂机上落砂。

2. 铸件的清理

落砂后的铸件必须经过清理,才能满足铸件外表面的要求。清理工作包括下列内容:

(1) 切除浇冒口 铸铁件性脆,可用铁锤敲掉浇冒口;铸钢件塑性好,其浇冒口用氧-乙炔焰气割;有色金属铸件的浇冒口多用锯割切除。

(2) 清砂 清砂是消除铸件表面黏砂及内部芯砂的操作。小型铸件可用手工清砂,大、中型铸件还可用水力清砂,铸钢件则用水爆清砂等。

水力清砂是用高压水枪喷射铸件表面及型腔内部,将型砂冲刷掉的清砂方法。水爆清砂是将仍保留一定温度的铸件浸入水中,利用水急剧汽化和增压而发生爆裂将型砂震落的清砂方法。

(3) 表面精整 表面精整是铸件清理的最后阶段。小型铸件常采用抛丸清理滚筒,中、大型铸件可在抛丸室内进行清理。对铸件的披缝、毛刺和浇冒口根部可用砂轮机、手凿或风铲等去除。

3. 消除铸件内应力

对形状较复杂或重要的铸件,为避免因内应力过大引起变形、裂纹或降低加工后尺寸精度,都需进行消除应力的退火处理,即把铸件加热到 550~600 ℃,保温 2~4 h,然后随炉缓冷到 150 ℃ 以下出炉。

4. 铸件缺陷分析

铸造生产工序繁多,影响铸件质量的因素也很多。在验收铸件时,往往会发现各种各样的铸造缺陷。因此应判断各类铸造缺陷的性质,分析其产生的原因,以便采取有效措施降低废品率,提高铸件质量。表 2-1 所示为常见铸件缺陷及产生原因分析。

表 2-1 铸件常见缺陷及产生原因

缺陷名称	缺陷形态图例	特 征	产生的主要原因
气孔		出现在铸件内部,孔壁圆而亮	①铸型透气性差,紧实度过高 ②起模刷水过多,型砂过湿 ③浇注温度偏低 ④型芯、浇包未烘干
缩孔		出现在铸件厚大部位,孔壁粗糙	①结构设计不合理,壁厚不均匀 ②浇、冒口设计不合理,未能达到充分补缩的作用 ③浇注温度太高

续表

缺陷名称	缺陷形态图例	特　征	产生的主要原因
砂眼		出现在铸件表面或内部,孔内带有砂粒	①型砂强度不够或局部掉砂、冲砂 ②型腔、浇注系统内散砂未吹净 ③浇注系统不合理,冲坏砂型、砂芯
错型		铸件在分型面处相互错开	①合型时上、下型错位 ②造型时上、下模有错移 ③上、下砂箱未夹紧 ④定位销或泥号不准
偏芯		铸件内腔和局部形状偏斜	①下芯时偏斜 ②型芯变形 ③型芯未固定好,被碰歪或冲偏
变形		铸件向上、向下或向其他方向弯曲	①铸件结构设计不合理,壁厚不均匀 ②铸件冷却时,收缩不均匀 ③落砂过早
黏砂		铸件表面黏附着一层砂粒	①浇注温度太高 ②型砂选用不当,耐火性差 ③砂型紧实度太低,型腔表面不致密
浇不足		铸件形状不完整,金属液未充满铸型	①合金流动性差或浇注温度太低 ②浇注速度过慢或断流 ③浇注系统尺寸太小或铸件壁太薄

续表

缺陷名称	缺陷形态图例	特　征	产生的主要原因
冷隔		铸件上有未完全熔合的接缝	①铸件结构设计不合理,壁较薄 ②合金流动性较差 ③浇注温度低,浇注速度慢
裂纹	裂纹	在铸件夹角或薄厚交接处的表面或内部产生裂纹	①型(芯)砂的退让性差 ②铸件壁厚不均匀,收缩不一致 ③浇注温度太高 ④合金含磷、硫量较高

2.2.9　铸造工艺设计

铸造生产中,首先要根据零件结构特点、材质、技术要求、生产批量和现有的生产条件等因素确定铸造工艺方案。具体内容包括:选择铸件的浇注位置及分型面;确定型芯结构尺寸;确定各种工艺参数以及浇冒口系统等。铸造工艺一经确定,模样、芯盒、铸型的结构及造型方法也就随之确定下来。铸造工艺是否合理直接影响铸件质量和生产率。

铸造工艺设计主要包括以下内容。

(1) 确定浇注位置及分型面:浇注位置是指浇注时铸件在铸型中所处的空间位置。浇注位置的选择是否正确,对铸件质量影响很大。分型面是指两半铸型相互接触的表面。分型面选择得是否合理,直接影响制模、造型、制芯、合箱等工序的复杂程度,同时对铸件质量也有影响。

(2) 设计浇注系统及冒口。

(3) 确定铸造工艺参数:确定加工余量、拔模斜度、铸造收缩率、铸造圆角等工艺参数。

(4) 制作铸造工艺图:铸造工艺图是在零件图基础上,用规定的符号表示浇注位置、分型面、型芯结构、浇冒口系统和各项工艺参数等内容的图形,是指导模样和铸型的制造、进行生产准备和铸件验收等的重要技术文件。图 2-20 所示为压盖的铸造工艺图(未画出浇注系统)及模样图等。

2.2.10　砂型铸造实习指导

1. 实习目的

(1) 了解各种手工砂型造型方法的优缺点和适用范围;

(2) 掌握浇注位置、分型面、分模面、砂芯、浇注系统等概念及其作用;

(3) 熟悉砂型铸造的工艺过程,培养综合分析能力。

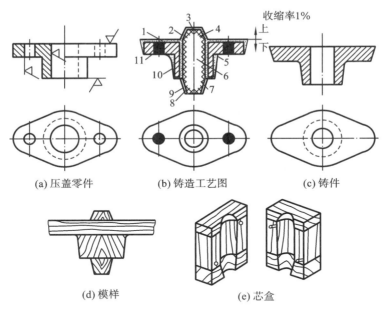

图 2-20　压盖的铸造工艺图(未画出浇注系统)及模样图
1—加工余量；2—上芯座；3—顶间隙；4—上芯头；5—铸造圆角；6—型芯
7—下芯头；8—侧间隙；9—下芯座；10—起模斜度；11—不铸出孔

2. 实习内容

（1）学习铸造工艺基本知识、实习安全注意事项。

（2）铝合金工艺品铸件造型及浇注。通过铝合金工艺品铸件造型及浇注,学习型砂配制与准备、造型工具的使用、砂型铸造的工艺过程。了解电阻炉熔炼设备及铝合金熔炼、浇注工艺。

（3）整模造型。以压盖铸件的造型过程(参见图 2-8)为例,通过造型方法实习,了解各种造型方法的特点。

（4）挖砂造型。对手轮铸件进行挖砂造型(参见图 2-10),了解造型起模的必要条件,分析比较各种浇注位置、各类浇注系统的开设对铸件质量的影响。

（5）造型方法综合应用。

通过造型方法的综合应用实习,了解典型铸件分型面的选择、造型方法的综合应用,以及其在提高生产率、降低生产成本等方面的优缺点,提高分析问题和解决问题的能力。

2.3　特种铸造

21 世纪制造业要求铸件轻薄化、高性能化、精确化；要求铸造生产清洁化、专业化、智能化和网络化。为适应现代生产的需要,除砂型铸造以外的其他铸造方法,即特种铸造,得到了快速发展和应用。本节介绍几种常用的特种铸造方法。

2.3.1　金属型铸造

金属型铸造是将液态金属浇入金属铸型中而获得铸件的铸造方法。由于金属型可以反复使用,所以又称为永久型铸造。

金属型的材料一般采用铸铁,若浇注铝、铜等合金,要用合金铸铁或铸钢。型芯可用金属型芯或砂芯,有色金属铸件常用金属型芯。

图 2-21 所示为铝活塞的金属型及金属型芯,左、右半型用铰链连接以开合铸型;中间采用组合式型芯,以防止活塞内部的凸台阻碍抽芯;凸台销孔处有左、右两个型芯;铸件浇注后,及时抽去型芯,然后再将两半铸型打开,取出铸件。

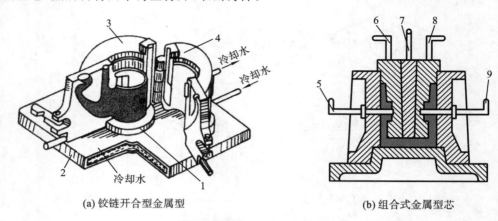

(a) 铰链开合型金属型　　　　　　　　　　　(b) 组合式金属型芯

图 2-21　铝活塞的金属型及金属型芯

1—底型;2—底板;3—左半型;4—右半型;5—左销孔型芯;6—左侧型芯;7—中间型芯;8—右侧型芯;9—右销孔型芯

金属型导热快,没有退让性和透气性,直接浇注,铸件易产生浇不到、冷隔等缺陷。因此,浇注前要对金属型进行预热。在连续工作中,金属型不断受到金属液的热冲击,必须对其进行冷却,以减少金属型的温差,延长其使用寿命。通常控制金属型的工作温度在 120~350 ℃ 范围内。

为了减缓铸件的冷却速度,延长金属型的使用寿命,在型腔表面要涂刷厚度为 0.2~1.0 mm 的耐火涂料。为了防止金属型对铸件收缩的阻碍,浇注后应尽快从铸型中抽出型芯和取出铸件。一般中、小型铸件的出型时间为 10~60 s。

金属型铸造具有生产率高、尺寸精度和表面质量较好、力学性能得到提高、生产条件得到改善等优点,但是金属型的成本高、制作周期长,不适宜单件小批生产,也不能生产大型铸件。金属型导热快,不适宜铸造形状复杂的薄壁铸件。因此,该方法主要适用于像活塞、汽缸盖、油泵壳体等形状不太复杂的铝合金中、小型铸件的大批量生产。

2.3.2　压力铸造

在高压作用下,将液态或半固态金属快速压入金属铸型中,并在压力下凝固而获得铸件的方法称为压力铸造(简称压铸)。压铸所用的压力为 5~150 MPa,液体充型速度为 5~100 m/s,充型时间为 0.05~0.15 s。高压和高速是压力铸造区别于一般铸造的两大特征。

压铸是在压铸机上完成的,它所用的铸型称为压型。压型是垂直分型,其半个铸型固定在定模底板上,称为定型;另半个铸型固定在动模底板上,称为动型。压型上装有抽芯机构和顶出铸件的机构。图 2-22 为卧式压铸机压铸过程示意图。

压铸机合型后,将定量金属液浇入压室(图 2-22(a)),压射冲头以高速推进进行压铸,金属液被压入型腔并在压力下凝固(图 2-22(b))。待铸件凝固成型后动型开型左移,铸件在冲头的顶力下随动型离开定型。当动型顶杆挡板受阻时,顶杆将铸件从动型中顶出(图 2-22(c)),

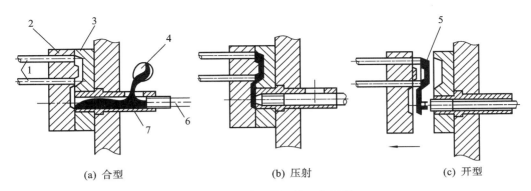

(a) 合型   (b) 压射   (c) 开型

图 2-22　卧式压铸机的工作过程

1—顶杆；2—动型；3—定型；4—液态金属；5—铸件；6—压射冲头；7—压射室

完成一个压铸过程。

压型是压铸的关键工艺装备，型腔的尺寸精度及表面粗糙度直接影响到铸件的尺寸精度及表面粗糙度。由于压型工作时，型腔受到液体金属的热冲击，因此压型必须用合金工具钢来制造，并要进行严格的热处理。压型工作时应保持 120～280 ℃的工作温度，并定期喷刷涂料。图 2-23 所示的为壳体铸件及压型。

图 2-23　壳体铸件及压型

压铸件尺寸精度高，表面质量好；相比砂型铸造，力学性能得到提高；生产率高，易于实现自动化或半自动化生产。但是压铸设备和压型价格高，压型制造周期长，因此压力铸造只适合于大批量生产。此外，压铸件易产生气孔，故压铸件不能在高温下使用。

压铸目前多用于生产有色金属的精密铸件。如发动机的气缸体、箱体、化油器、喇叭壳，以及仪表、电器、无线电、日用五金中的中小型零件等。

2.3.3　消失模铸造

用泡沫塑料模样造型后，不取出模样，直接浇注，使模样汽化消失而形成铸件的方法，称为消失模铸造或汽化模铸造。

按造型材料及模样制作工艺的不同，消失模铸造方法主要分为以下两种。

一种是把聚苯乙烯颗粒放入金属模具内，加热令其膨胀发泡制成模样。将表面覆有耐火涂料的泡塑模样放入特制的砂箱内，填入干砂震实；在砂箱顶部覆盖一层塑料薄膜，形成一个密封的铸型；浇注后高温金属液使模样汽化，并占据模样的位置而凝固成铸件；冷却一定时间后，取下塑料薄膜，倒出干砂取出铸件（见图 2-24）。这种干砂造型消失模铸造主要适用于大批量生产的、形状复杂的中小型铸件，如铝合金气缸体和缸盖、泵体、阀体、变速箱、差速器、进气管、管接头、耐磨件等，如图 2-25 所示。

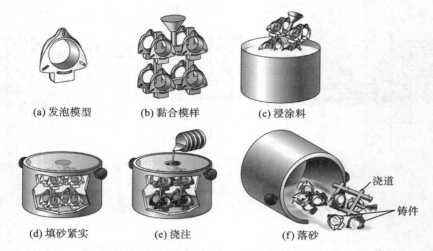

(a) 发泡模型　　(b) 黏合模样　　(c) 浸涂料

(d) 填砂紧实　　(e) 浇注　　(f) 落砂

浇道

铸件

图 2-24　干砂造型消失模铸造生产过程

(a) 气缸体模样及铝合金铸件　　(b) 滑轮模样及镁合金铸件　　(c) 管接头模样及铜合金铸件

图 2-25　泡沫塑料模样和铸件

另一种是用聚苯乙烯发泡板材,先分块切削加工,然后黏合成整体模样,采用水玻璃砂或树脂砂造型。这类方法主要适用于单件、小批量生产的中、大型铸件,如冲压和热锻模具、机床床身、大型支架等。

消失模铸造是一种近无余量、精确成形的新工艺。无需起模,无分型面,无型芯,铸件尺寸精度高,表面质量好;生产工序简单,工艺技术容易掌握,易于实现机械化和绿色化生产。

消失模铸造适合于除低碳钢以外的各类合金的生产,如铝合金、铸铁、铜合金及各种铸钢等,是一种适应性广、生产率高、经济实用的生产方法。

2.3.4　离心铸造

离心铸造是将液态金属浇入旋转的铸型中,使其在离心力作用下充填铸型并凝固成形的一种铸造方法。为使铸型旋转,离心铸造必须在离心铸造机上进行。根据铸型旋转轴空间位置的不同,离心铸造机可分为立式和卧式两类,其工作原理如图 2-26 所示。

在立式离心铸造机上,由于离心力和金属液自身重力的共同作用,使铸件的内表面呈抛物面形状,造成铸件上薄下厚。显然在其他条件不变的前提下,铸件的高度愈高,壁厚的差别也愈大。因此,立式离心铸造适用于高度小于直径的圆环类铸件。

在卧式离心铸造机上,由于铸件各部分的冷却条件相近,故铸出的圆筒形铸件壁厚均匀,因此卧式离心铸造适合生产长度较大的套筒及管类铸件,如铜衬套、铸铁缸套、水管等。

离心铸造也可用于生产成型铸件。图 2-27 所示为在立式离心铸造机上,用橡胶模具铸造锡合金工艺品的工艺过程。

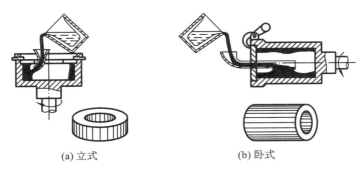

(a) 立式　　　　　　　　　　(b) 卧式

图 2-26　离心铸造工作原理示意图

用离心铸造生产空心回转体铸件时,可省去型芯、浇注系统和冒口,降低了铸造成本。铸件内部组织致密,力学性能好。可铸造"双金属"铸件,如在钢套镶铜轴承,既节约了贵重金属材料,又提高了铸件性能。但是离心铸造铸件的内表面粗糙、尺寸误差大,铸件易产生成分偏析和密度偏析。

离心铸造主要用于大批生产铸铁管、气缸套、铜套、双金属轴承、无缝钢管毛坯、造纸机滚筒、细薄成形铸件等。

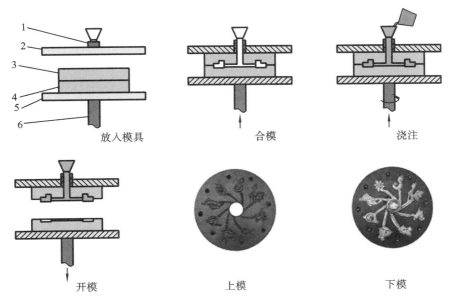

放入模具　　　　　　　　合模　　　　　　　　浇注

开模　　　　　　　　上模　　　　　　　　下模

图 2-27　立式离心铸造过程

1—从动轴;2—上转盘;3—上模;4—下模;5—下转盘;6—主动轴

2.3.5　特种铸造实习指导

1. 实习目的

特种铸造包括消失模铸造、金属型铸造、压力铸造、离心铸造等。对低熔点合金,金属型铸造是较合适的一种高效、优质和低成本铸造方法,同时还可以利用嵌铸方法,实现异种金属产品的铸造生产。通过用金属型和嵌铸结合生产铝合金手柄的钢制剪刀的铸造实习,了解典型铸件的特种铸造方法的综合应用,以及特种铸造对提高铸件质量、生产率、降低生产成本等方面的作用,提高分析问题和解决问题的能力。

2. 实习内容

(1) 学习特种铸造基本知识、实习安全注意事项;

(2) 学习金属型的结构、嵌铸的模型准备、浇注系统特点和排气要求;

(3) 典型零件的金属型与嵌铸铸造工艺分析、型腔特点和嵌铸产品的准备选择;

(4) 完成用金属型和嵌铸结合铸造铝合金手柄的钢制剪刀。

复习思考题

1. 零件、铸件和模样的形状和尺寸是否完全一样? 为什么?

2. 手工造型方法主要有哪些? 简述其特点及应用。

3. 型芯在铸造生产中起何作用? 如何固定型芯?

4. 浇注系统由哪几个部分组成? 各部分有何作用?

5. 什么是分型面? 为什么分型面要选在铸件的最大截面上?

6. 结合实习中接触到的各种设备,列举出两个用铸造工艺成形的零件。

第3章 锻 压

3.1 概述

锻压是借助于外力的作用使金属坯料产生塑性变形,以获得所需几何形状和力学性能的原材料、毛坯或零件的一种加工方法,是锻造与冲压的合称。锻造加工一般以锭料或棒料为原材料。冲压加工一般以板料为原材料或者薄板件为毛坯,在常温下进行。

锻压加工的主要工艺类型如图 3-1 所示。

锻压加工得到的毛坯、原材料或零件,其力学性能好,组织致密;通过使用模具,锻压加工的生产率高,适合于大批量生产。因此,锻压加工广泛应用于汽车、机械、电器、电子、国防、仪表及其他制造行业中(见图 3-2、图 3-3)。

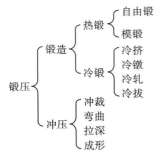

图 3-1 锻压工艺　　　　　图 3-2 连杆锻件　　　　　图 3-3 冲压件

锻压加工的发展趋势是:①大型化。如锻压加工件大型化和锻压设备大型化。②精密化。如精密模锻件的尺寸精度可达 IT7 左右,表面粗糙度可达 $Ra1.6\sim0.8\ \mu m$,精密冲裁件其剪切面可不必再进行精修加工。③自动化。对于大量生产的锻压件,主要向自动线或自动机的方向发展,如精密级进冲压、多工位自动冲压生产线、CNC 液压机快锻等。④数控冲压柔性成形技术。将数控技术、CAD 技术和金属塑性成形技术相结合,可以低成本、短周期地加工小批量、多样化的产品,从而及时适应市场与产品的变化。

3.2 锻造

锻造是指固态金属在上下砧铁间或锻模模膛内受冲击力或压力而变形的成形工艺。锻造一般可分为自由锻和模锻两种。

自由锻是用冲击力或液压力使金属在锻造设备的上下砧铁间产生塑性变形,从而获得所需几何形状及内部品质的锻件的加工方法。它不需要模具,其形状和尺寸主要由操作者控制。因而锻造生产效率低,锻件精度不高,只适用于单件和小批量生产,如农具农机上的锻件。

模锻是将金属坯料加热后,放入锻模模膛内,在外力作用下使坯料在模膛内产生塑性变形,从而获得与模膛形状一致的锻件。此工艺锻造生产率高,锻件质量好,生产过程易于实现机械化和自动化。但是,锻模制造复杂、成本高,又需要专门的模锻设备,所以模锻只适合于中、小型锻件的大批量生产,一般主要用于锻造 150 kg 以下的锻件,如汽车齿轮、曲轴、连杆等的毛坯。

锻造的生产过程一般包括下料、加热、锻造成形、辅助工序(如切边冲孔、热处理、校正、清理)、检验等。

3.2.1　坯料的加热和锻件的冷却

1. 加热的目的和锻造温度范围

坯料加热的目的是提高坯料的塑性并降低其变形抗力,以改善其锻造性能。一般来说,随着温度的升高,金属材料的强度降低而塑性提高,变形抗力下降,因此用较小的变形力就能使坯料获得较大的变形,"趁热打铁"就是这个道理。

通常锻造是在一定的温度范围内进行的。坯料在锻造时,所允许加热的最高温度,称为该材料的始锻温度。加热温度高于始锻温度,会造成坯料过热、过烧;允许锻造的最低温度称为终锻温度。如果低于终锻温度继续锻造,由于坯料塑性变差,变形抗力增大,不仅难以继续变形,且易锻裂,此时必须及时停止锻造,重新加热。

每种金属材料,根据其化学成分的不同,锻造温度范围都是不一样的。表 3-1 所示的为几种常用金属材料的锻造温度范围。

表 3-1　常用材料的锻造温度范围

材料种类	始锻温度/℃	终锻温度/℃	材料种类	始锻温度/℃	终锻温度/℃
低碳钢	1200～1250	750	低合金工具钢	1100～1150	850
中碳钢	1150～1200	800	高速工具钢	1150～1180	950
碳素工具钢	1050～1150	750～800	铝合金	450～500	350～380
合金结构钢	1100～1200	850	铜合金	800～900	650～700

2. 加热缺陷

金属在加热过程中可能产生的缺陷有氧化、脱碳、过热、过烧和裂纹等。

(1)氧化　指加热时坯料表层金属与炉气中的氧化性气体发生化学反应生成氧化皮的现象。氧化会造成金属烧损,每加热一次,坯料因氧化的烧损量约占总重量的 2%～3%。氧化皮还会造成锻件表面质量下降和加剧锻模的磨损。精密模锻为减少氧化,应采用快速加热和避免坯料在高温下长时间停留,最好采用真空加热或控制炉中的气体成分。

(2)脱碳　指加热时金属坯料表层的碳与炉气中的氧或氢产生化学反应而使碳的含量下降的现象。脱碳会使金属表层的硬度和强度明显降低,影响锻件质量。减少脱碳的方法是快速加热和在炉中采用保护气体。

(3)过热　过热是指当坯料加热温度过高或高温下保持时间过长时,其内部晶粒组织迅速长大变粗的现象。过热会使材料脆性增加,锻造时易产生裂纹。

(4)过烧　当坯料的加热温度过高到接近熔化温度时,其内部组织间的结合力将完全失去,这种现象称为过烧。锻打过烧的坯料会碎裂成废品而报废。避免发生过烧的措施是严格控制加热温度和保温时间。

(5)裂纹　裂纹是指当加热速度过快或装炉温度过高,引起坯料内外的温差过大导致坯料开裂的现象。因此,应严格控制入炉温度、加热速度和保温时间。

3. 锻件的冷却

常见锻件成形后的冷却方式主要有堆冷、炉冷、水冷和空冷。

3.2.2　自由锻

1. 自由锻设备和工具

自由锻的设备有空气锤、蒸气-空气锤和自由锻造水压机等。

空气锤是以电动机驱动，以空气为传动介质的一种锤，即设备本身可以产生压缩空气，并以此压缩空气为传动介质来推动落下部分进行工作。空气锤的结构以及工作原理如图 3-4 所示。空气锤由锤身、压缩缸、工作缸、传动机构、操作机构、落下部分及砧座等几个部分组成。锤身、压缩缸、工作缸铸为一体。电动机通过减速机构、连杆机构带动压缩活塞上下运动，产生压缩空气。通过手柄操纵上下旋阀，使压缩空气进入工作气缸的上部或下部，推动工作活塞上下运动，从而带动锤头及上砧铁上下运动，完成各种打击动作。落下部分包括工作活塞、锤杆、锤头和上砧铁。落下部分的重量是锻锤的主要规格参数。例如，250 kg 空气锤，就是指落下部分的重量为 250 kg 的空气锤，是一种中小型的空气锤。

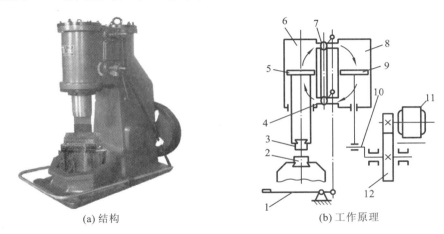

(a) 结构　　　　　　　　　　　　　　(b) 工作原理

图 3-4　空气锤结构及工作原理图

1—踏杆；2—下砧铁；3—上砧铁；4—下旋阀；5—工作活塞；6—工作气缸；
7—上旋阀；8—压缩气缸；9—压缩活塞；10—连杆机械；11—电动机；12—减速机构

除了锻锤和水压机外，自由锻造还需要一些锻造工具。工业上常用锻造工具如图 3-5 所示。

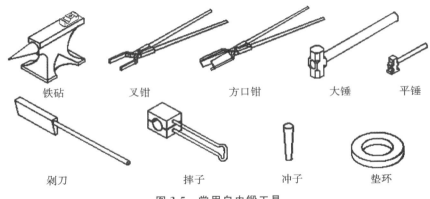

铁砧　　　　　叉钳　　　　　方口钳　　　　　大锤　　　　　平锤

剁刀　　　　　摔子　　　　　冲子　　　　　垫环

图 3-5　常用自由锻工具

2. 自由锻的基本工序

自由锻的基本工序主要包括镦粗、拔长、冲孔、弯曲、扭曲、错移和切割等，如表 3-2 所示，其中镦粗、拔长、冲孔工序应用最多。

表 3-2　自由锻基本工序

工序名称	特点及应用	工序简图及工艺要点	
镦粗	1. 使坯料高度减小，截面积增大； 2. 一般用来制造盘类、饼类锻件，如齿轮、法兰等	 (a)　　　　(b)	1. 一般分为整体镦粗和局部镦粗； 2. 镦粗时，坯料变形部分高度与直径之比应小于 2.5～3，如果高径比过大，则容易将坯料镦歪，甚至形成双鼓形； 3. 镦粗操作时，要夹紧坯料，平稳锤击，谨防击中夹钳，谨防锻件等飞出伤人
拔长	1. 使坯料截面积减小，长度增加； 2. 多用于锻造轴类、杆类零件		1. 锻打时，坯料每次的送进量应为铁砧宽度的 0.4～0.8 倍。送进量太小，易产生夹层；送进量太大，金属主要向宽度方向流动，向长度方向延长小，反而不利于拔长，降低拔长效率； 2. 中小型锻件在拔长过程中应不断地翻转； 3. 拔长有孔的长轴类锻件，可将已冲孔的空心坯料套入芯轴后拔长
冲孔	用冲头在坯料上锻出通孔或不通孔		
弯曲	1. 使坯料弯成一定的角度或形状； 2. 常用于锻造吊钩、链环、马蹄铁、弯板、角形锻件、管形扣件等	 (a)　　　　(b)	

续表

工序名称	特点及应用	工序简图及工艺要点
切割	用于分割坯料或切除锻件余料	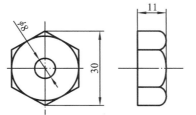

3. 自由锻工艺过程示例

图 3-6 所示为六角螺母锻件,其手工自由锻工艺过程如表 3-3 所示。

名称:六角螺母锻件
坯料规格: φ20×30
材料:30钢

图 3-6　六角螺母锻件

表 3-3　六角螺母锻件手工自由锻工艺过程

序号	名称	工作简图	使用工具	操作要点
1	下料		联合冲剪机	按坯料规格尺寸下料
2	加热		温控电炉或感应加热炉	炉温控制在 1100~1200 ℃
3	镦粗		铁砧　叉钳　大锤	将烧好的坯料镦至坯料高度的一半

续表

序号	名称	工作简图	使用工具	操作要点
4	冲孔		冲头 铁砧 叉钳 大锤	用冲头在坯料上点出圆心,对着圆心冲一半深,翻面再将坯料冲穿
5	套芯棒		芯棒 铁砧 叉钳 大锤	用芯棒插入锻坯内,用大锤锻出大致六方
6	锻六方		芯棒 平锤 铁砧 叉钳 大锤 六边形模	将坯料在六边形模内修正
7	修整		平锤 铁砧 叉钳 大锤	修整六边和平面
8	检验	倒角	倒角罩	检验尺寸

3.2.3　模锻

模锻按所使用的设备不同分为锤上模锻、压力机上模锻等。常用的模锻设备有蒸气-空气模锻锤、摩擦压力机、曲柄压力机和平锻机等。

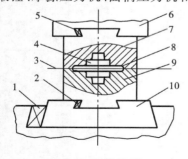

图 3-7　模锻模具

1,2,5—紧固楔铁;3—分模面;

4—模膛;6—锤头;7—上模;

8—飞边槽;9—下模;10—模垫

图 3-7 为齿轮坯的模锻模具简图。锻模是用于锻造成形的工艺装备,它一般由上模和下模两个部分组成。上模固定在锤头或滑块上,可以上下运动,下模固定在砧座或工作台上。上下模闭合所形成的空腔称为模膛或型槽。金属坯料在模膛内受压成形,开模后可以夹出或顶出工件。

采用模锻工艺把坯料锻成锻件一般需要经过几个变形工序。模膛根据功用的不同,可分为制坯模膛和模锻模膛两种。制坯模膛是用于形状较为复杂的锻件,通过先行制坯,使坯料的形状和尺寸尽量接近锻件,并能较好地充满模锻模膛,延长锻模使用寿命,保证锻件质量。常用的制坯模膛有拔长模膛、滚压模膛、弯曲模膛、镦粗台等。模锻模膛包括终锻模膛和预锻模膛。终锻模膛是使坯料最后变形到锻件所要求的形状和尺寸,因此模膛形状和尺寸与锻件形状和尺寸基本相同,但因锻件冷却收缩,模膛尺寸应比锻件大一个金属收缩量。此外,沿模膛四周应设有飞边槽。对于形状复杂、精度要求较高、批量较大的锻件,终锻前进行预锻,使坯料变形到接近于锻件所要求的形状和尺寸,可以减少终锻变形量,提高模具寿命,与终锻模膛相比,预锻模膛的圆角和斜度较大,且四周没有飞边槽。如图 3-8 所示为一副弯连杆的锤上模锻锻模及模锻过程。终锻时锻模受力最大,因此终锻模膛应设置在锻模正中央。

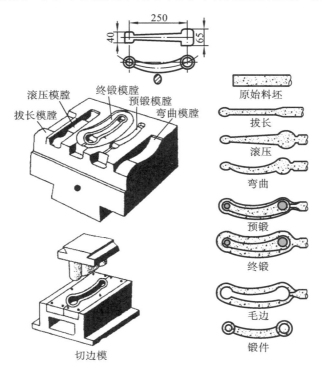

图 3-8　弯连杆锤上模锻用锻模

3.2.4　锻造实习指导

1. 实习目的

(1) 建立温度-压力-塑性变形加工金属的成形关系,了解锻压加工的实质;

(2) 动手操作自由锻的镦粗、冲孔等主要变形工序,了解锻造工艺过程;

(3) 了解空气锤的结构和操作使用方法,了解机器自由锻工艺过程。

2. 实习内容

(1) 学习锻造工艺基本知识,实习安全注意事项。

(2) 六角螺母的手工自由锻。

①坯料加热颜色观察及锻造。

通过观察坯料颜色判断坯料加热温度,亮黄色为 1200 ℃左右。碳钢材质锻件在加热及锻造过程中的温度变化可通过观察火色(即坯料的颜色)的变化来大致判断。碳钢的温度与火色的关系如表 3-4 所示。

表 3-4　碳钢的温度与火色的关系

温度/℃	1300	1200	1100	900	800	700	小于 600
火色	白色	亮黄	黄色	樱红	赤红	暗红	黑色

若坯料取出时,坯料呈现白色且时有火花飞出,应判明坯料为过热、过烧,此时则不能锻造。若坯料颜色转为暗红,此时温度约为 700 ℃,这时应停止锻造。

体验锻造过程中随材料温度的变化,锻造性能的改变,了解温度对材料锻造性能的影响。

②参照表 3-3 完成六角螺母的手工自由锻。

(3) 机器自由锻演示。

3.3　板料冲压

板料冲压是利用压力机和模具使板材产生分离或塑性变形,从而获得零件或毛坯的成形方法。由于它是在常温下进行,故板料冲压又称为冷冲压。

板料冲压所用原材料,须具有足够好的塑性。常用的金属材料有低碳钢,高塑性合金钢,铜、铝、镁及其合金等,通常是厚度 4 mm 以下的冷轧或热轧薄板。

板料冲压具有产品尺寸稳定、互换性好、产品刚度高、生产过程易于实现机械化和自动化、能获得形状复杂的制品等一系列优点,但由于冲压模具较复杂,制造费用高、周期长,故只有在大批量生产的情况下,才能显示其优越性。目前,在汽车、航空、电器、仪表、国防、日用器皿及办公用品等工业中,板料冲压占有重要地位。

3.3.1　板料冲压基本工序

板料冲压基本工序按其特征分为分离工序和成形工序两大类(表 3-5)。分离工序是使坯料的一部分相对于另一部分产生剪切分离,如落料、冲孔、切断和修边等。成形工序是使坯料的一部分相对于另一部分发生塑性变形而不破坏,从而获得一定的形状和尺寸,主要有拉深、弯曲、翻边、胀形和旋压等。将这些工序组合在一起,可加工出形状复杂的冲压件。

表 3-5　板料冲压基本工序

工序名称		工 序 简 图	要　　点
分离工序	落料	板料　落料过程　产品　余料	1. 利用冲模沿封闭轮廓冲切板料,冲下部分为工件,其余部分为废料; 2. 凸模和凹模都带有锋利的刃口,凸、凹模之间的间隙很小
	冲孔	坯料　冲孔过程　产品　废料	1. 利用冲模沿封闭轮廓冲切板料或工件,冲孔后的板料本身是成品,冲下的部分是废料; 2. 凸模和凹模都带有锋利的刃口,凸、凹模之间的间隙很小

工序名称		工 序 简 图	要 点
成形工序	拉深		1. 将平板毛坯拉深变形为中空形状冲压件,可获得筒形、锥形、球形、盒形及曲面零件等; 2. 凸模和凹模的工作部分必须加工成较大的圆角; 3. 凸、凹模之间的间隙一般为板厚的 1.1～1.2倍; 4. 拉深前在板料或模具工作部位上涂润滑剂; 5. 拉深时常用压边圈将板料压紧,以防板料起皱
	弯曲		1. 将板料的一部分相对于另一部分弯曲成一定角度; 2. 凸模端部必须加工出一定的圆角,以防弯裂; 3. 可以通过弯曲模在压力机上弯曲成形,也可以在折弯机、滚弯机等专门设备上弯曲成形; 3. 板料内侧受压缩,易起皱,外侧受拉伸,易拉裂
	胀形		1. 在管坯内部或在板坯一侧通以高压液体、气体或利用模具,迫使管、板局部厚度减薄和表面积增大,以获取零件几何形状; 2. 胀形可采用不同的方法来实现,一般有机械胀形、橡胶胀形和液压胀形三种
	旋压		1. 将金属坯料压装在芯模上,旋轮通过轴向运动和径向运动,使旋转坯料在旋轮滚压作用下产生局部连续塑性变形,逐渐成形为所要求的回转体零件的成形方法; 2. 可以制造各类金属空心回转体零件; 3. 可分为普通旋压和变薄旋压
	翻边		在板料或半成品上沿一定的曲线翻起竖立边缘的成形工序

3.3.2　冲压设备

冲压设备包括剪板机和压力机。剪板机(俗称剪床)的用途是将板料剪切成一定宽度的条料,以供冲压使用。板料冲压的基本工序,像落料、冲孔、弯曲、拉深、翻边等都是在压力机上进行的。冲压常用的压力机有曲柄压力机、油压机等,其中曲柄压力机又称冲床,是进行冲压加工的基本设备。冲床按其结构可分为单柱式和双柱式两种,其中双柱式压力机由于其刚度高、精度高、生产效率高、操作方便等特点,广泛应用于冲压生产。

图 3-9 为开式双柱可倾式冲床的外形和传动原理图。电动机 1 通过皮带轮 2、小齿轮 3、大齿轮 4(飞轮)和离合器 5 带动曲轴旋转,再通过连杆 6 使滑块 7 在机身的导轨中做往复运动。将模具的上模固定在滑块 7 上,下模固定在机身工作台上,压力机便能带动上、下模对材料加压,依靠模具将其制成工件。离合器 5 由脚踏板通过操纵机构操纵,在电动机不停机的情况下可使曲柄滑块机构运动或停止。制动器与离合器密切配合,可在离合器脱开后将曲柄滑块机构停止在一定的位置(一般是在滑块处于上止点的位置)上。大齿轮 4 还起飞轮作用,使电动机的载荷均匀和有效地利用能量。

冲床属于机械压力机类设备,其规格以公称压力表示,也称冲床(压力机)的吨位。例如 J23-63 型冲床,型号中的"J"表示机械压力机,"63"表示冲床的公称压力为 630 kN。

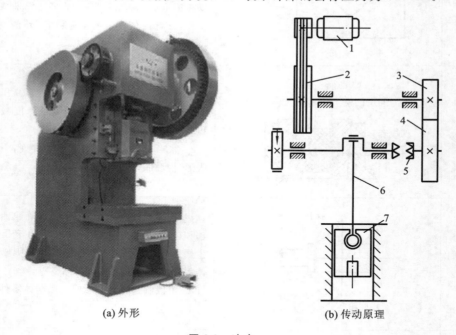

(a) 外形　　　　　　　　　　(b) 传动原理

图 3-9　冲床

1—电动机;2—皮带轮;3—小齿轮;4—大齿轮;5—离合器;6—连杆;7—滑块

3.3.3　冲压模具

冲压模具(简称冲模)是使坯料分离或变形的工具,分为上模和下模两部分。上模用模柄固定在冲床滑块上,下模用螺钉紧固在工作台上。

冲模按其作用可分为以下几部分。

（1）模架　由上、下模座，导柱，导套等组成。上模座用以固定凸模；下模座用以固定凹模和送料、卸料构件。上、下模座上分别固定有导套和导柱，用以将上、下模导向对准。

（2）工作零件　凸模和凹模是冲模的工作零件，凸模和凹模共同作用使板料分离或变形。一般凸模通过凸模固定板固定在上模座上；凹模通过凹模固定板固定在下模座上。

（3）定位零件　用以确定条料或毛坯在模具中的正确位置，如导料板用以控制条料的送进方向，挡料销则控制条料送进的距离。

（4）卸料、压料装置　卸料板是在冲压后使工件或坯料从凸模上脱出的装置。

冲模按其结构特点不同，分为简单模、复合模和级进模三类。在滑块一次行程中完成一个冲压工序的冲模称为简单模；在滑块的一次行程中，在模具的同一部位完成两个或多个冲压工序的模具称为复合模；在滑块的一次行程中，在模具的不同部位同时完成两个或多个冲压工序的模具称为级进模。大批量的中、小型零件冲压生产一般采用复合模或多工位的级进模。

3.3.4　典型零件的冲压工艺示例

盖杯是一个回转体薄壁零件（见图 3-10）。可采用落料-数控旋压工艺成形。先用落料模制备旋压成形的毛坯，经过计算毛坯的直径为 70 mm；制订旋压成形工艺，编程，将毛坯安装在数控旋压机上，完成盖杯的旋压成形。

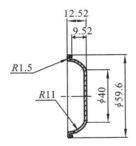

图 3-10　盖杯（材料：纯铝板，厚度：1 mm）

1. 落料

盖杯的落料模如图 3-11 所示。它由上模板、导套、导柱、下模板、凸模、凹模、卸料板、压板等组成。该模具安装在冲床或液压机上，上模安装在滑块上，下模安装在工作台上。工作时，先将条料沿导板送进，由定位销定位，上模下行，将条料落料，回程时，废料由卸料板卸下。

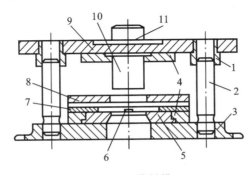

图 3-11　落料模

1—导套；2—导柱；3—下模板；4—凸模固定板；5—凹模；6—定位销；

7—导板；8—卸料板；9—上模板；10—凸模；11—模柄

2．旋压成形

随着计算机数控技术的发展，数控旋压发展起来。如图 3-12 所示的数控旋压机，功率大，刚性好，经旋压后，材料强度、硬度和疲劳强度均有所提高，零件表面质量较好。

旋压成形工艺的基本要点如下。

（1）选择合理的主轴转速　主轴如果转速太低，板料将不稳定；如果转速太高，则板料容易过度辗薄拉断。一般地，低碳钢的合理主轴转速为 $400\sim600$ r/min，铝材的合理转速为 $600\sim1200$ r/min。盖杯为纯铝材料，其旋压成形主轴转速为 600 r/min。

（2）合理分配旋压变形量　旋压成形虽然是局部成形，但是，如果毛坯的变形量过大，也易产生起皱甚至破裂缺陷，所以，变形量大的旋压件需要多次旋压成形。旋压变形量可以用旋压件的直径与毛坯直径的比值确定，一次旋成的极限比值一般是 $0.2\sim0.3$，因此，盖杯旋压成形是一次成形的。

（3）合理选用旋压轮　旋压轮的形状对旋压制品的质量和旋压力有很大的影响。普通旋压时通常选择直径为 D，顶端圆角半径为 R 的圆弧旋轮，毛坯直径较大时，旋轮直径也可取大些。本例所用旋压轮是顶端圆角半径为 $R2$ 的普通旋压圆弧钢轮。

（4）合理确定旋轮运动轨迹　旋轮运动轨迹的合理确定是影响旋压成形成功的关键因素。对于多道次普通旋压，每道次可根据不同的工况，使用不同的运动轨迹获得较佳的旋压效果，各道次运动轨迹的包络线构成了零件的母线。旋轮运动轨迹通常有直线型、曲线型、直线-曲线型、往复圆弧型四种。如图 3-13 所示为曲线型运动轨迹。

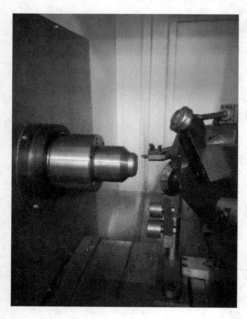

图 3-12　数控旋压机

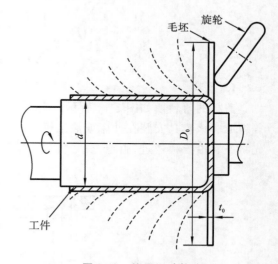

图 3-13　旋压运动轨迹

数控旋压过程是：确定图纸、旋压材料与产品要求→选择旋轮与机床→设计刀路→编程→将程序输入机床→对刀→仿真模拟→空走程序→上料试旋。图 3-14(a)是盖杯的成形尺寸，图 3-14(b)是旋压成形所用的芯模。

在单件小批量生产条件下，盖杯的成形工艺过程如表 3-6 所示。

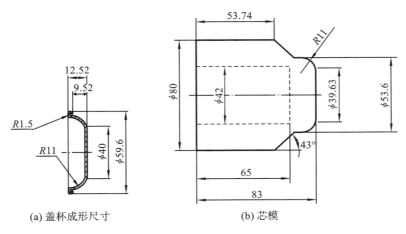

(a) 盖杯成形尺寸   (b) 芯模

图 3-14 盖杯及成形芯模

表 3-6 盖杯成形工艺过程

工序号	工序名称	工序简图	使用设备
1	下料	645 / 73	剪板机
2	落料	36.5 71.5 φ70 73 1.5	冲床、落料模
3	旋压	12.52 9.52 R1.5 R11 φ40 φ59.6	数控旋压机
4	检验		卡尺

3.3.5 板料冲压实习指导

1. 实习目的

(1) 了解板料冲压工艺方法及工艺过程；

（2）了解常用冲压设备和模具。

2．实习内容

（1）学习冲压工艺、设备、模具等的基本知识，实习安全注意事项。

（2）参照表 3-6，完成板料的剪切下料、圆板毛坯的冲裁。

①完成板料的剪切下料；

②完成圆板毛坯的冲裁；了解落料模的结构组成。

（3）参照表 3-6，演示观察盖杯的数控旋压成形。

复习思考题

1．锻坯加热的目的是什么？

2．冲压工序有哪些？各有什么特点？

3．冲压车间常用的工作设备有哪些？各有什么用途？

4．列举出实习或生活中见到的几种冲压件。

第4章　焊　　接

4.1　概述

焊接是通过加热或加压(或两者并用),并且用(或不用)填充材料使焊件形成原子结合的一种连接成形方法。焊接实现的连接是不可拆卸的永久性连接,被连接的焊件材料可以是同种或异种金属,也可以是金属与非金属等。采用焊接方法制造金属结构,可以节省材料,简化制造工艺,缩短生产周期,且连接处具有良好的使用性能。但焊接不当也会产生缺陷、应力、变形等。

在机械制造工业中,焊接广泛用于制造各种金属结构件,如桥梁、船体、机车车辆、锅炉、压力容器、管道和建筑构架等;焊接也常用于制造机器零件,如重型机械的机架、底座、箱体,以及轴、齿轮等;此外,焊接还用于修补铸、锻件缺陷和局部受损坏的零件。在电子工业中,焊接广泛用于各种电路板中。

按焊接成形原理的不同,焊接工艺方法的分类如图 4-1 所示。

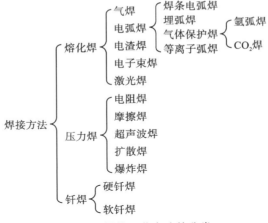

图 4-1　焊接工艺方法的分类

熔化焊是将焊件连接部位局部加热至熔化状态,随后冷却凝固成一体,不加压力完成焊接的方法。其特点是温度高,熔化速度快;但同时也存在能耗大,烫伤和灼伤的安全隐患大的不足。压力焊是将两焊件的连接部位加热到塑性状态或表面局部熔化状态,同时施加压力,使两焊件连接起来的焊接方法。其特点是效率高,但设备通用性差。钎焊是采用低熔点的填充金属熔化后,通过毛细作用渗透到接头间隙,与固态焊件金属相互扩散形成冶金结合而实现连接的方法。钎焊热输入小,工件变形和应力小,但接头力学性能比较差。

4.2　焊条电弧焊

利用电弧作为焊接热源的熔化焊方法称为电弧焊。用手工操纵焊条进行焊接的电弧焊方法称为焊条电弧焊。焊条电弧焊所用设备比较简单,操作方便、灵活,适用于厚度为 2 mm 以上各种金属材料和各种形状结构、空间位置的焊接,是目前应用最广泛的一种焊接方法。

4.2.1　焊条电弧焊的基本原理

1. 焊接电弧

焊接电弧是在电极与工件间气体介质中强烈而持久的放电现象。电弧引燃后,弧柱中就充满了高温电离气体,放出大量的热和强烈的光。

焊接电弧由三部分组成:阴极区、阳极区和弧柱区,如图 4-2 所示。阴极区是发射电子的区域,发射电子需消耗一定能量,阴极区产生的热量略少。在焊接钢材时,阴极区平均温度为 2400 K,约占总热量的 36%。阳极区受电子轰击和吸入电子而获得较多能量,所以阳极区温度较阴极区高,焊接钢材时,阳极区温度可达 2600 K,该区热量约占电弧总热量的 43%。弧柱区是阴极区和阳极区之间的电弧部分,其长度基本等于电弧长度,弧柱区温度可达 6000～8000 K,弧柱区的热量约占电弧总热量的 21%。

2. 焊接过程

焊条电弧焊焊接过程如图 4-3 所示。焊接前,先将焊件和焊钳分别接到电焊机的两个电极上,并用焊钳夹持焊条。焊接时,将焊条末端与焊件表面瞬时接触形成短路,然后迅速将焊条向上提起 2～4 mm 的距离,电弧即可引燃。电弧热将焊件接头和焊条熔化形成熔池。焊条上的药皮熔化或燃烧,产生大量的气体和液态熔渣,可有效隔离空气,对熔池起到保护作用。当焊条持续前移时,焊条与焊件之间产生新熔池,旧熔池则冷却凝固,形成连续的焊缝。焊接后焊缝各部分的名称如图 4-4 所示。

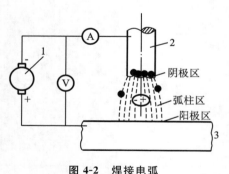

图 4-2　焊接电弧

1—电焊机;2—焊条;3—工件

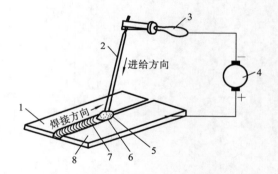

图 4-3　焊接过程示意图

1,8—焊件;2—焊条;3—焊钳;4—弧焊机;
5—电弧;6—熔池;7—焊缝

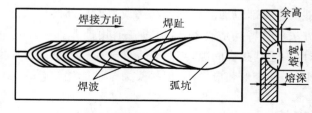

图 4-4　焊缝各部分的名称

4.2.2 焊条电弧焊设备

焊条电弧焊的基本设备有交流弧焊机和直流弧焊机两类,电焊机型号编制方法及含义如图 4-5 所示。

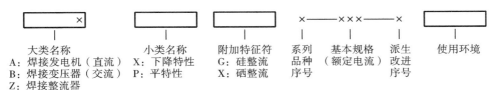

大类名称　　　　　小类名称　　　附加特征符　　系列　　基本规格　　派生　　使用环境
A:焊接发电机(直流) X:下降特性　　G:硅整流　　品种　(额定电流) 改进
B:焊接变压器(交流) P:平特性　　　X:硒整流　　序号　　　　　　　序号
Z:焊接整流器

图 4-5　电焊机型号及含义

交流弧焊机又称为弧焊变压器,它将电网的交流电变成适于弧焊的低压交流电,由主变压器和调节部分、指示装置等组成。具有结构简单、噪声小、成本低等优点,但电弧稳定性较差。常用于焊接一般结构件。BX1-200 型交流弧焊机(见图 4-6)为一种常用的弧焊变压器(第一系列下降特性弧焊变压器,额定电流 200 A)。其主要技术参数如表 4-1 所示。

图 4-6　BX1-200 型交流弧焊机

表 4-1　BX1-200 型交流弧焊机主要技术参数

初级电压 /V	空载电压 /V	工作电压 /V	额定输入容量 /(kV・A)	电流调节范围 /A	额定负载持续率 /%
220/380	50	36	13.6	75~200	20

直流弧焊机有整流式直流弧焊机和逆变式直流弧焊机等。整流式直流弧焊机是将电网的交流电经降压整流后获得直流电的,由主变压器、半导体整流元件及获得所需外特性的调节装置等组成。逆变式弧焊电源是一种发展前景广阔的新型焊接电源。这种电源一般是将电网的交流电先经整流和滤波变成直流,再通过大功率开关电子元件的交替开关作用,逆变成几千至几万赫兹的中频交流电压,同时经变压器降至适合于焊接的几十伏电压,后再次整流并经滤波输出相当平稳的直流焊接电流。直流弧焊机弥补了交流弧焊机电弧不稳定的不足,焊接质量较高,但直流弧焊机结构复杂,焊接成本较高,常用于较重要的结构件。

4.2.3 电焊条

1. 焊条的组成和各部分作用

(1)焊条　电弧焊的焊条由焊芯和药皮两部分组成,如图 4-7 所示。焊芯是焊条内的金属丝,在焊接过程中起到电极、产生电弧和熔化后填充焊缝的作用。它的化学成分和非金属杂质的多少将直接影响焊缝质量,因此,焊芯的钢材必须经过专门冶炼,具有较低的含碳量和一定含锰量,硅含量控制较严,有害元素硫、磷含量低,其钢号和化学成分应符合国家标准。焊条的直径是表示焊条规格的一个主要尺寸,由焊芯的直径来表示。常用焊条的直径为 2.0～6.0 mm,长度为 300～400 mm。

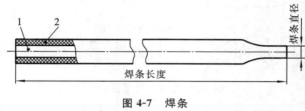

图 4-7　焊条

1—焊芯;2—药皮

　　(2) 药皮　药皮是压涂在焊芯表面上的涂料层,是由矿石粉、有机物粉、铁合金粉和黏结剂等原料按一定比例配制而成。药皮的主要作用是引弧、稳弧、保护焊缝(不受空气中有害气体侵害)、去除杂质以及向焊缝金属渗入合金元素等。

2. 焊条的分类和表示方法

　　焊条按药皮熔渣化学性质分为酸性焊条和碱性焊条两大类。

　　酸性焊条的熔渣中含有较多的酸性氧化物(如 SiO_2),熔渣呈酸性。酸性焊条能用于交、直流焊机,焊接工艺性能较好,但焊缝的力学性能、特别是冲击韧度较差。酸性焊条适于一般的低碳钢和相应强度等级的低合金结构钢的焊接。碱性焊条的熔渣中含有较多碱性氧化物(如 CaO 和 CaF_2),熔渣呈碱性。碱性焊条一般用于直流电焊机,只有在药皮中加入较多稳弧剂后,才适于交、直流电源两用。碱性焊条脱硫、脱磷能力强,焊缝金属具有良好的抗裂性和力学性能,特别是冲击韧度好,但工艺性能差,对水分、铁锈敏感,使用时必须严格烘干。碱性焊条主要适用于低合金钢、合金钢及承受动载荷的低碳钢重要结构的焊接。

　　我国的焊条按用途不同分为十类,如结构钢焊条、不锈钢焊条等。

　　根据 GB/T 5117—2012 的规定,焊条型号的编制方法如下:用大写字母和四位数字表示;字母表示焊条类别;前两位数字表示熔敷金属抗拉强度的最小值,单位为 MPa;第三位数字表示焊条适用的焊接位置;第三位和第四位数字的组合表示药皮类型及焊接电流种类。例如:

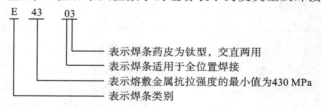

　　常用的结构钢焊条的牌号表示方法用字母 J 和三位数字表示。J 表示结构钢焊条,前两位数字表示焊缝金属抗拉强度等级,第三位表示药皮类型及采用电源。例如:

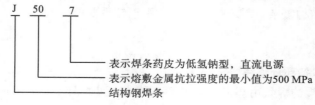

两种常用碳钢焊条的型号与牌号如表 4-2 所示。

表 4-2　两种常用碳钢焊条

型号	牌号	药皮类型	焊接位置	电流种类
E4303	J422	钛钙型	全位置	交、直流
E5015	J507	低氢钠型	全位置	直流反接

4.2.4　焊接工艺

1. 接头形式和坡口形式

根据焊件厚度和工作条件的不同,需要采用不同的焊接接头形式。常用的接头形式有对接、角接、丁字接和搭接等几种(见图 4-8)。对接接头受力比较均匀,是用得最多的一种,重要的受力焊缝应尽量选用。

为了保证焊接强度,焊接接头处必须熔透。根据设计或工艺需要,在焊件的待焊部位加工出一定形状尺寸的沟槽,称为坡口。当待焊工件较薄(板厚≤6 mm)时,可采用 I 形坡口,当焊件厚度大于 6 mm 时,为了保证电弧能深入焊缝根部,使根部焊透,按板厚的不同,需要在接头处开出不同形状的坡口。对接接头常见的坡口形状如图 4-9 所示。焊接时,X 形坡口必须双面施焊,其他形式的坡口根据实际情况,可采用单面焊,也可采用双面焊。

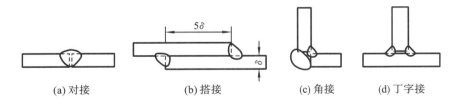

图 4-8　焊接接头形式

（a）对接　　　　（b）搭接　　　　（c）角接　　　　（d）丁字接

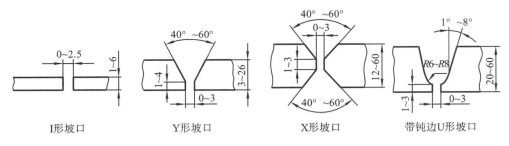

I 形坡口　　　　Y 形坡口　　　　X 形坡口　　　　带钝边 U 形坡口

图 4-9　对接接头的坡口形状

2. 焊接空间位置

按焊缝在空间的位置不同,可分为平焊、立焊、横焊和仰焊等,如图 4-10 所示。平焊操作方便,劳动强度小,液态金属不会流散,易于保证质量,是最理想的操作空间位置,应尽可能采用。

3. 焊接工艺参数及其选择

焊接时,为保证焊接质量,必须选择合理的工艺参数,包括焊条直径、焊接电流、焊接速度和弧长等。

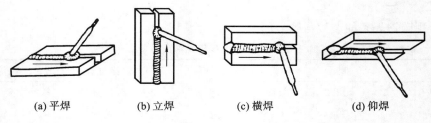

(a) 平焊　　　　(b) 立焊　　　　(c) 横焊　　　　(d) 仰焊

图 4-10　焊缝的空间位置

首先应根据工件厚度选取焊条直径,焊条直径的选择可参见表 4-3。立焊和仰焊时选择的焊条直径应比平焊时更小一些。

表 4-3　焊条直径选择　　　　　　　　　　　　　　　　mm

焊件厚度	2	3	4~7	8~12	>12
焊条直径	1.6~2.0	2.5~3.2	3.2~4.0	4.0~5.0	4.0~5.8

其次,根据焊条直径选择焊接电流。平焊低碳钢时,焊接电流 I(A)和焊条直径 d(mm)之间的关系可由下面的经验公式确定:

$$I = (30 \sim 60)d \tag{4-1}$$

用该式求得的焊接电流只是一个初步数值,还要根据焊件厚度、接头形式、焊接位置、焊条种类等因素,通过试焊进行调整。

焊接速度是指单位时间内完成的焊缝长度,它对焊缝质量影响很大。焊速过快,易产生焊缝的熔深浅、焊缝宽度小等问题,甚至可能产生夹渣和焊不透的缺陷;焊速过慢,焊缝熔深和焊缝宽度增加,特别是薄件易烧穿。手弧焊时,焊接速度由焊工凭经验掌握。一般在保证焊透的情况下,应尽可能增加焊接速度。

弧长是指焊接电弧的长度。弧长过长,燃烧不稳定,熔深减小,空气易侵入产生缺陷。因此,操作时尽量采用短弧。一般要求弧长不超过所选择焊条直径,多为 2~4 mm。

厚板焊接时,常采用多层焊或多层多道焊。前一条焊道对后一条焊道起预热作用,而后一条焊道对前一条焊道起热处理作用,因此,焊接接头的塑性比较好,韧度较高。对于不同的钢种,焊缝层数对接头性能有明显的影响。一般每层焊缝厚度以不大于 4~5 mm 为好。

4. 焊条电弧焊基本操作技术

(1) 接头清理　焊接前接头处除尽铁锈、油污,以便于引弧、稳弧和保证焊缝质量。

(2) 引弧　引弧就是开始焊接时使焊条和焊件间产生稳定的电弧。常用的引弧方法有划擦法和敲击法,如图 4-11 所示。焊接时将焊条端部与焊件表面划擦或轻敲后迅速将焊条提起 2~4 mm 的距离,电弧即被引燃。此类引弧方法的原理为短路热电子发射引燃。

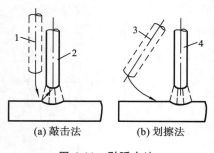

(a) 敲击法　　　(b) 划擦法

图 4-11　引弧方法

1,3—引弧前　2,4—引弧后

(3) 运条　引弧后,首先必须掌握好焊条与焊件之间的角度(见图 4-12),并同时完成焊条的三个基本动作(见图 4-13):焊条沿其轴线向熔池送进,焊条沿着焊接方向移动和焊条做横向摆动(为了获得一定的熔宽)。

(4) 焊缝收尾　焊缝收尾时,要填满弧坑,为

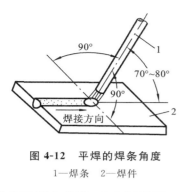

图 4-12 平焊的焊条角度
1—焊条 2—焊件

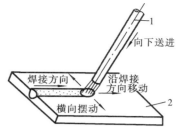

图 4-13 运条基本动作
1—焊条 2—焊件

此焊条要停止前移,在收弧处画一个小圈并慢慢将焊条提起,拉断电弧。

4.2.5 典型结构焊条电弧焊工艺

低碳钢板材对接焊接头结构见图 4-14,相应的焊条电弧焊焊接工艺卡见表 4-4。

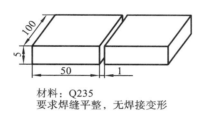

材料:Q235
要求焊缝平整,无焊接变形

图 4-14 低碳钢板材对接焊接头结构

表 4-4 对接平焊缝焊条电弧焊焊接工艺卡

工序号	工序名称	工序内容	焊接材料	设备或工具	操 作 要 领
1	焊前准备	清理试板表面的油污、氧化皮、对接缝处的毛刺,烘干焊条	$\phi 3.2$ 直径的 J422 或 E4303 焊条	碱,钢丝刷,平锉,烘箱	对油污严重的试板用 15%NaOH 溶液进行清洗除油,用钢丝刷除去表面氧化皮,用平锉除去对接缝处的毛刺,对吸潮严重的焊条应在 120 ℃的烘箱中烘干
2	定位或标记	对接接头点定焊,保证坡口间隙	$\phi 3.2$ 直径的 J422 或 E4303 焊条	BX1-200 焊机,尖头锤	点定焊时,电流调节在 120～130 A,每隔 50 mm 点焊一点,焊后用尖头锤清理焊渣

工序号	工序名称	工序内容	焊接材料	设备或工具	操 作 要 领
3	焊接	对接焊	$\phi3.2$ 直径的 J422 或 E4303 焊条	BX1-200 焊机	为保证焊透,焊接电流控制在 150~170 A,焊接速度以观察到熔池有合适的尺寸为标准,控制焊条的移动,焊接时可采用从中间向两头分别退焊的方式,以减小焊接变形
4	焊缝清理	清理焊渣		尖头锤	待焊后焊缝冷却到 300 ℃以下,用尖头锤将覆盖在焊缝上的一层渣清理,焊渣清理过早易导致表面氧化
5	质量检查	焊缝外观检查,焊缝尺寸检查		放大镜,游标卡尺	观察表面有无明显的裂纹、未焊透、孔洞、夹渣等缺陷;测量焊缝尺寸是否有过大的偏差
6	结果分析(用相机照下所焊接头),按照焊接接头质量给予质量评分。 优良的焊缝外观如下图所示:焊缝平整,焊纹均匀清晰,焊缝宽度一致,堆高合适(3~5 mm),无咬边和焊瘤。起弧和收弧处无明显的弧坑和裂纹 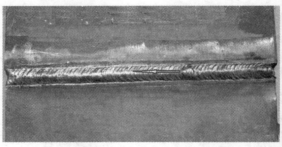					

4.2.6　焊条电弧焊实习指导

1. 实习目的

(1) 理解焊条电弧焊的基本原理及在生产中的应用;

(2) 了解弧焊机的结构、型号,能够正确调整焊接工艺参数;

(3) 了解电焊条的型号及牌号,能够正确选择电焊条;

(4) 掌握焊条电弧焊的起弧、运条、送进和收弧的操作技术,能够进行平焊操作。

2. 实习内容

(1) 学习焊接工艺基本知识,实习安全注意事项。

（2）平焊表面堆焊练习。

在 Q235 普通低碳钢钢板上进行表面堆焊练习，要求达到焊缝宽度均匀一致，并保持平均宽度在 6～8 mm 的范围之内，表面平整，无明显的气孔、裂纹和焊瘤等缺陷。

（3）两块低碳钢板对接焊。

阅读表 4-4 的焊接工艺卡，按照平焊要求，选择焊接工艺参数，自主实操完成图 4-12 所示对接接头平焊缝的焊接，要求焊缝平整，焊纹均匀清晰，焊缝宽度一致，堆高合适（3～5 mm），无咬边和焊瘤。起弧和收弧处无明显的弧坑和裂纹。

4.3　氩弧焊

氩弧焊是利用氩气作为保护气体的电弧焊方法。因氩气是惰性气体，它既不与金属发生化学反应使被焊金属的合金元素受到损失，又不溶解于金属而引起气孔，因而是一种理想的保护气体，能获得高质量的焊缝。氩气的导热系数小，且是单原子气体，高温时不分解吸热，电弧热量损失小，所以氩弧一旦引燃，电弧就很稳定。明弧焊接，便于观察熔池，进行控制，可以进行各种空间位置的焊接，且易于实现自动控制。但氩气价格高，焊接成本高。氩弧焊目前主要适用于焊接易氧化的非铁金属（如铝、镁、钛及其合金）、高强度合金钢及某些特殊性能钢（如不锈钢、耐热钢）等。氩弧焊工艺主要包括钨极氩弧焊和熔化极氩弧焊。

4.3.1　钨极氩弧焊焊接过程

钨极氩弧焊是用钨棒作为电极加上氩气进行保护的焊接方法，其方法构成如图 4-15 所示。焊接时氩气从焊枪的喷嘴中连续喷出，在电弧周围形成保护层来隔绝空气，以防止空气对钨极、熔池及邻近金属的氧化，从而获得优质的焊缝。焊接过程中钨极不熔化，仅起引弧和维持电弧的作用，根据需要决定是否使用填充焊丝。

焊接不锈钢、耐热钢、钛、铜及其合金时，一般采用直流正接（焊件接正极）。钨极熔点高，在高温时电子发射能力强，电弧燃烧稳定性好；此外，电弧阳极的热量比阴极的热量多，直流正接时，钨极损耗少，焊件熔深较大。

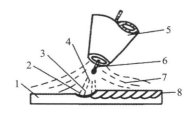

图 4-15　钨极氩弧焊示意图
1—焊件；2—熔池；3—弧柱；4—电弧；
5—喷嘴；6—钨极；7—氩气；8—焊缝

焊接铝、镁及其合金一般都采用交流电源。在交流反极性（焊件接负极）的半周，利用"阴极破碎"作用（焊件表面的氧化膜的电子逸出功比较低，是形成阴极斑点的有利条件，阴极斑点受到大质量正离子的轰击作用，使氧化膜很快破碎并汽化），可以彻底清除熔池及附近区域的氧化膜；而在交流正极性（焊件接正极）的半周，钨极可以得到冷却，以减少烧损，同时电弧稳定、集中，使焊缝得到足够的熔深。

由于钨极的载流能力有限，为了减少钨极的烧损，焊接电流不宜过大，所以钨极氩弧焊通常只适用于 0.5～6 mm 的薄板。

4.3.2　钨极氩弧焊设备

1. 电焊机

WSM-200 型逆变式钨极氩弧焊机为较常用的氩弧焊设备，为陡降恒流外特性，采用高频引弧,具有提前 0.2 s 供气和滞后 0.2～10 s 关气的功能。

WSM-200 型逆变式钨极氩弧焊机主要技术指标见表 4-5。

表 4-5　WSM-200 型逆变式钨极氩弧焊机主要技术指标

输入电压 /V	空载电压 /V	工作电压 /V	额定输入容量 /(kV·A)	电流调节范围 /A	额定负载持续率 /%
220	50	36	4	5～200	60

2. 钨电极

由于钨材料具有很高的熔点,能够承受很高的温度,在很广泛的电流范围内充分具备发射电子的能力,因此常作为阴极发射电子材料。钍钨电极是国外最常用的钨电极。引弧容易,电弧燃烧稳定。但具有微量放射性,广泛应用于直流电焊接。通常用于碳钢、不锈钢、镍合金和钛金属的直流焊接。

铈钨电极是目前国内普遍采用的一种钨电极。电子发射能力较钍钨高,是理想的取代钍钨的非放射性材料。适用于直流电或交流电焊接,尤其在小电流下对有轨管道、细小精密零件的焊接效果最佳。

4.3.3　焊接工艺

钨极氩弧焊的规范参数主要由电流、电压、焊速、氩气流量等组成,其大小与被焊材料种类、板厚及接头形式有关。其余参数如钨极伸出长度一般取 1～2 倍的钨极直径,钨极与焊件的距离(弧长)一般取 1.5 倍钨极直径,喷嘴大小由电流大小决定。不锈钢的钨极氩弧焊工艺参数见表 4-6。

表 4-6　钨极氩弧焊工艺参数

电流种类 及极性	板厚 /mm	卷边对接		对接加填充焊丝		焊丝直径 /mm
		焊接电流 /A	氩气流量 /(L/min)	焊接电流 /A	氩气流量 /(L/min)	
直流正接(焊炬 接焊机输出一)	0.5	30～50	4	35～40	4	1.0
	0.8	30～50	4	35～40	4	1.0
	1.0	35～60	4	40～70	4	1.6
	1.5	45～80	4～5	50～85	4～5	1.6
	2.0	75～120	5～6	80～130	5～6	2.0
	3.0	110～140	6～7	120～150	6～7	2.0

4.3.4　基本操作技术

1. 接头清理

由于氩气没有氧化还原的冶金反应,所以焊接前必须清理接头处的铁锈、油污,以便于引弧、稳弧和保证焊缝质量。

2. 引弧

通常使用在钨电极和工作物之间产生高频火花的辅助装置引弧,高频火花起弧方式可应用于交流或直流电焊机的手工操作焊接,许多电焊机都有产生高频火花的装置作起弧和稳定电弧之用。只要将钨极与焊件保持一定距离,手压焊枪上的高频按钮,就可以起弧。

3. 焊接

观察起弧后熔池是否形成足够的大小,当熔池直径达到钨极直径 2 倍左右时,就可以移动焊枪进行焊接。

4. 焊缝收尾

焊缝收尾时,要填满弧坑,为此焊枪要停止前移,在收弧处画一个小圈并慢慢将焊枪提起,拉断电弧,此时不要移走焊枪,以防止焊缝氧化。

4.3.5 典型结构钨极氩弧焊工艺

对接接头,材料 1Cr18Ni9Ti 不锈钢,要求接头要焊透,堆高和焊缝宽度适中均匀,无氧化,无明显的外观缺陷。接头尺寸见图 4-16,手工钨极氩弧焊工艺过程卡见表 4-7。

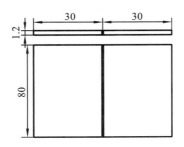

图 4-16 焊接接头图纸

表 4-7 手工钨极氩弧焊工艺过程卡

工序号	工序名称	工序内容	焊接材料	设备或工具	操作要领
1	焊前准备	清理试板表面的油污、氧化皮、对接缝处的毛刺		碱,钢丝刷,平锉	对油污严重试板的用 15% NaOH 溶液进行清洗除油,用钢丝刷刷掉表面氧化皮,用平锉除去对接缝处的毛刺
2	定位	对接接头点定焊,保证两板紧靠在一起	氩气	WSM-200 焊机	点定焊时,氩气流量控制在 4 L/min,电流调节在 50~70 A,每隔 40 mm 点焊一点
3	焊接	对接焊	氩气	WSM-200 焊机	对接焊为保证焊透,氩气流量控制在 5 L/min,提前送气,焊接电流控制在 70~80 A,焊接速度以观察到熔池有合适的尺寸为标准,控制焊枪的移动,焊接时可采用从中间向两头分别退焊的方式,以减小焊件变形。焊后应推迟关气,以防止焊缝和钨极的氧化

续表

工序号	工序名称	工序内容	焊接材料	设备或工具	操作要领
4	焊缝清理	清理飞溅物		钢丝刷	待焊后焊缝冷却到 300 ℃以下，用钢丝刷清理表面飞溅物
5	质量检查	焊缝外观检查 焊缝尺寸检查		放大镜，游标卡尺	观察表面有无明显的裂纹、未焊透、孔洞、夹渣等缺陷；测量焊缝尺寸是否有过大的偏差
6	结果分析：用相机照下所焊接头，指导教师根据接头和焊缝质量给予质量评分				

4.3.6　钨极氩弧焊实习指导

1. 实习目的

(1) 理解钨极氩弧焊的基本原理；

(2) 了解逆变式弧焊机的结构、牌号，能够正确调整焊接工艺参数；

(3) 了解钨棒的牌号规格，能够正确使用钨棒电极；

(4) 掌握送气、高频起弧、电弧移动和收弧的操作技术，能够进行平焊操作。

2. 实习内容

(1) 学习氩弧焊基本原理、设备及工艺基本知识，实习安全注意事项。

(2) 用钨极氩弧焊拼接不锈钢板。

①完成佩戴安全防护装置，选择设备，开氩气，调整焊接电流，清理焊件锈污，焊接部位定位、起弧、焊接、收弧。反复练习 3～4 次。达到可以获得较好质量焊缝为止。

②参见图 4-14，阅读表 4-7 所示焊接工艺卡，选择焊接工艺参数，自主实操完成一规定长度对接接头平焊缝的焊接，并通过质量检查。

4.4　焊接缺陷及检验

4.4.1　焊件质量检验

焊件焊完后，应根据产品技术要求进行检验。常用的检验方法有外观检验、无损探伤及水压试验等。外观检验是用肉眼或借助标准样板、量具等，必要时用低倍数放大镜检验焊缝表面缺陷和尺寸偏差。无损探伤常用的方法是渗透探伤、磁粉探伤、射线探伤和超声探伤等。水压试验用来检验受压容器的强度和焊缝的致密性，一般是超载检验，实验压力为工作压力的 1.25～1.5 倍。

4.4.2　焊件缺陷分析

常见的焊件缺陷及其分析如表 4-8 所示。

表 4-8　常见的焊件缺陷及其分析

缺陷名称	图　例	特　征	产生的原因
焊缝外形尺寸不合要求		焊缝太高或太低,焊缝宽窄很不均匀,角焊缝单边下陷量过大	(1)焊接电流过大或过小; (2)焊接速度不当; (3)焊件坡口不当或装配间隙很不均匀
咬边		焊缝与焊件交界处凹陷	(1)电流太大,运条不当; (2)焊条角度和电弧长度不当
气孔		焊缝内部(或表面)的孔穴	(1)熔化金属凝固太快; (2)材料不干净,电弧太长或太短; (3)焊接材料化学成分不当
夹渣		焊缝内部存在非金属夹杂物	(1)焊件边缘及焊层之间清理不干净,焊接电流太小; (2)熔化金属凝固太快,运条不当; (3)焊接材料成分不当
未焊透		焊缝金属与焊件之间,或焊缝金属之间的局部未熔合	(1)焊接电流太小,焊接速度太快; (2)焊件制备和装配不当,如坡口太小,钝边太厚,间隙太小等; (3)焊条角度不对
裂缝		焊缝、热影响区内部或表面缝隙	(1)焊接材料化学成分不当; (2)熔化金属冷却太快; (3)焊接结构设计不合理; (4)焊接顺序不当,焊接措施不当

4.5　其他焊接方法简介

4.5.1　二氧化碳气体保护焊

二氧化碳气体保护焊是利用 CO_2 气体作为保护气体的气体保护焊,简称 CO_2 焊。它用焊丝做电极并兼做填充金属,以自动或半自动方式进行焊接。目前应用较多的是半自动 CO_2 焊。

CO_2 焊采用的 CO_2 气体,成本低;电流密度大,不用清渣,生产率高;操作灵活,适于各种位置焊接。其主要缺点是焊缝成形差,飞溅大,焊接设备较复杂,维修不便,需采用含强脱氧剂的专用焊丝(如 HO_8Mn_2SiA)对熔池脱氧。它主要用于低碳钢和低合金钢的焊接。

4.5.2　电阻焊

电阻焊是利用电流通过焊件接头的接触面及邻近区域产生的电阻热,把焊件加热到塑性状态或局部熔化状态,再在压力作用下形成牢固接头的一种压力焊方法。

电阻焊的基本形式有点焊、缝焊和对焊三种,如图 4-17 所示。

电阻焊的生产效率高,不需填充金属,焊接变形小;其操作简单,易于实现自动化和机械化;电阻焊设备较复杂,投资较多;通常适用于大量生产。

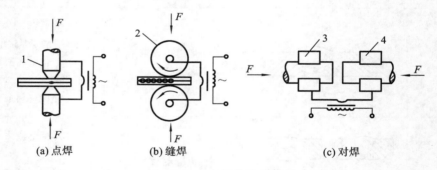

(a) 点焊　　　　　(b) 缝焊　　　　　(c) 对焊

图 4-17　电阻焊的基本形式

1,2—电极;3—固定电极;4—活动电极

1. 点焊

点焊是焊件装配成搭接接头,并压紧在两柱状电极之间,利用搭接界面电阻热熔化母材金属,形成焊点的电阻焊方法(见图 4-18)。

点焊焊点的大小与电极头部大小和焊接电流有关,一般低碳钢板厚度为 $1\sim2$ mm 时,焊点直径为 $4\sim6$ mm。点焊的工艺参数包括焊接电流、焊接压力和通电时间。一般电流为几百安,压力为 $200\sim300$ MPa,通电时间十几秒。

点焊焊点强度高,变形小,工件表面光洁,适于密封要求不高的薄板冲压件搭接及薄板、型钢构件的焊接。点焊机器人在汽车总装生产线中得到广泛应用(见图 4-19)。

2. 缝焊

缝焊是焊件装配成搭接或对接接头并置于两滚轮电极之间,滚轮加压焊件并转动,连续或断续送电,形成一条连续焊缝的电阻焊方法。缝焊适于厚度 3 mm 以下、要求密封或接头强度

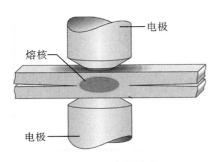

图 4-18　点焊接头

图 4-19　点焊机器人在汽车总装生产线上

要求较高的薄板搭接件的焊接。

3. 对焊

按操作方法不同,对焊可分为电阻对焊和闪光对焊两种。电阻对焊是将焊件装配成对接接头,使其端面紧密接触,利用电阻热加热至塑性状态,然后迅速施加顶锻力完成焊接的方法。它的焊接过程是预压—通电—顶锻、断电—去压。这种焊接方法操作简单,接头比较光洁,但由于接头内部残留杂质,因此强度不高。

闪光对焊是焊件装配成对接接头,接通电源,并使其端面逐渐移近达到局部接触,利用电阻热加热这些接触点(产生闪光),使端面金属熔化直至在一定深度范围内达到预定温度,迅速施加顶锻力完成焊接的方法。这种焊接方法对接头顶端的加工清理要求不高,由于液态金属的挤出过程使接触面间的氧化物杂质得以清除,故接头质量较高,得到普遍应用。但是,金属消耗较多,接头表面较粗糙。

对焊广泛用于截面形状相同或相近的杆状类零件的焊接。

4.5.3　激光焊

激光焊是以高功率聚焦激光束为热源,熔化材料形成焊接接头的高精度高效率焊接方法。其特点是焊缝窄,热影响区和焊接变形极小。激光束在大气中能远距离传射到焊件上,不像电子束那样需要真空室。激光焊可进行同种金属或异种金属间的焊接,其中包括铝、铜、银、钼、镍、锆、铌以及难熔金属等,甚至还可焊接玻璃钢等非金属材料。

20 世纪 70 年代以来,随着千瓦级大功率激光器的出现,激光焊接的厚度已从零点几毫米提高到 50 mm,已应用到汽车、钢铁、航空等重要工业部门。

复习思考题

1. 焊条的药皮有什么作用? 试一试用敲掉了药皮的焊条焊接,观察并分析焊缝质量。
2. 如何保证起弧和熄弧处的焊接质量?
3. 观察实习中钢板对接接头,焊后工件有无变形? 有什么措施可以减小变形?
4. 如何选择钨极氩弧焊接工艺参数? 操作时应注意什么?

第2篇　基础机械加工技术实习

第5章　切削加工基础知识

5.1　概述

5.1.1　切削加工的实质与分类

采用铸造、锻造、焊接等材料成形工艺获得的一般是工件毛坯，要获得符合图纸技术要求的零件，一般还需要经过切削加工。切削加工是利用刀具和工具将零件毛坯上的多余材料去除掉，获得所需要的形状、尺寸、精度和表面质量的一种加工方法。切削加工分为钳工和机械加工。

钳工一般是由工人手持工具进行切削加工，其主要加工方法有锉削、锯削、刮削、研磨、钻孔、攻螺纹等，钳工还包括工件划线、机械修理和装配。

机械加工是由工人操作机床完成零件的切削加工，常见的加工方式有车削、铣削、钻削、镗削、磨削等。

5.1.2　切削运动

切削运动是指在切削加工过程中，刀具和工件之间的相对运动。它是实现切削过程的必要条件之一。切削运动可以是旋转的，也可以是直线或曲线的。可以是连续的，也可以是间歇的。分为主运动和进给运动。

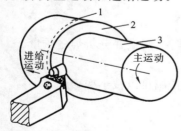

图 5-1　工件的加工表面
1—待加工表面；2—过渡表面；
3—已加工表面

主运动是形成机床切削速度或消耗主要动力的运动，是完成切削的主要运动。一个切削过程只有一个主运动。

进给运动是使工件多余的材料不断投入切削从而加工出完整表面的运动。没有进给运动，就无法实现连续的切削。

在切削加工过程中，被加工工件上存在三个变化着的表面，如图 5-1 所示。

1. 待加工表面

位于零件毛坯上，即将被切除的金属层的表面，称为待加工表面。

2. 已加工表面

已经切去多余金属层而形成的新表面,称为已加工表面。

3. 过渡表面(正在加工表面)

刀具主切削刃正在切削的表面,称为过渡表面。过渡表面是待加工表面与已加工表面之间的过渡部位,也称为正在加工表面。

5.1.3 切削用量

描述切削过程有很多参数,其中切削速度、进给量和背吃刀量最为重要,这三者称为切削用量三要素。

1. 切削速度

切削速度是指主切削刃上选定点相对于零件待加工表面在主运动方向上的瞬时速度,用 v_c 表示。它是描述主运动的参数,其单位用 m/s 或 m/min。

当主运动为回转运动(如车削、钻削、磨削)时,主运动的计算公式为

$$v_c = \frac{\pi d n}{60 \times 1000} (\text{m/s}) \tag{5-1}$$

式中:d 为工件待加工表面的直径或刀具切削处的最大直径(mm);n 为工件或刀具的转速(r/min)。

当主运动为往复直线运动(如刨削、插削)时,主运动的计算公式为

$$v_c = \frac{2 L n_r}{60 \times 1000} (\text{m/s}) \tag{5-2}$$

式中:L 为工件或刀具往复直线运动的行程长度(mm);n_r 为工件或刀具单位时间内的往复次数(str/min)。

2. 进给量

进给量是指主运动在一个工作循环内,刀具与工件在进给运动方向上的相对位移量。用 f 表示。当主运动为旋转运动时,进给量的单位为 mm/r,称为每转进给量;当主运动为往复直线运动时,进给量的单位为 mm/str,称为每行程进给量;对于铰刀、铣刀等多齿刀具,常采用每齿进给量。

3. 背吃刀量

背吃刀量一般是指零件待加工表面与已加工表面间的垂直距离,用 a_p 表示。背吃刀量的单位为 mm。

外圆车削时背吃刀量计算公式为

$$a_p = \frac{d_w - d_m}{2} \tag{5-3}$$

式中:d_w 为待加工表面直径(mm);d_m 为已加工表面直径(mm)。

5.1.4 切削加工步骤

一个零件往往有多个表面需要加工,每个表面的加工要求有可能不同;即使同一个表面,往往也要经多次走刀加工。为了提高生产效率,同时保证加工质量,切削加工一般采用粗精加工分开原则。

(1)粗加工 粗加工的目的是尽快地从工件上切去大部分加工余量,使工件接近最后的形状和尺寸,并给精加工留有合适的加工余量。粗加工时精度和表面质量要求不高,应优先选

用较大的背吃刀量,尽可能将粗加工余量在1～2次走刀中切去,其次根据情况适当加大进给量,最后确定切削速度,切削速度一般采用中等或中等偏低的数值。粗加工后尺寸公差等级一般为IT12～IT11,表面粗糙度 Ra 值一般为 12.5～6.3 μm。

(2) 精加工　精加工的目的是切去少量的金属层,以获得较高的尺寸精度和表面粗糙度等要求。精加工时一般选用较高的切削速度,进给量要适当减小,以确保工件的表面质量。一般精加工的尺寸公差等级为IT8～IT7,表面粗糙度 Ra 值为 3.2～1.6(0.8)μm。

单件小批生产时,中小型零件的加工余量可参考如下(对圆柱面和平面均指单边余量):粗加工余量约为 1～1.5 mm,半精加工约 0.5～1 mm,精加工约 0.1～0.5 mm。

5.2　切削刀具

5.2.1　刀具材料

刀具材料是指刀具切削部分的材料。刀具材料的硬度必须高于工件硬度,通常其硬度应在 60 HRC 以上。在切削过程中,刀具切削部分将承受较大的切削力、较高的切削温度以及剧烈摩擦,当切削余量不均或断续表面切削时,刀具还会受到很大的冲击与振动。因此,刀具切削部分的材料必须具备下列性能:①高硬度;②高耐磨性;③足够的强度和韧度;④高的热硬性(或红硬性)与化学稳定性;⑤良好的工艺性和经济性。

常用切削刀具的材料有碳素工具钢、合金工具钢、高速钢、硬质合金、涂层刀具、陶瓷刀具、立方氮化硼刀具、人造金刚石刀具等,其中高速钢和硬质合金应用最广泛。常用刀具材料的主要性能和用途见表 5-1。

表 5-1　常用刀具材料的主要性能和用途

种类	硬度/HRC	红硬温度/(℃)	抗弯强度/(1000 MPa)	牌　号	用　　途
碳素工具钢	60～64	200	2.5～2.8	T10A T12A	仅用于少数手动工具,如锉刀、手动锯条等
合金工具钢	62～65	250～300	2.5～2.8	9CrSi CrWMn	用于低速刀具如丝锥、板牙等
高速钢	62～67	500～650	2.5～4.5	W18Cr4V W6Mo5Cr4V2	用于形状复杂的机动刀具,如钻头、铰刀、铣刀、齿轮刀具等
硬质合金	74～82	850～1000	0.9～2.5	钨钴类	用于加工铸铁、有色金属和非金属材料
				钨钴钛类	用于加工钢件
				钨钴钽(铌)类	通用型,既适于加工塑形材料又适于加工脆性材料

5.2.2　车刀的主要角度

在各种切削刀具中,车刀是最为简单的刀具,其他复杂的切削刀具,如钻孔用的麻花钻、铣削平面用的端铣刀等可以看作是在车刀的基础上发展而来,因此,从车刀入手进行刀具切削角度的研究。

车刀由刀头和刀杆两部分组成。刀头是车刀的切削部分,通常采用切削性能良好的刀具材料制造;刀杆是车刀的夹持部分,通常采用 45 钢制造。

1. 车刀切削部分的组成

车刀的切削部分如图 5-2 所示,由三面、二刃、一尖组成。

前刀面——刀具上切屑流过的表面;

主后刀面——与零件过渡表面相对的表面;

副后刀面——与零件已加工表面相对的表面;

主切削刃——前刀面与主后刀面相交的切削刃,它承担主要的切削任务;

副切削刃——前刀面与副后刀面相交的切削刃,它承担着一定的切削任务;

刀尖——主切削刃与副切削刃的交接处。为了强化刀尖,常将其磨成小圆弧形。

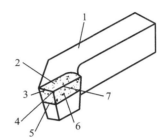

图 5-2　车刀的组成

1—刀杆;2—前刀面;3—副切削刃;4—刀尖;
5—副后刀面;6—主后刀面;7—主切削刃

2. 车刀切削部分的主要角度

1）测量车刀主要角度的辅助平面

为了确定和测量车刀的几何角度,需要选取三个辅助平面作为基准,这三个辅助平面是切削平面、基面和正交平面,它们相互垂直正交,构成一个空间直角坐标系,如图 5-3 所示。

基面 P_r——过主切削刃某一选定点,垂直于该点的切削速度方向的平面。在刃磨刀具时,基面平行于刀杆底面的平面。

切削平面 P_s——与主切削刃相切,并垂直于基面。

正交平面 P_o——正交平面又称主剖面,是垂直于切削平面同时又垂直于基面的平面。

2）车刀的主要角度

车刀的主要角度如图 5-4 所示。

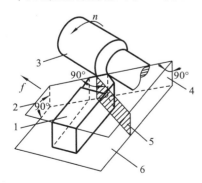

图 5-3　刀具角度测量平面

1—车刀;2—基面;3—工件;
4—切削平面;5—正交平面;6—底平面

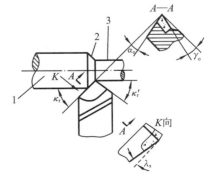

图 5-4　车削加工时在不同参考面投影所得刀具的切削角度

1—待加工面;2—过渡面;3—已加工面

前角 γ_o——前角是前刀面与基面之间的夹角,在正交平面内测量。当刀具的前刀面位于基面之下时,前角为正;刀具的前刀面位于基面之上时,前角为负。前角主要影响切屑的变形程度和切削力的大小。

后角 α_o——后角是主后刀面与切削平面之间的夹角,在正交平面内测量。后角不能为零,更不能为负。否则无法进行切削加工。后角主要影响刀具主切削刃的强度。

主偏角 κ_r——主偏角是主切削刃的基面投影与刀具进给方向之间的夹角,在基面内测量。主偏角主要影响切削层厚度与切削力的分解。

副偏角 κ_r'——副偏角是副切削刃的基面投影与刀具进给运动反方向之间的夹角,在基面内测量。副偏角主要影响加工表面的粗糙度,副偏角一般为较小的正值。

刃倾角 λ_s——刃倾角是主切削刃与基面之间的夹角,在切削平面内测量。刃倾角对刀尖的强度有影响,在切削过程中还能有效控制切屑流出的方向。当刀尖位于主切削刃上最高点时,刃倾角为正,加工过程中排出的切屑全部流向待加工表面,精加工刀具常采用正刃倾角,以求切削轻快和被加工表面光洁;当刀尖位于主切削刃上最低点时,刃倾角为负,加工过程中排出的切屑全部流向已加工表面,粗加工刀具常采用负刃倾角,以求保护主切削刃和刀尖。

5.2.3　刀具结构

车刀的结构形式是多样的,不同的形式对刀具的切削性能、切削加工的经济性和生产率有着重要的影响。

通常,车刀的结构形式有焊接式、整体式、机夹式三种,如图 5-5 所示。

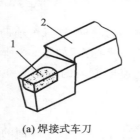 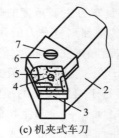

(a) 焊接式车刀　　　　　(b) 整体式车刀　　　　　(c) 机夹式车刀

图 5-5　车刀的结构形式

1—刀头;2—刀体;3—刀垫;4—圆柱销;5—刀片;6—楔块;7—夹紧螺钉

(1)焊接式车刀　刀具的切削部分采用硬质合金刀片,刀体部分通常多用碳素工具钢。硬质合金刀片焊接在刀头部分。此类刀具可节省贵重的刀具材料,结构简单、刚度高,能方便刃磨出所需的几何角度。

(2)整体式车刀　刀具的夹持部分和切削部分的材料是一样的,多选用高速钢制成。

(3)机夹式车刀　将有若干个刀刃的硬质合金刀片,用机械夹固在刀体上。当一个刀刃磨损后,刀片转位,新刀刃继续切削。刀体部分制成标准件,可长期使用,经济性好。数控机床及加工中心大多采用机夹可转位式车刀。

5.3　常用量具

生产过程中,从下料到最后加工完成,始终离不开量具,其目的是保证工件在加工时的各项技术参数符合设计和工艺要求,确保最后零件质量合格。测量时,一般根据被测件的形状、测量范围和被检测量的性质来选择合适的量具。

根据测量原理,量具可分为刻线量具和非刻线量具两大类。测量方法有很多,如绝对量法和相对量法,直接量法和间接量法,单项量法和综合量法,接触量法和不接触量法。这里仅介绍工程训练中最常用的几种量具及其测量方法。

5.3.1　通用量具

1. 游标卡尺

游标卡尺是一种比较精密的量具(见图 5-6(a))。可直接测量工件的外径、内径、长度、深度和孔距等。

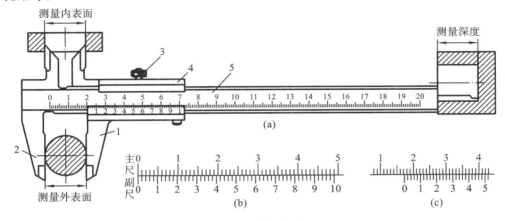

图 5-6　游标卡尺

1—活动卡爪;2—固定卡爪;3—止动螺钉;4—副尺;5—主尺

根据游标(副尺)上分格的不同,游标卡尺的测量精度有 0.1 mm、0.02 mm 和 0.05 mm 三种。这里以生产中最常用的 0.02mm 游标卡尺为例,说明其刻线原理、读数方法和测量注意事项。

1) 刻线原理

如图 5-6(b)所示,当主尺和副尺的卡爪贴合时,在主尺和副尺上刻一上下对准的零线,主尺上每一小格为 1 mm,取主尺上 49 mm 长度,在副尺与之对应的长度上等分 50 小格,则

$$副尺每小格长度=\frac{49}{50}\ mm=0.98\ mm$$

$$副尺与主尺每小格之差=0.02mm$$

2) 读数方法

游标卡尺的读数可分为三步:

(1) 读出整数　读出副尺零线以左的主尺上最大整数。如图 5-6(c)为 17 mm;

(2) 读出小数　根据副尺上第几小格的刻度线对齐主尺,乘以 0.02 读出小数。如图 5-6(c)为 $16×0.02=0.32$ mm;

(3) 求和,将上面的整数和小数部分相加,即为总尺寸。图 5-6(c)为 17.32 mm。

3) 注意事项

(1) 校对卡尺:使用前应先擦净卡尺,然后合拢卡爪,检查主尺与副尺的零线是否对齐,如不对齐,应送计量部门检修,以确保卡尺的测量精度。

（2）测量操作：放正卡尺，卡爪与测量面接触时，用力不宜过大，以免卡爪变形或损坏；测量内、外圆时，卡尺应垂直于工件轴线，使两卡爪处于工件直径位置，保证测量的准确度。

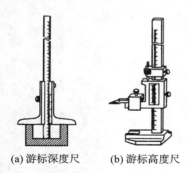

(a) 游标深度尺　　(b) 游标高度尺

图 5-7　游标深度尺、游标高度尺

（3）读取数据：未读出数据前，游标卡尺离开工件表面时，必须先将止动螺钉拧紧，防止活动卡爪移动；读取数据时视线要对准所读刻线并垂直尺面，否则读数不准。

图 5-7 是专门用于测量深度和高度的游标尺。高度游标尺除用来测量高度外，还可用于精密划线。

2. 千分尺

千分尺是比游标卡尺更为精密的量具，其测量的精度为 0.001 mm 或 0.01 mm，可分为外径千分尺、内径千分尺、深度千分尺、公法线千分尺等。外径千分尺按测量范围有 0～25 mm、25～50 mm、50～75 mm、75～100 mm 等多种规格。图 5-8(a)为测量范围为 0～25 mm、测量精度为 0.01 mm 的外径千分尺。

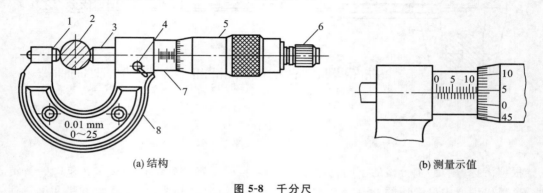

(a) 结构　　　　　　　　　　　　　(b) 测量示值

图 5-8　千分尺

1—砧座；2—工件；3—测量螺杆；4—止动器；5—活动套筒；6—棘轮；7—固定套筒；8—弓架

1）刻线原理

千分尺左端为固定砧座，右端为固定套筒，活动套筒与测量螺杆连在一起，当转动活动套筒时，测量螺杆与活动套筒一起向左或向右移动，则螺杆和砧座之间的距离即为零件的外径或长度尺寸。固定套筒在轴线方向有一条中线，中线的上、下方两排刻线每格为 1 mm，但上下刻线相互错开 0.5 mm。活动套筒左端圆周上刻有 50 等分的刻度线。测量螺杆的螺距为 0.5 mm，当活动套筒带动螺杆转动一周时，其轴向移动为 0.5 mm，因此活动套筒上每一小格的读数值为 0.01 mm。

2）读数方法

（1）读出距离活动套筒边缘最近的轴向刻线数（为 0.5 mm 的整数倍）；

（2）读出与轴向刻度中线重合的活动套筒周向刻度数值（刻度倍数×0.01 mm）；

（3）将两部分读数相加即为测量尺寸，如图 5-8(b)所示，即(12＋0.04) mm＝12.04 mm。

3）注意事项

（1）校对千分尺　测量前，将测量螺杆、砧座的测量面擦净并使其合拢，此时活动套筒边缘应与轴向刻度的零线重合；同时圆周上的零线应与中线对准。

（2）测量操作　用左手握住弓架，右手旋转活动套筒，当测量螺杆接近工件时，严禁再拧活动套筒而必须使用右端的棘轮,以较慢的速度使测量螺杆与工件接触。当棘轮发出"嘎嘎"声时,表示压力合适,应停止拧动。

3. 万能角度尺

万能角度尺是用于测量精度要求较高或非直角工件的内、外角度的量具,如图 5-9 所示,它采用游标读数,可测 0～320°范围内的任意角度。

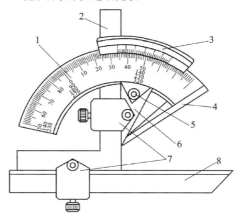

图 5-9　万能角度尺

1—主尺;2—角尺;3—游标;4—基尺;5—制动器;6—扇形板;7—卡块;8—直尺

万能角度尺的结构主要由主尺、基尺、角尺、直尺、游标和扇形板等组成。其中基尺与主尺连在一起。直尺利用一卡块固定在角尺上。角尺通过另一卡块固定在扇形板上,转动卡块上的螺母时,即可紧固或放松角尺。另外,在扇形板的后面,有一与小齿轮相连接的手把,因该小齿轮与固定在主尺上的扇形齿轮板相啮合,因此,当转动手把时就能使主尺和游标尺做细微的相对移动,从而可精确地调整测量值。当把制动器上的螺母拧紧后,扇形板与主尺即被紧固在一起,则不能做任何相对移动。

万能角度尺的刻线原理、读数方法与游标卡尺相同。其主尺上分度值为 1°,游标上的分度恒定为主尺上的 29°正好与游标上的 30 格相对应,即游标上的刻度值为 29°÷30＝58′。主尺与游标的分度值相差 2′,因此万能角度尺的测量精度为 2′。其读数方法与游标卡尺完全相同。即读数＝游标零线所指主尺上的整角度数＋游标与主尺上的对齐格数×精度。

使用万能角度尺测量工件时,首先校对零位,其零位是当角尺与直尺均装上,且角尺、基尺的底边均与直尺无间隙接触时,主尺与游标的零线对齐。测量时,转动背面的握手,使基尺改变角度,带动主尺沿游标转动。根据工件所测角度的大致范围组合量尺,通过改变基尺、角尺、直尺的相互位置,就可测量 0～320°范围内的任意角度(见图 5-10),同时角尺和直尺既可以配合使用,也可以单独使用。

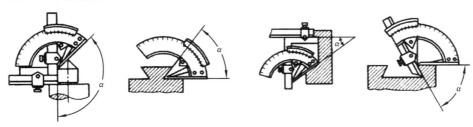

图 5-10　万能角度尺应用举例

4. 百分表

百分表是一种进行读数比较的计量仪器,其测量精度为 0.01 mm,使用百分表只能测出相对数值,不能测出绝对值。百分表主要用于检验零件的形状误差(圆度、平面度)和位置误差(平行度、垂直度、圆跳动等),也常用于工件装夹时的精密找正。

百分表的结构原理如图 5-11 所示,主要由测量头、测量杆、大小指针、表盘、传动齿轮和弹簧等组成。表盘上刻有 100 等分的刻度线,其分度值为 0.01 mm;小指针刻盘上刻有 10 等分刻度线,其分度值为 1 mm。当测量头 1 向上或向下移动 1 mm 时,通过测量杆上的齿条和齿轮 2、3、4、6 带动大指针 5 转一周、小指针 7 转一格。测量时大、小指针所示读数变化值之和即为测量尺寸的变化量。

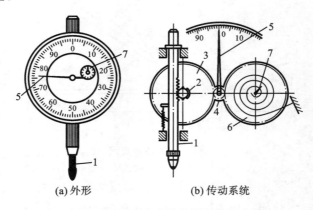

(a) 外形　　　　　(b) 传动系统

图 5-11　百分表及其传动系统

1—测量头;2,3,4,6—传动齿轮;5—大指针;7—小指针

测量时百分表需固定位置时,应将其装在磁性表架上。需要移动时,则装在普通表架上,图 5-12 为用百分表测量工件外圆面对其轴线的径向圆跳动实例。

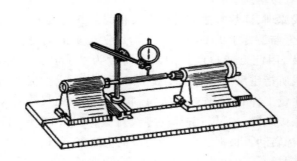

图 5-12　用百分表检查工件外圆面对其轴线的径向圆跳动

5. 内径百分表

内径百分表也是百分表的一种,用来测量孔径及其形状精度,测量精度为 0.01 mm。内径百分表配有成套的可换测量插头及附件,供测量不同孔径时选用,如图 5-13 所示。测量范围有 6~10 mm、10~18 mm、18~35 mm 等多种。测量时百分表接管应与被测孔的轴线重合,以保证可换插头与孔壁垂直,最终保证测量精度。

6. 极限量规

极限量规是在大批量生产中使用的一种无刻度的专用量具,如图 5-14 所示。用于检验孔径或槽宽的极限量规叫做塞规；用于检验轴径或厚度的极限量规叫做卡规或环规。使用极限量规操作极为方便，用它只能检测工件是否在允许的极限尺寸范围内，而不能测量出工件的实际尺寸。

1）塞规

塞规的两端直径与被测孔径的关系如图 5-14(a)，其一端按被测孔径的设计最小极限尺寸制造，即塞规的"通规"或"通端"；另一端按被测孔径的设计最大极限尺寸制造，即塞规的"止规"或"止端"。检测时，若工件的孔径只有通规能进去，而止规进不去，则说明工件的实际尺寸在公差范围内，否则工件尺寸不合格。

2）卡规

卡规的两端分别按被测轴径的最大和最小极限尺寸制造，即卡规的"通规"和"止规"（见图 5-14(b)）。检测时，卡规的通规能顺利滑过检验轴而止规滑不过去，则说明被测轴的实际尺

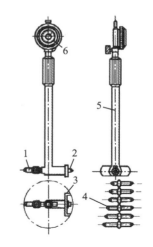

图 5-13　内径百分表

1,4—可换插头；2—活动量杆；
3—定心桥；5—表管；6—百分表

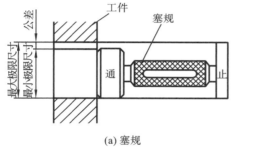

(a) 塞规

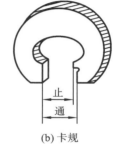

(b) 卡规

图 5-14　极限量规

寸在规定的极限尺寸范围内，确定工件尺寸合格。否则，工件尺寸不合格。

使用极限量规检验工件时，量规位置必须放正，不得歪斜，禁止用"通规"硬塞或硬卡，只能稍加压力轻轻推入，或在量规自身重力的作用下自行通过。

5.3.2　表面粗糙度轮廓的检测

表面粗糙度轮廓的检测方法有比较检验法、针描法等。

1. 比较检验法

比较法测量简便，适用于生产现场测量，常用于中等或较粗糙表面的测量。方法是将被测量表面与标有一定数值的粗糙度样板比较来确定被测表面粗糙度数值的方法，粗糙度样板如图 5-15 所示。比较时可以采用的方法：$Ra > 1.6\ \mu m$ 时用目测，$Ra = 1.6 \sim 0.4\ \mu m$ 时用放大镜，$Ra < 0.4\ \mu m$ 时用比较显微镜。

比较时，要求样板的加工方法、加工纹理、加工方向、材料与被测零件的相同。

2. 针描法

利用仪器的触针在被测表面上缓慢滑行，使触针做垂直方向的移动，再通过传感器将位移量转换成电信号，经放大、滤波、计算后由显示仪表指示出表面粗糙度数值，也可用记录器记录

被测截面轮廓曲线。其工作原理如图 5-16 所示。一般将仅能显示表面粗糙度数值的测量工具称为表面粗糙度测量仪,同时能记录表面轮廓曲线的称为表面粗糙度轮廓仪。测量效率高,适用于测量 $Ra=0.025\sim6.3\ \mu m$ 的表面粗糙度。

图 5-15　表面粗糙度样板

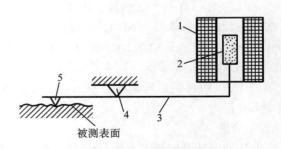

图 5-16　针描法测量原理示意图

1—电感应线圈;2—铁心;3—杠杆;4—支点;5—触针

5.3.3　三坐标测量机

三坐标测量机(three dimensional coordinate measuring machine,3D-CMM)是 20 世纪 60 年代发展起来的一种新型高效的精密测量仪器,是一种具有可做三个方向移动的探测器,可在三个相互垂直的导轨上移动,此探测器以接触或非接触等方式传递信号,三个轴的位移测量系统(如光栅尺)经数据处理器或计算机等计算出工件的各点 (x,y,z) 及各项功能测量的仪器。又称为三坐标测量仪或三坐标量床。

1. 三坐标测量机的工作原理

3D-CMM 是基于坐标测量的通用化数字测量设备。它首先将各被测几何元素的测量转化为对这些几何元素上一些点集坐标位置的测量,在测得这些点的坐标位置后,再根据这些点

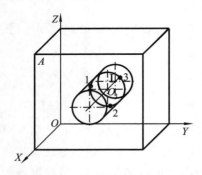

图 5-17　CMM 测量原理图

的空间坐标值,经过数学运算求出其尺寸和几何误差。如图 5-17 所示,要测量工件上一圆柱孔的直径,可以在垂直于孔轴线的截面 Ⅰ 内,触测内孔壁上三个点(点 1、2、3),则根据这三点的坐标值就可计算出孔的直径及圆心坐标 O_1;如果在该截面内触测更多的点(点 1, 2,…,n,n 为测点数),则可根据最小二乘法或最小条件法计算出该截面圆的圆度误差;如果对多个垂直于孔轴线的截面圆(1,2,…,m,m 为测量的截面圆数)进行测量,则根据测得点的坐标值可计算出孔的圆柱度误差以及各截面圆的圆心坐标,再根据各圆心坐标值又可计算出孔轴线位置;如果再在孔端面 A 上触测三点,则可计算出孔轴线对端面的位置度误差。由此可见,3D-CMM 的这一工作原理使得其具有很大的通用性与柔性。从原理上说,它可以测量任何工件的任何几何元素的任何参数。

2. 三坐标测量机的组成

3D-CMM 是典型的机电一体化设备,它由主机、测量系统(即标尺系统及测头系统)、控制

系统、测量软件、计算机等组成。图 5-18 为某三坐标测量机的结构示意图。

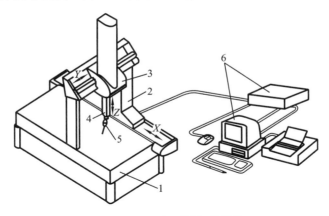

图 5-18　三坐标测量机的结构
1—工作台；2—移动桥架；3—中央滑架；4—Z 轴；5—测头；6—电子系统

1）主机及其结构形式

3D-CMM 是由三个正交的直线运动轴（X,Y,Z 轴）构成的，这三个坐标轴的相互配置位置（即总体结构形式）对测量机的精度以及对被测工件的适用性影响较大。

主机包含测量机的主体结构框架、测量的标尺系统、实现三维运动的导轨部件、实现各轴运动的驱动装置以及用于 Z 轴框架结构中平衡 Z 轴重量的平衡部件。其结构形式有很多种。

2）标尺系统

3D-CMM 的测量系统由标尺系统和测头系统构成，它们是 3D-CMM 的关键组成部分，决定着 3D-CMM 测量精度的高低。

标尺系统是用来度量各轴的坐标数值的。3D-CMM 目前使用的标尺系统种类很多，按其性质可以分为机械式标尺系统（如精密丝杠加微分鼓轮、滚动直尺等）、光学式标尺系统（如光学编码器、光栅、激光干涉仪等）和电气式标尺系统（如感应同步器等）。目前，使用最多的是光栅，其次是感应同步器和光学编码器。有些高精度 3D-CMM 的标尺系统采用了激光干涉仪。

3）测头系统

（1）测头：是数据采集的传感器系统，是 3D-CMM 拾取信号的瞄准测量装置，是关键部件，其精度的高低对测量重复性影响很大。测头按结构原理分为机械式、光学式和电气式等，按测量方法可分为触发式、非接触式（激光、光学）、扫描式等，按工作原理可分为动态测头和静态测头。

常用电气接触式动态测头的结构如图 5-19 所示。测杆安装在芯体上，而芯体则通过三个沿圆周 120°分布的钢球安放在三对触点上，当测杆没有受到测量力时，芯体上的钢球与三对触点均保持接触，当测杆的球状端部与工件接触时，不论受到 X、Y、Z 哪个方向的接触力，至少会引起一个钢球与触点脱离接触，从而引起电路的断开，产生阶跃信号，直接或通过计算机控制采样电路，将沿三个轴方向的坐标数据送至存储器，供数据处理用。测头是在触测工件表面的运动

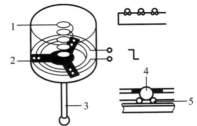

图 5-19　电气接触式动态测头
1—弹簧；2—芯体；3—测杆
4—钢球；5—触点

过程中,瞬间进行测量采样的,故称动态测头。动态测头可用于高速测量,但精度稍低。动态测头不能以接触状态停留在工件表面,因而只能对工件表面作离散的逐点测量,不能作连续的扫描测量。

（2）测头附件:为了扩大测头功能、提高测量效率以及探测各种零件的不同部位,常需为测头配置各种附件,如测端、探针、连接器、测头回转附件等。

4）控制系统

控制系统是 3D-CMM 的关键组成部分之一,其主要功能是读取空间坐标值,控制测量瞄准系统对测头信号进行实时响应与处理,控制机械系统实现测量所必需的运动,实时监控 3D-CMM 的状态以保障整个系统的安全性与可靠性等。CMM 的控制系统按自动化程度分为手动、机动和 3D-CNC 三种。

5）3D-CMM 的软件系统

3D-CMM 的软件系统包括编程软件、测量软件、系统调试软件及辅助性的工作软件。其中,测量软件含有许多数据处理程序,以满足各种工程需要。一般都有通用测量软件包和专用测量软件包。通用测量软件包主要是针对点、线、面、圆、圆柱、圆锥、球等基本几何元素及其几何误差、相互关系进行测量的软件包,3D-CMM 都配有这类软件包。专用测量软件包是厂家为了提高对一些特定测量对象进行测量的效率和测量精度而开发的各类软件包。

3. 三坐标测量机的应用

目前,3D-CMM 已广泛用于机械制造、汽车、电子、航空航天和国防工业等各部门,对工件的尺寸、形状和位置公差进行精密检测,从而完成零件检测、外形测量、过程控制等任务,成为现代工业检测和质量控制不可缺少的万能测量设备。

5.3.4　测量实习指导

1. 实习目的

（1）了解机械测量的对象、任务、计量器具和选用;

（2）了解常用量具的测量原理、测量精度和应用;

（3）了解三坐标测量机的组成、测量原理、测量过程、应用;

（4）掌握用常规量具测量典型零件的操作方法。

2. 实习内容

（1）学习测量概述与操作注意事项。

（2）学习并掌握游标卡尺、千分尺、百分表、粗糙度测定仪的使用操作方法。

（3）完成发动机零件的测量（气缸内径、活塞、主轴的测量,凸轮轴的升程及轴颈径向圆跳动的测量）。

①测量并记录发动机气缸内径（上截面、中截面、下截面）;

②测量并记录发动机活塞外径（上截面、裙部）;

③主轴颈和连杆颈的测量;

④凸轮轴的升程及轴颈径向圆跳动的测量;

⑤给定试棒、试块的表面粗糙度测量。

（4）学习三坐标测量机的组成、测量原理和应用,观看其测量过程。

复习思考题

1. 试以车外圆、钻孔、铣平面为例,分析各加工的主运动和进给运动。

2. 请分析说明车端面的切削速度、进给量和背吃刀量。

3. 进给量和进给速度有何不同？试以车外圆为例进行说明。

4. 外圆车刀的五个主要角度是如何定义的？

5. 列举出实习中常用的量具及其应用。

第6章 车 削

6.1 概述

车削是切削加工中最基本、最常用的一种加工方法,是利用工件的旋转运动和车刀在纵向、横向或斜向的进给运动完成对工件的切削加工。无论是成批大量生产,还是单件小批量生产,车削加工都占有重要的地位。

车削主要用来加工工件的回转表面,其基本工作内容是车外圆、车端面、车槽或切断、钻中心孔、车孔、铰孔、车螺纹、车锥面、车成形面以及滚压花纹等,如图 6-1 所示。车削加工的尺寸公差等级一般为 IT10~IT7,表面粗糙度 Ra 值的范围一般是 6.3~0.8 μm。

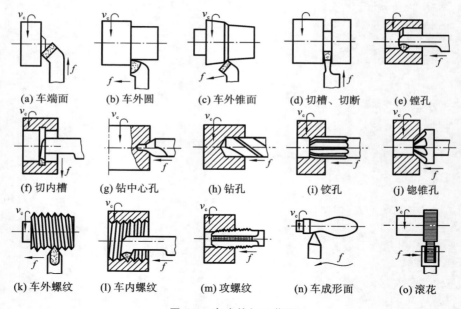

(a) 车端面　(b) 车外圆　(c) 车外锥面　(d) 切槽、切断　(e) 镗孔

(f) 切内槽　(g) 钻中心孔　(h) 钻孔　(i) 铰孔　(j) 锪锥孔

(k) 车外螺纹　(l) 车内螺纹　(m) 攻螺纹　(n) 车成形面　(o) 滚花

图 6-1　车床的加工范围

6.2 普通卧式车床

车床是机械制造中使用最广泛的一类机床,车床的种类很多,主要有卧式车床、立式车床、转塔车床等,随着数控车床的普及,普通车床的应用在逐渐减少。机床的型号是机床产品的代号,用以简明地表示机床的类别、主要技术参数、结构特征等,如 CA6136 中,C 为类别代号(车床类),A 为结构代号,6 为组别代号(落地及卧式车床组),1 为系列代号(卧式车床系),36 为主要参数代号,表示能加工的最大回转直径为 360 mm。

6.2.1　车床的组成部分及功能

普通卧式车床的外形如图 6-2 所示,该车床由以下几部分组成。

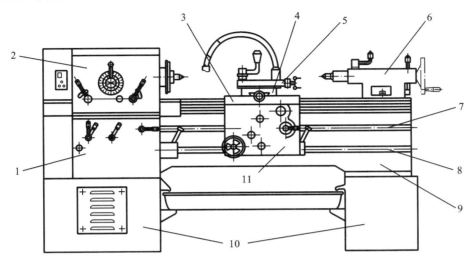

图 6-2　普通卧式车床外形图
1—进给箱;2—床头箱;3—大拖板;4—中拖板;5—小拖板;6—尾架;7—丝杠;8—光杠;9—床身;10—床腿;11—拖板箱

（1）床身　床身是车床的基础零件,用来连接车床各主要部件,并保证各部件之间有正确的相对位置。拖板箱和尾架可沿床身上的导轨移动。

（2）床头箱　床头箱又称主轴箱。内装主轴和主轴变速机构。变换床头箱外面的手柄位置,可使主轴(工件)得到不同的转速。主轴又通过传动齿轮带动挂轮旋转,将运动传给进给箱。

（3）进给箱　进给箱内装进给运动的变速机构。按所需要的进给量或螺距调整进给箱上的变速手柄,可获得所需要的进给速度。

（4）光杠、丝杠　光杠、丝杠的功能是将进给箱的运动传给拖板箱。自动走刀用光杠,车螺纹用丝杠。

（5）拖板箱　拖板箱又称溜板箱。通过拖板箱中的传动机构,可将光杠的转动变为刀架的纵向或横向直线运动,当小拖板转动一定角度后,还可以实现斜向进给,用于车锥面。也可使丝杠转动,通过拖板箱的对开螺母,使刀架纵向移动以车螺纹。

（6）拖板　拖板分大拖板、中拖板和小拖板(做小刀架)三层。大拖板与拖板箱连接,带动车刀沿床身导轨做纵向移动。中拖板可沿大拖板上的导轨做横向移动。小拖板以转盘形式与中拖板连接,小拖板可沿转盘上面的导轨做短距离的移动,将转盘转动某一角度,小拖板可带动车刀做相应的斜向移动。

（7）尾架　尾架安装在床身导轨上。在尾架的套筒内安装顶尖可用来支承较长的工件,也可安装钻头、铰刀、丝锥、板牙等刀具在工件上加工孔或螺纹。

（8）刀架　刀架主要用来装夹各种车刀。

（9）床腿　床腿支承床身及以上其他部件,并与地基连接。

6.2.2　传动系统

1. 常见机械传动

机床的传动有机械、液压、气压、电气传动等多种形式,其中最常见的是机械传动和液压传动。机械传动主要有带传动、齿轮传动、齿轮齿条传动、蜗轮蜗杆传动和丝杠螺母传动。

1) 带传动

带传动是利用张紧在带轮上的柔性带进行运动或动力传递的一种机械传动。机床上常用三角带传动（见图 6-3）。带传动传动比（从动轮与主动轮转速之比）为

$$i = \frac{n_2}{n_1} = \frac{d_1}{d_2}$$

式中：n_1、n_2 分别为主动轮、从动轮的转速（r/min）；d_1、d_2 分别为主动轮、从动轮的直径（mm）。这里未考虑带与带轮之间的相对滑动。

图 6-3　三角带传动

带传动能缓冲、吸振，传动平稳。当过载时，带在带轮上打滑，起安全保护作用。一般用于机床电动机和传动轴之间的传动。

2) 齿轮传动

齿轮传动是指由齿轮副传递运动和动力的装置（见图 6-4）。它在现代机械中应用最广泛，具有传动精度高、效率高、结构紧凑、工作可靠、寿命长等特点。机床主轴箱和进给箱中主要采用齿轮传动进行调速。

齿轮传动的传动比为

$$i = \frac{n_2}{n_1} = \frac{z_1}{z_2}$$

式中：n_1、n_2 分别为主动轮、从动轮的转速（r/min）；z_1、z_2 分别为主动轮、从动轮的齿数。

三爪卡盘是车床上常用的附件，其结构如图 6-5 所示。当转动小锥齿轮时，与之相啮合的大锥齿轮随之传动，大锥齿轮背面的平面螺纹使三个卡爪同时向中心收拢或张开，以对工件夹紧并自动定心。

图 6-4　齿轮传动

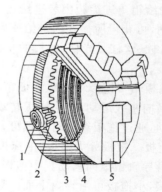

图 6-5　三爪卡盘

1—扳手卡口；2—小锥齿轮；3—大锥齿轮；

4—平面螺纹；5—卡爪

3) 齿轮齿条传动

齿轮齿条传动是实现旋转运动和直线运动转换的一种传动形式，如图 6-5 所示。机床传动系统中，大拖板的纵向进给是采用齿轮齿条传动将拖板箱输出轴的转动转换成大拖板的纵向直线运动。

如图 6-6 所示，设齿轮齿数为 z，齿条的齿距为 t，当齿轮转动 n 转时，齿条直线移动距离为

$$L = tzn$$

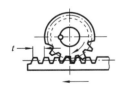

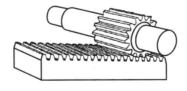

图 6-6　齿轮齿条传动

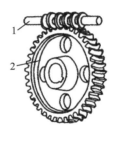

图 6-7　蜗杆蜗轮传动

1—蜗杆；2—蜗轮

4）蜗杆蜗轮传动

蜗杆蜗轮传动如图 6-7 所示，用来传递空间两交错轴之间的运动和动力。蜗杆是主动件，蜗杆上螺旋线的头数 K 相当于主动齿轮的齿数 z_1，蜗杆每转动一周，蜗轮转过 K 个齿，则传动比为

$$i = \frac{n_2}{n_1} = \frac{K}{z_2}$$

式中：n_1、n_2 为蜗杆、蜗轮的转速（r/min）；z_2 为蜗轮的齿数。

5）丝杠螺母传动

丝杠螺母传动如图 6-8 所示，用在机床传动系统中，将丝杠的旋转运动转换为螺母的直线运动，带动大拖板纵向移动，用于车削螺纹。丝杠每转动一周，螺母移动一个螺距 P，则螺母（大拖板）的纵向移动速度为

$$v = nP$$

式中：n 为丝杠转速（r/min）。

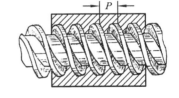

图 6-8　丝杠螺母传动

2. 车床传动原理

下面以 C618 型车床为例，说明普通卧式车床的传动原理。其传动系统图如图 6-9 所示（数字表示齿轮齿数）。

1）主运动传动

车削的主运动是工件（主轴）的旋转运动。因此，主运动传动是指从电动机到主轴之间的传动。

2）进给运动传动

车削的进给运动是车刀沿纵向、横向或斜向的移动，进给量是以工件（主轴）每转一转刀具移动的距离来表示的。其进给运动是由主轴至刀架之间的传动来实现的。

6.2.3　刻度盘及其手柄的使用

车削工件时要想准确、迅速地控制背吃刀量，必须熟练地使用中拖板和小拖板的刻度盘。

中拖板刻度盘用来精确控制车刀横向移动距离。中拖板刻度盘装在横向丝杠轴的端部，当中拖板手柄带着刻度盘、丝杠转动一周时，固定在中拖板上与丝杠配合的螺母沿丝杠轴线方向移动一个螺距，因此，安装在中拖板上的刀架也移动一个螺距。所以中拖板刻度盘每转动一格车刀横向移动距离按下式计算：

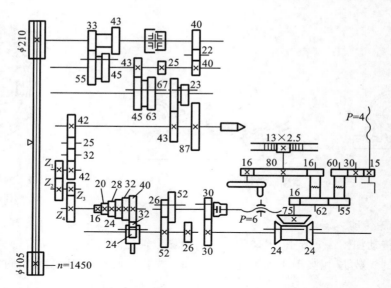

图 6-9　卧式车床(C618型)传动系统

刻度盘每转一格车刀移动的距离＝丝杠螺距/刻度盘圆周上等分格数

例如,如果中拖板丝杠螺距为 4 mm,中拖板刻度盘等分 200 格,则每转一格车刀横向移动的距离为 4 mm/200＝0.02 mm。测量工件的尺寸是看其直径的变化,所以用中拖板刻度盘进刀车削时,通常要将每格读作 0.04 mm。

小拖板刻度盘用来精确控制车刀纵向移动距离,它与中拖板刻度盘的刻度原理相同。

应用刻度盘时,由于丝杠与螺母之间有间隙,因此转动时会产生空行程(即刻度盘转动而拖板、刀具未移动)。因此,进刻度时必须慢慢地将刻度盘转到所需要的格数,如图 6-10(a)所示;如果发现刻度盘手柄摇过了头而需将车刀退回时,绝不能直接退回,如图 6-10(b)所示;而必须向相反方向退回全部空行程(通常反向转动 1/2 圈),再转到所需要的刻度位置,如图 6-10(c)所示。

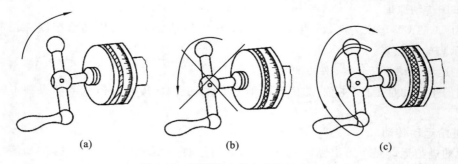

图 6-10　消除刻度盘空行程的方法

6.3　工件的安装及所用的附件

车床主要用于加工各种轴类和盘套类零件。安装工件时应使被加工表面的回转中心与车床主轴的中心线重合(找正),以保证安装位置准确;同时还要把工件夹紧,以承受切削力,保证加工时安全。车床上常用来装夹工件的附件有三爪卡盘、四爪卡盘、顶尖、心轴、中心架、跟刀架、花盘和弯板等。这些车床附件的特点及适用安装的工件类型如表 6-1 所示。

表 6-1　车床附件的特点及应用

车床附件	特点及应用	图　　例
三爪卡盘	（1）安装效率高； （2）不能装夹形状不规则的工件； （3）定心的精度不高（0.05～0.15 mm），工件上同轴度要求较高的表面应在一次装夹中车出 应用：适合规则短棒料或盘类工件	
四爪卡盘	不能自动定心，工件安装后必须找正。一般用划针盘进行找正，如利用百分表找正，安装精度可达 0.01 mm 应用：可以装夹方形、矩形、椭圆或其他形状不规则的工件，由于夹紧力大，也用来安装较重的圆形截面工件	 （a）四爪卡盘　　（b）用百分表找正
两顶尖安装	（1）不需要找正，安装精度高； （2）由于基准统一，各轴颈面及轴肩面间位置精度高； （3）两顶尖安装工件刚度低，只适合精车 应用：长轴类工件精加工	
一夹一顶安装	（1）安装工件刚度高，能承受较大的切削力； （2）同轴度有一定误差，精度不如两顶尖安装 应用：常用于轴类零件的粗加工或半精加工	
心轴	（1）可以保证孔、外圆和两个端面有较高的位置精度； （2）用于安装心轴的孔应有较高的精度，尺寸公差等级一般为 IT8～IT7，表面粗糙度 Ra 值为 3.2～1.6 μm，否则工件在心轴上无法准确定位 应用：外圆、孔、端面间有较高位置精度要求的盘套类工件；圆柱体心轴多用于盘套类工件的粗加工、半精加工；锥度心轴多用于精加工盘套类工件	

车床附件	特点及应用	图　　例
花盘、弯板	（1）用花盘、弯板安装工件时，需经过仔细找正； （2）安装时需在另一边上加平衡铁予以平衡，以减少转动时的振动 应用：用于形状不规则的工件，如轴承座等	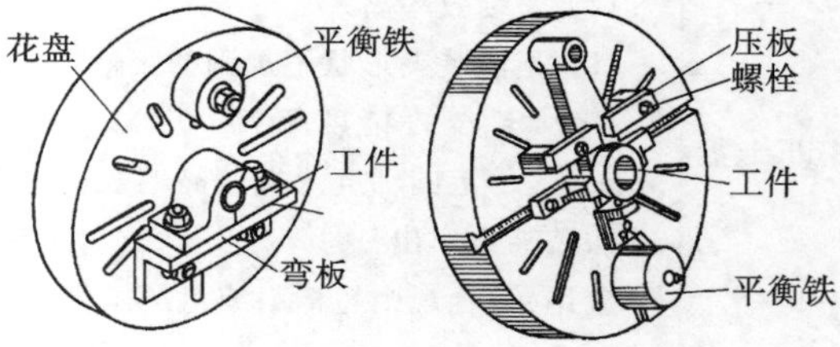
中心架、跟刀架	（1）可以有效抑制细长轴车削时的弯曲变形和振动； （2）工件被支承的部分应是加工过的外圆表面，并要加机油润滑； （3）工件的转速不能过高，以免工件与支承爪之间摩擦过热而烧坏或使支承爪磨损 应用：中心架一般多用于加工长径比大于 25 的阶梯轴、长轴车端面、打中心孔及加工内孔等；跟刀架多用于加工长径比大于 25 的细长光滑轴，如光杠和丝杠等	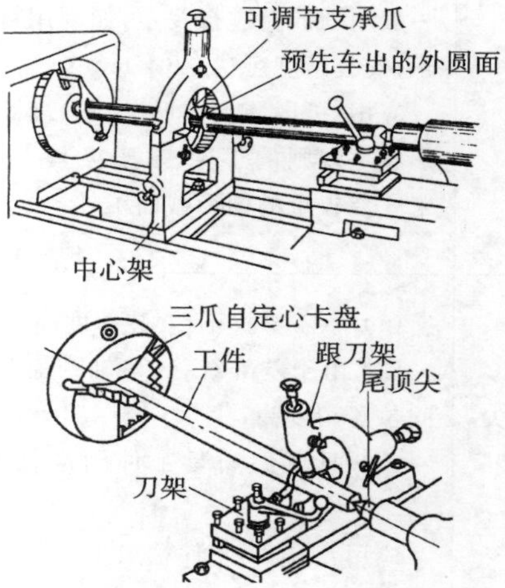

6.4　基本车削工艺

基本车削工艺有车端面、车外圆、车孔、车圆锥面、车螺纹、车成形面、切槽和切断等。

6.4.1　车刀的安装及对刀

车刀必须正确牢固地安装在刀架上，如图 6-11 所示。装夹车刀时，必须注意以下事项。

①车刀装夹在刀架上的伸出部分应尽量短些，以提高其刚度。车刀伸出长度约为刀柄厚度的 1.5 倍。

②车刀刀尖应与工件轴线等高。一般用安装在车床尾座上的顶尖来校对车刀刀尖的高低，通过垫片进行调整。使车刀刀尖靠近尾架顶尖中心，根据刀尖与顶尖中心的高度差调整刀尖高度，刀尖应略高于顶尖中心 0.2~0.3 mm，当螺钉紧固时车刀会被压低，刀尖高度基本与顶尖高度一致。

③刀杆垫片应平整，垫片数量应尽量少（一般为 1~2 片），并与刀架边缘对齐。

④车刀刀杆应与工件轴线垂直。

⑤车刀位置调整好后应紧固。至少用两个螺钉平整压紧,以防振动。先用手拧紧螺钉,再使用专用刀架扳手将螺钉轮换逐个拧紧。注意刀架扳手不允许加套管,以防损坏螺钉。

⑥加工前一定要对工件进行加工极限位置检查,避免发生安全事故。

⑦开始车削加工时注意必须开车对零点,不仅可以找到刀具与工件的初始接触点,而且也不易损坏车刀。

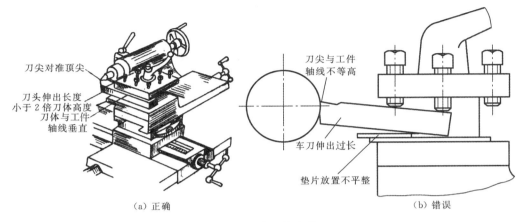

（a）正确　　　　　　　　　　　　　　（b）错误

图 6-11　车刀的安装

6.4.2　车端面

车端面时常用弯头刀或偏刀（见图 6-12）。当用右偏刀由外圆向中心进给车端面时（见图 6-12(b)）,易"扎刀"而出现凹面,且到工件中心时是将凸台一下子车掉的,因此容易损坏刀尖。在精车时,往往采用由中心向外进给（见图 6-12(c)）。用弯头刀车端面时,凸台是逐渐车掉的,所以车端面用弯头刀较为有利。

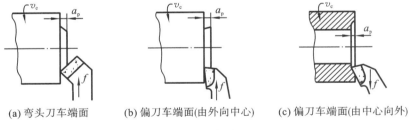

（a）弯头刀车端面　　　（b）偏刀车端面(由外向中心)　　（c）偏刀车端面(由中心向外)

图 6-12　车端面

车端面时应注意以下几点:①安装工件时,工件伸出卡盘外部分应尽可能短些;②安装车刀时,刀尖应严格对准工件中心,以免端面出现凸台,崩坏刀尖。

6.4.3　车外圆和台阶

外圆车削是最常见的车削加工（见图 6-13）。尖刀主要用于粗车没有台阶或台阶不大的外圆;弯头刀用于车削外圆、端面和倒角;主偏角为 90°的偏刀,车外圆时的径向力很小,常用来车削细长轴。车高度在 5 mm 以下的台阶时,可在车外圆时同时车出。车高度在 5 mm 以上的台阶时,应分层进行车削（见图 6-14）。

精车时,完全靠刻度盘确定背吃刀量来保证工件的尺寸精度是不够的,因为刻度盘和丝杠

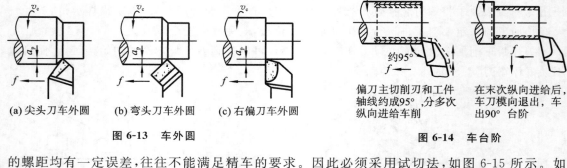

(a) 尖头刀车外圆　(b) 弯头刀车外圆　(c) 右偏刀车外圆

图 6-13　车外圆

偏刀主切削刃和工件轴线约成95°，分多次纵向进给车削

在末次纵向进给后，车刀横向退出，车出90°台阶

图 6-14　车台阶

的螺距均有一定误差，往往不能满足精车的要求。因此必须采用试切法，如图 6-15 所示。如果试切处尺寸合格，就以该背吃刀量车削整个表面。

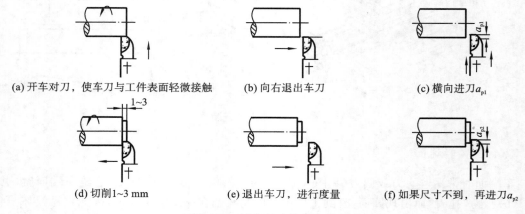

(a) 开车对刀，使车刀与工件表面轻微接触　　(b) 向右退出车刀　　(c) 横向进刀 a_{p1}

(d) 切削1~3 mm　　(e) 退出车刀，进行度量　　(f) 如果尺寸不到，再进刀 a_{p2}

图 6-15　试切的方法与步骤

6.4.4　孔加工

在车床上加工孔的方法很多，如钻孔、扩孔、铰孔和车孔等。

1. 钻孔、扩孔、铰孔

在实体材料上加工孔，首先必须用钻头进行钻孔（见图 6-16）。钻孔的精度一般为 IT12～IT11，表面粗糙度值 Ra 为 50～12.5 μm，多用于粗加工孔。

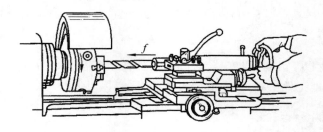

图 6-16　在车床上钻孔

扩孔是用扩孔钻进行钻孔后的半精加工。扩孔的加工余量与孔径大小有关，一般为 0.5～2 mm。精度可达 IT10～IT9，表面粗糙度值 Ra 为 6.3～3.2 μm。由于扩孔钻的钻芯粗，刚度较高，故可以适当校正钻孔后孔轴线的直线度。

铰孔是用铰刀进行孔的精加工。铰刀的加工余量约为 0.1～0.2 mm。精度一般为 IT8～IT7，表面粗糙值 Ra 为 1.6～0.8 μm。在车床上加工有一定批量，或者直径较小而精度和表面粗糙度要求较高的孔，常采用钻、扩、铰联用的方法。

2. 车孔

车孔旧称镗孔，是对铸出、锻出或钻出的孔作进一步加工（见图 6-17）。车孔精度可达 IT9～IT7，表面粗糙度值 Ra 为 3.2～1.6 μm。车孔可以较好地纠正原孔轴线的偏斜，可进行粗加工、半精加工和精加工。

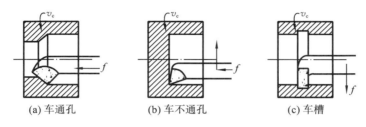

(a) 车通孔　　　(b) 车不通孔　　　(c) 车槽

图 6-17 车孔

车不通孔和台阶孔时，当车孔刀纵向进给至末端时，需横向进给加工内端面，以保证内端面与孔的轴线垂直。刀尖到刀杆背面的距离必须小于孔径的一半，否则不能车平内端面。车内沟槽时，刀刃的宽度可根据沟槽的宽度来选取。

由于车孔刀刚度差，容易产生变形与振动，车孔时常采用较小的进给量 f 和背吃刀量 a_p，并需要进行多次走刀，因此生产率较低。但车孔刀制造简单，通用性强，可加工大直径孔和非标准孔。

6.4.5 切槽与切断

切槽是用切槽刀横向进给在工件上车出环形沟槽的加工方式（见图 6-18）。切槽刀有一个主切削刃和两个副切削刃。副切削刃磨出 1°～2° 的副偏角，以减少与工件的摩擦。切削宽度在 5 mm 以下的窄槽，可将主切削刃磨得与槽等宽，一次切出。较宽的沟槽，可用窄刀分几段依次车去槽的大部分余量，在槽的两侧及底部留出精车余量，最后进行精车以达到槽的尺寸要求（见图 6-19）。

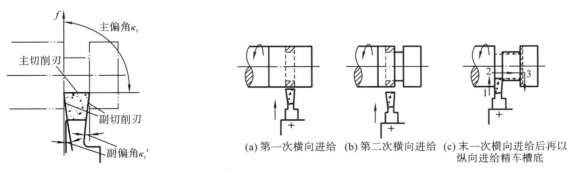

图 6-18 切槽刀

(a) 第一次横向进给　(b) 第二次横向进给　(c) 末一次横向进给后再以纵向进给精车槽底

图 6-19 切宽槽

切断要用切断刀。切断刀的形状与切槽刀相似，但刀头窄而长，易产生折断。切断时应适当降低切削速度；用手动进给时，要注意进给的均匀性，在即将切断时，必须放慢进给速度，以免刀头折断。

6.4.6　车锥面

车锥面的方法有四种：转动小拖板法、偏移尾架法、靠模法和宽刀刃法，单件小批生产中常用转动小拖板法和偏移尾架法。

1. 转动小拖板法

如图 6-20 所示，将小拖板绕转盘转一个被切锥面的斜角 α 后锁紧，用手缓慢而均匀地转动小拖板手柄，车刀即沿工件母线移动车出锥面。

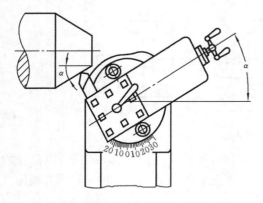 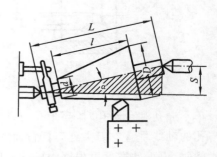

图 6-20　转动小拖板车圆锥　　　　　　　　图 6-21　偏移尾座车圆锥

此法操作简单，可以加工任意角度的内、外锥面，但受小拖板行程限制，只能加工短锥面，只能手动进给，表面粗糙度值 Ra 为 6.3～3.2 μm。

2. 偏移尾架法

尾架由底座和尾架体组成，底座紧固在床身导轨上，尾架体可在底座上做横向调节并紧固。如图 6-21 所示，将尾架顶尖偏移一个 S 距离，工件装夹于两顶尖之间，使工件轴线（两顶尖中心线）与车床主轴轴线之间形成一个被切锥面的斜角 α，利用车刀手动或自动纵向进给，就可车出所需的锥面。

当 α 不大时，利用 $\tan\alpha\approx\sin\alpha$，可得出尾架偏移的距离 S：

$$S=\frac{L(D-d)}{2l} \tag{6-1}$$

式中：D、d 分别为锥体大端和小端直径；L 为工件轴向总长度，l 为锥度部分轴向长度。

此法可以加工较长的锥面，且能自动进给，表面粗糙度值 Ra 为 6.3～1.6 μm；但不能车内锥面，受尾架偏移量的限制，一般只能加工斜角 α＜8°的外锥面。

6.4.7　车螺纹

在车床上能车削各种螺纹，现以车削米制三角螺纹（又称普通螺纹）为例加以说明。

内外螺纹总是配对使用的，内外螺纹能否配合以及配合的松紧程度，取决于三个基本要素，即牙型、螺距和中径。车普通螺纹的关键是如何保证这三个基本要素。

螺纹牙型的精度取决于螺纹车刀刃磨后的形状及其在车床上安装的位置是否正确。为此，螺纹车刀的刀尖角应等于被切螺纹的牙型角，同时车刀前角 $\gamma_0=0°$。车刀安装时刀尖必须与工件回转中心等高，否则会使牙型角产生误差；刀尖的角平分线与工件轴线垂直。因此，应采用对刀样板来安装车刀（见图 6-22）。

要获得准确的螺距，车螺纹时必须保证工件每转一转，车刀准确而均匀地纵向移动一个螺距 P 值。因此，车螺纹时必须用丝杠带动刀架纵向移动。机床传动系统必须保证主轴带动工件转一转时，丝杠要转 $P_{工}/P_{丝}$ 转，车刀纵向移动的距离等于丝杠转过的转数乘以丝杠螺距，即 $f=(P_{工}/P_{丝})\cdot P_{丝}=P_{工}$，正好是所需的工件螺距。以图 6-9 所示 C618 型车床为例，主轴与丝杠的转速比计算公式如下：

60°
90°
90°
对刀样板
60°

图 6-22　普通螺纹车刀的形状及对刀方法

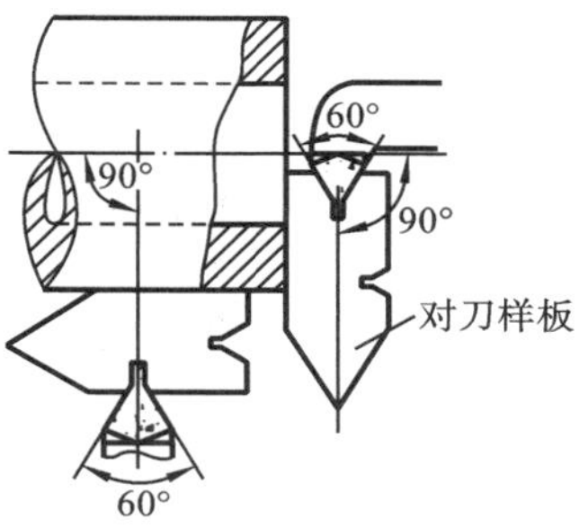

$$i=\frac{n_{丝杠}}{n_{主轴}}=i_{配}\times i_{进}=\frac{z_1}{z_2}\times\frac{z_3}{z_4}\times i_{进}=\frac{P_{工}}{P_{丝}}\quad(6\text{-}2)$$

式中：$i_{配}$ 为配换齿轮总传动比；$i_{进}$ 为进给箱齿轮总传动比。

因此，该转速比由配换齿轮和进给箱中的传动齿轮保证，在车床设计时已计算确定。加工前，一般根据工件的螺距 $P_{工}$，查找机床标牌上的对应参数，然后调整进给箱上的手柄位置及配换齿轮的齿数即可。

车螺纹时，牙型需经过多次走刀才能切成。每次走刀都必须保证车刀落在第一次切出的螺纹槽内，否则就会“乱扣”而成为废品。如果 $P_{工}/P_{丝}$ 不是整数，则一旦闭合对开螺母后就不能随意打开，每车一刀后只能开反车纵向退回，然后进背吃刀量开正车进行下一次走刀。由于对开螺母与丝杠始终啮合，故车刀刀尖会准确地在一固定螺纹槽内切削，不会发生“乱扣”。

车削外螺纹的操作方法和步骤如图 6-23 所示。

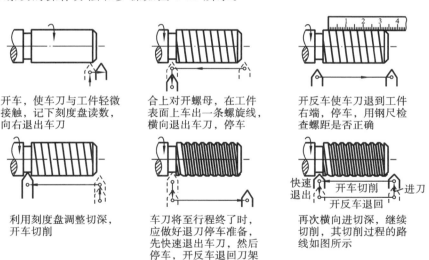

1 2 3 4
开车，使车刀与工件轻微接触，记下刻度盘读数，向右退出车刀
合上对开螺母，在工件表面上车出一条螺旋线，横向退出车刀，停车
开反车使车刀退到工件右端，停车，用钢尺检查螺距是否正确
利用刻度盘调整切深，开车切削
车刀将至行程终了时，应做好退刀停车准备，先快速退出车刀，然后停车，开反车退回刀架
快速退出
开车切削
进刀
开反车退回
再次横向进切深，继续切削，其切削过程的路线如图所示

图 6-23　车削螺纹的方法和步骤

6.4.8　车回转成形面

回转成形面是由一条曲线（母线）绕一固定轴线回转而成的表面。根据精度要求及生产批量的不同，可分别采用双手控制法、成形车刀和靠模法等车削成形面。随着数控车床的发展和大量使用，现多用数控车削加工成形面。但在单件生产中仍常采用双手控制法车削成形面。如图 6-24 所示，车削时用双手同时摇动中拖板和小拖板（或大拖板）的手柄，使车刀同时做纵向和横向进给运动，车刀的运动轨迹与工件母线相同。这种方法需要熟练的操作技术，但由于

不需要辅助工具,仍用于单件小批生产中。

6.4.9　滚花

　　某些工具和机械零件的手握部分,为便于握持和增加美观,常常在其外表面的某个部位滚出所要求的花纹。滚花是在车床上用滚花刀挤压工件,使其表面产生塑性变形而形成花纹的一种工艺方法。图 6-25 是用网状滚花刀滚制网状花纹。滚花时径向挤压力很大,因此加工时工件的转速要低,要供给充足的切削液。

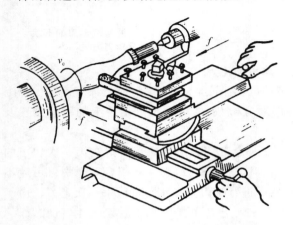

图 6-24　双手控制法车回转成形面

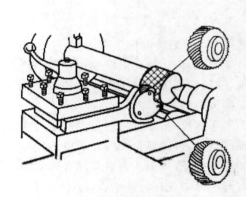

图 6-25　滚花

6.4.10　典型零件车削工艺

　　车削主要用于轴、盘套等回转体零件的加工。这些零件常需经过车、铣、磨等加工工序,其中车削是重要的加工工序。这里以图 6-26 所示轴套零件为例进行说明。

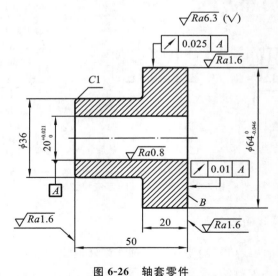

图 6-26　轴套零件

　　轴套类零件主要由孔、外圆与端面组成。除尺寸精度、表面粗糙度外,一般外圆对孔有径向圆跳动的要求,端面对孔有端面圆跳动的要求。

　　在单件小批生产中,对有位置精度要求的外圆、孔、端面等,应尽可能在一次装夹中进行精加工(俗称"一刀活")。若有位置精度要求的表面和基准孔不能在一次安装中加工出,则一般先把孔精车出来,然后以孔定位安装在心轴上车削外圆、端面。

　　表 6-2 为轴套零件的车削工艺。该零件材料为灰铸铁,毛坯采用铸造工艺成形。精车时为了保证 $\phi64$ mm 外圆面、端面 B 与 $\phi20$ mm 孔轴线的位置精度要求,以 $\phi36$ mm 外圆面为定位面,在一次装夹中精车大端外圆面、端面 B、精车孔。

表 6-2　单件小批生产时轴套零件车削工艺过程

序号	加 工 内 容	加 工 简 图	安装方法
1	铸造,造型、浇注和清理	$\phi71$　27　57　$\phi43$	
2	粗车小端外圆面和端面至 $\phi38\times31$; 半精车小端外圆面和端面至 $\phi36\times30$; 倒角 C1	$\phi36$　30	三爪卡盘
3	调头,粗车大端外圆面和端面至 $\phi67\times22$; 半精车大端外圆面和端面至 $\phi65\times21$; 钻孔至 $\phi18$; 粗镗孔至 $\phi19$	$\phi19$　$\phi65$　21	三爪卡盘
4	精车大端外圆面和端面,保证尺寸 $\phi64_{-0.046}^{0}$、50 及 20; 半精镗孔至 $\phi19.8$; 精镗孔至 $\phi20_{0}^{+0.021}$	$\phi64_{-0.046}^{0}$　20　50　$\phi20_{0}^{+0.021}$	三爪卡盘
5	检验		

6.4.11　车削实习指导

1. 实习目的

（1）认识车床的组成、基本传动原理及操作手柄、刻度盘的使用；

（2）学会工件的安装方法，掌握车床主要附件的特点及应用；

（3）掌握车削基本加工方法的工艺过程、特点及应用；

（4）了解典型轴类零件的车削工艺。

2. 实习内容

（1）学习车削概述与安全注意事项。

（2）学习车床的组成、传动、工件和刀具的安装。

（3）练习基本车削工艺。

（4）自主制定工艺，并加工有外圆面、台肩面、锥面、滚花和螺纹等的轴类零件。

图 6-27 所示为轴类零件，坯料为 $\phi 25 \times 100$，LY12 铝合金棒料，数量 10 件。试编制加工工艺规程，拟定加工顺序、工步内容，并按照工艺规程进行加工。

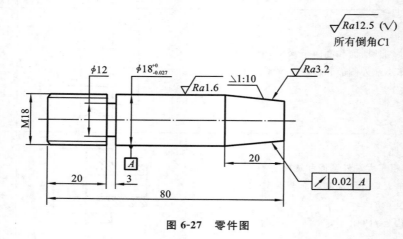

图 6-27　零件图

复习思考题

1. 车削时切削用量包括哪些要素？

2. 列举普通卧式车床上的几种典型传动机构，简述其功能。

3. 列举车削上常用的几种量具，简述其功能。

第 7 章　铣削与磨削

7.1　铣削

7.1.1　铣削概述

1. 铣削特点及应用

在铣床上用铣刀对工件进行切削加工的方法称为铣削。铣削是金属切削加工中常用的方法之一。随着数控铣床和加工中心的普及,普通铣床的应用逐渐减少。

铣床的加工范围很广,可以加工平面、台阶、斜面、沟槽、曲面、齿轮及切断等。在铣床上还可以钻孔和镗孔。铣削加工的尺寸精度可达 IT9～IT8 级,表面粗糙度 Ra 为 $6.3～1.6\mu m$。图 7-1 给出了几种典型的铣削应用。

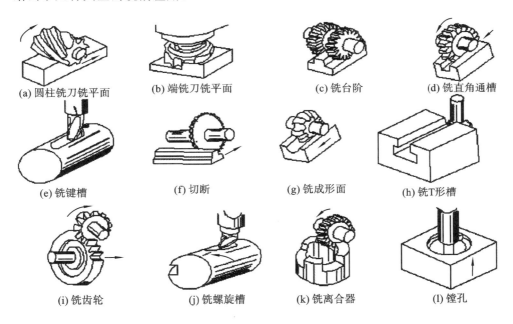

(a) 圆柱铣刀铣平面　　(b) 端铣刀铣平面　　(c) 铣台阶　　(d) 铣直角通槽

(e) 铣键槽　　(f) 切断　　(g) 铣成形面　　(h) 铣T形槽

(i) 铣齿轮　　(j) 铣螺旋槽　　(k) 铣离合器　　(l) 镗孔

图 7-1　铣削加工范围

铣削加工的特点是:铣刀是一种多齿刀具,在铣削时,铣刀每个刀齿不像车刀和钻头那样连续进行切削,而是间歇进行切削的。因而刀刃的散热条件好,切削速度可以高些。铣削时经常是多齿同时加工,因此,铣削的生产率较高。由于铣刀刀齿不断切入和切出,因而铣削力是不断变化的,易产生振动。

2. 铣削的切削运动

铣削时其切削运动是铣刀的旋转运动和工件的直线运动,如图 7-2 所示。

3. 铣床的结构

铣床种类很多,主要有立式铣床、卧式铣床和龙门铣床等,以适应不同的加工需要。立式铣床的主轴与工作台面垂直;卧式铣床的主轴与工作台台面相平行。

X5032立式铣床的编号中,X表示铣床类,5表示立式铣床,0表示立式升降台铣床,32表示工作台宽度的1/10(即320 mm)。立式铣床的结构见图7-3。铣削时,铣刀安装在主轴上,由主轴带动做旋转运动,工作台带动工件做纵向、横向或垂直方向的直线运动。有时根据加工的需要,可以将立铣的主轴偏转一定的角度。

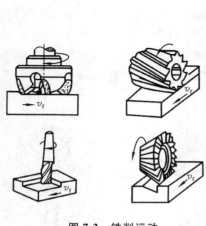

图 7-2　铣削运动

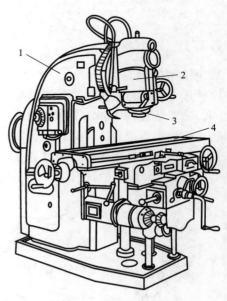

图 7-3　立式铣床
1—床身;2—主轴头;3—主轴;4—工作台

7.1.2　铣床主要附件

铣削零件时,工件用铣床附件固定和定位,常用铣床附件有:平口钳、万能分度头、万能立铣头、回转工作台等。

1. 平口钳

平口钳是一种通用夹具。铣削一般的长方体零件的平面、台阶、斜面,铣削轴类零件的沟槽等,都可以用平口钳装夹工件。

使用前,先校正平口钳在工作台上的位置,以保证固定钳口部分与工作台台面的垂直度、平行度,然后再夹紧工件,进行铣削加工,如图7-4所示。平口钳一般用于装夹小型较规则的零件,如较方正的板块类零件、盘套类零件、轴类零件和小型支架等。

毛坯件装夹时,应选择一个平整的毛坯面作为粗基准,靠向平口钳的固定钳口。装夹工件时,在钳口铁平面和工件毛坯面间垫铜皮。工件装夹后,用划针盘校正毛坯的上平面,基本上与工作台面平行。

在装夹已经粗加工的工件时,应选择一个粗加工表面作基准面,将这个基准面靠向平口钳的固定钳口或钳体导轨面,装夹加工其余表面。

平口钳装夹工件时:应使工件被加工面高于钳口,否则应用垫铁垫高工件;还应防止工件

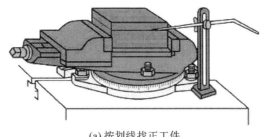

(a) 按划线找正工件　　　　　　　(b) 用垫铁垫高工件

图 7-4　平口钳装夹工件

与垫铁间有间隙；为保护工件的已加工表面，可以在钳口与工件之间垫软金属片。

2. 压板

形状较大或不便于用平口钳装夹的工件，可用压板通过 T 形螺栓、螺母、垫铁夹紧在工作台面上进行加工。

使用时，应选择两块以上的压板。压板的一端搭在工件上，另一端搭在垫铁上。如图 7-5 所示。

装夹工件时，应注意：①垫铁的高度应等于或略高于工件被夹紧部位的高度，螺栓到工件间的距离应略小于螺栓到垫铁间的距离。螺母和压板平面间应垫有垫圈。这样，压板与工件接触应良好，夹紧可靠，以免铣削时工件移动。②还应保证工件夹紧处不能有悬空现象，如有悬空，应将工件垫实。③夹紧毛坯面时，应在工件和工作台面间垫铜皮；夹紧已加工表面时，也应在压板和工件表面间垫铜皮，以免压伤工作台面和工件已加工面。

3. 回转工作台

回转工作台如图 7-6 所示，主要用于较大零件的分度工作或非整圆弧面的加工。它的内部有一副蜗轮蜗杆，手轮与蜗杆同轴连接。转动手轮，通过蜗轮蜗杆传动使转台转动。转台周围有刻度，用来观察和确定转台的位置；手轮上刻度盘可读出转台的准确位置。当底座上的槽与铣床工作台的 T 形槽对齐后，即可用螺栓把圆形工作台固定在铣床工作台上。

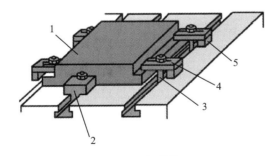

图 7-5　压板的使用

1—工件；2—挡铁；3—螺栓；4—压板；5—垫铁

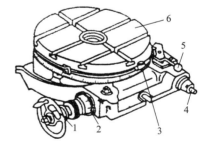

图 7-6　回转工作台

1—手轮；2—偏心环；3—挡铁；

4—传动轴；5—离合器手柄；6—转台

4. 分度头

在铣削加工中，常会遇到铣六方、齿轮、花键等工作，这时，工件每铣过一面或一个槽之后，需要转过一个角度，再铣削第二面、第二个槽，这种工作称为分度。分度头是加工工件分度时常用的附件，其中万能分度头最为常见，如图 7-7 所示。分度时摇动分度手柄，通过蜗杆蜗轮带动分度头主轴旋转进行分度。

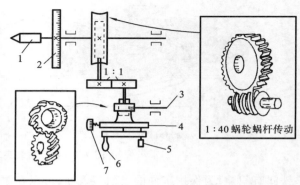
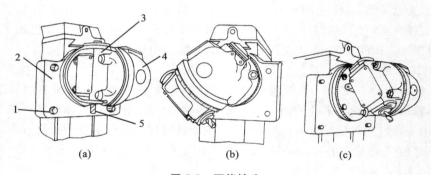

图 7-7　分度头及其传动系统

1—主轴；2—刻度盘；3—挂轮轴；4—分度盘；5—定位销；6—手柄；7—锁紧螺钉

5. 万能铣头

如图 7-8 所示，万能铣头主轴可以在相互垂直的两个回转平面内回转，因此，万能铣头的主轴可在空间偏转成任意所需的角度，可以在工件一次装夹中，进行多种角度的多面、多槽的加工。

(a)　　　　　　　　　(b)　　　　　　　　　(c)

图 7-8　万能铣头

1—螺栓；2—底座；3—铣头主轴壳体；4—壳体；5—铣刀

7.1.3　铣刀的种类及安装

铣刀的种类很多。按材料不同，分为高速钢铣刀和硬质合金铣刀两类；按安装方法分为带孔铣刀和带柄铣刀两类。

1. 带孔铣刀及其安装

常用的带孔铣刀有圆柱铣刀、圆盘铣刀、角度铣刀、成形铣刀等，如图 7-9 所示。一般用于卧式铣床。

图 7-9(a)所示为圆柱铣刀，主要用其圆周刃铣削平面。图 7-9(b)所示为三面刃圆盘铣刀，主要用于加工不同宽度的直角沟槽及小平面、台阶面等。图 7-9(e)、(f)所示为角度铣刀，具有各种不同的角度，用于加工各种角度的沟槽及斜面等。图 7-9(d)、(g)、(h)所示为成形铣刀，其切削刃呈凸圆弧、凹圆弧、齿槽形等，用于加工与刀刃形状对应的成形面。图 7-9(c)所示为锯片铣刀，主要用于切断。

带孔铣刀常用长刀杆安装。如图 7-10 所示，刀杆的一端为锥体，装入机床主轴锥孔中，并

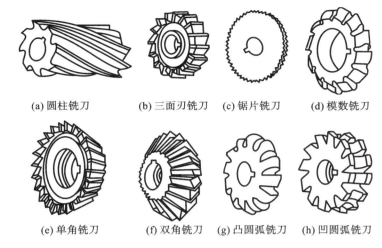

(a) 圆柱铣刀　　(b) 三面刃铣刀　(c) 锯片铣刀　　(d) 模数铣刀

(e) 单角铣刀　　(f) 双角铣刀　(g) 凸圆弧铣刀　(h) 凹圆弧铣刀

图 7-9　带孔铣刀

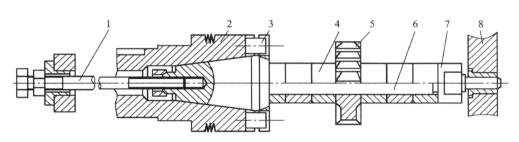

图 7-10　带孔铣刀的安装

1—拉杆；2—主轴；3—端面键；4—套筒；5—铣刀；6—刀杆；7—螺母；8—吊架

用拉杆穿过主轴将刀杆拉紧，刀杆另一端由机床横梁上的吊架支承。主轴的动力通过锥面和前端的键带动刀杆旋转，刀具套在刀杆上并由刀杆上的键来带动旋转。刀具的轴向位置由套筒来定位。

2. 带柄铣刀及其安装

常用的带柄铣刀如图 7-11 所示。带柄铣刀多用于立式铣床上，按刀柄的形状不同可分为直柄和锥柄两种。锥柄铣刀安装首先选用过渡锥套，再用拉杆将铣刀与过渡锥套一起拉紧在主轴端部的锥孔内，如图 7-12(a)所示；直柄铣刀一般直径较小，多用弹簧夹头进行安装，如图 7-12(b)所示。端铣刀一般中间带有圆孔，通常先将铣刀装在短刀轴上，再将刀轴装入机床的主轴上，并用拉杆螺丝拉紧（见图 7-13）。

7.1.4　铣削工艺

1. 铣平面

平面可以在卧式铣床上用圆柱铣刀铣削，也可在立式铣床上用端铣刀加工，如图 7-14 所示。

通常用圆柱铣刀铣削平面的方法称为周铣；用端铣刀铣削平面的方法称为端铣。周铣时，铣刀轴线与加工平面平行；端铣时，铣刀轴线与加工平面垂直。

端铣时，刀具与工件的接触弧较长，同时参与切削的刀齿较多；刀杆伸出短，刚度高，因此

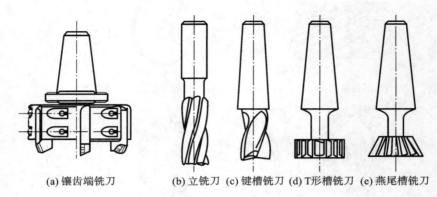

(a) 镶齿端铣刀　　　(b) 立铣刀　(c) 键槽铣刀　(d) T形槽铣刀　(e) 燕尾槽铣刀

图 7-11　带柄铣刀

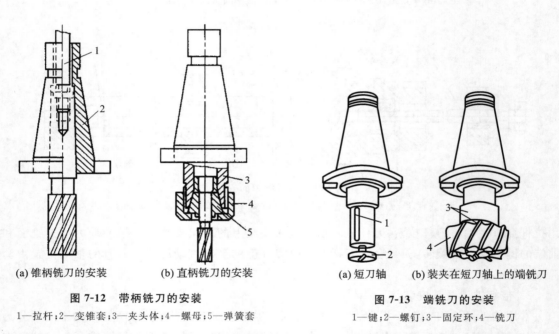

(a) 锥柄铣刀的安装　　(b) 直柄铣刀的安装　　　　　(a) 短刀轴　　(b) 装夹在短刀轴上的端铣刀

图 7-12　带柄铣刀的安装　　　　　　　　　图 7-13　端铣刀的安装

1—拉杆；2—变锥套；3—夹头体；4—螺母；5—弹簧套　　　1—键；2—螺钉；3—固定环；4—铣刀

工作较平稳。端铣刀除了主切削刃担任切削工作外，端面上的副切削刃还起修光作用，加工表面的粗糙度小。端铣刀易镶装硬质合金刀片，可进行高速铣削，既能提高生产率，又降低了加工表面的粗糙度。在成批大量生产中端铣已成为平面加工的主要手段之一。在单件小批生产的条件下，周铣仍采用。

2. 铣斜面

斜面实质上就是倾斜于基准面的平面。铣斜面的方法也很多，一般常用以下方法。

（1）使用倾斜垫铁铣斜面　如图 7-15（a）所示，在工件基准面下垫一块与斜面相对应的倾斜垫铁，即可铣出所需要的斜面。改变倾斜垫铁的角度，就可铣出不同角度的斜面。这种方法一般采用平口钳装夹。

（2）使用分度头铣斜面　如图 7-15（b）所示，在一些适宜用卡盘装夹的工件上加工斜面时，可利用分度头装夹工件，将分度头主轴扳转一定角度后即可铣出斜面。

（3）使用万能铣头铣斜面　如图 7-15（c）所示，由于万能铣头主轴能在空间偏转成任意角

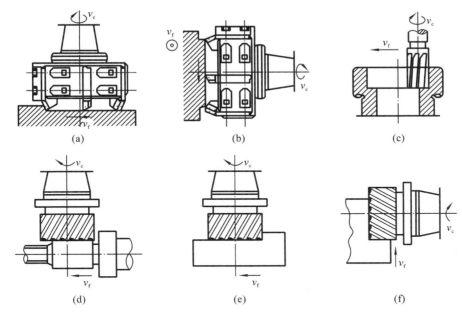

图 7-14　铣水平面和垂直面

度,所以通过扳转铣头使刀具相对工件倾斜一个角度,即可加工出不同角度的斜面。

（4）利用角度铣刀铣斜面　如图 7-15（d）所示,这种方法适宜铣削宽度较小的斜面。由于角度铣刀的切削刃与铣刀轴心线倾斜成某一角度,因此可以利用合适的角度铣刀铣出相应的斜面。

当加工零件的批量较大时,则常采用专用夹具铣斜面。

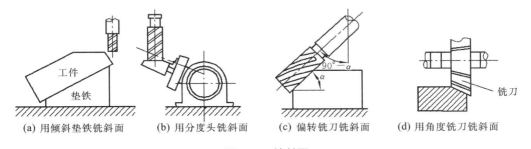

(a) 用倾斜垫铁铣斜面　(b) 用分度头铣斜面　(c) 偏转铣刀铣斜面　(d) 用角度铣刀铣斜面

图 7-15　铣斜面

3. 铣沟槽

在铣床上能加工的沟槽种类很多,如直角槽、V 形槽、燕尾槽、T 形槽、键槽和圆弧槽等,如图 7-16 所示。

7.1.5　铣削实习指导

1. 实习目的

（1）了解铣削的原理、特点、加工范围;

（2）了解铣床的结构、铣刀的种类及安装;

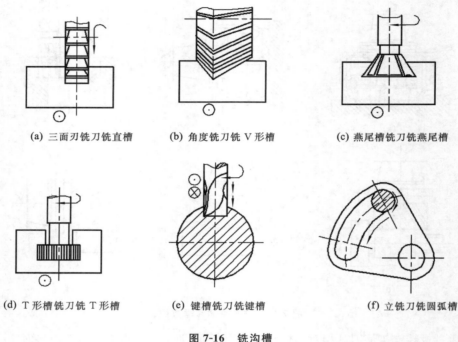

(a) 三面刃铣刀铣直槽　　　　(b) 角度铣刀铣 V 形槽　　　　(c) 燕尾槽铣刀铣燕尾槽

(d) T 形槽铣刀铣 T 形槽　　　　(e) 键槽铣刀铣键槽　　　　(f) 立铣刀铣圆弧槽

图 7-16　铣沟槽

（3）了解平面和沟槽的铣削加工。

2. 实习内容

完成六根孔明锁的加工及装配（见图 7-17）。

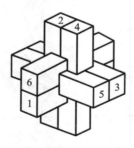

图 7-17　六根孔明锁

六根孔明锁由六个零件组成。孔明锁有多种设计方案，图 7-18 为其中一种设计方案的零件图。

（1）按图纸要求加工孔明锁零件的四个大平面；

（2）按图纸要求加工孔明锁零件的两个端面；

（3）按图纸要求加工孔明锁零件的槽；

（4）去毛刺；

（5）孔明锁零件的组装。

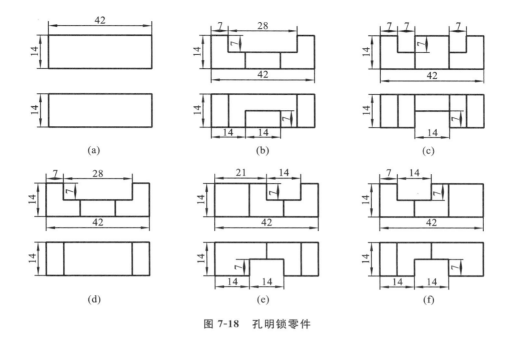

图 7-18　孔明锁零件

7.2　磨削

7.2.1　磨削概述

磨削是采用大量磨粒制成的砂轮对工件表面进行切削加工的方法。磨削加工是零件精加工的主要方法之一。磨削的加工精度一般可达 IT6～IT5，表面粗糙度 Ra 值一般为 0.8～0.1 μm，高精度磨削加工精度可超 IT5，表面粗糙度 Ra 值可达 0.05 μm。

磨削广泛应用于机械加工中（见图 7-19），利用各种不同类型的磨床可分别磨削外圆、内孔、平面、沟槽、成形面（齿形、螺纹等），还可以刃磨各种刀具、工具、量具。此外，磨削加工还可用于毛坯的预加工和毛坯清理等粗加工工作。

与车削、铣削等相比，磨削具有如下特点。

（1）磨削属于多刃、微刃切削。磨具上的每一磨粒都相当于一个刀具，每一磨粒切削厚度可小到数微米，故可以经济地获得很高的加工精度和低的表面粗糙度。

（2）磨削速度快。一般砂轮的磨削速度为 30～50 m/s，目前高速磨削砂轮线速度可达 60～250 m/s。

（3）磨削温度高。磨削时，磨削区的瞬时高温可达 800～1000 ℃，因此磨削时必须注入大量冷却液，以降低磨削温度，冷却液还可起排屑和润滑作用。

（4）磨削可以加工一般刀具难以切削的高硬度材料，如淬硬钢、硬质合金、光学玻璃、玛瑙和陶瓷等。

随着机械产品对精度、可靠性及寿命的要求不断提高，高强度、高硬度、高耐磨性的新型材料不断增多，给磨削加工提出了许多新要求。当前，磨削加工正朝着使用超硬磨料、精密及超精密磨削的方向发展。

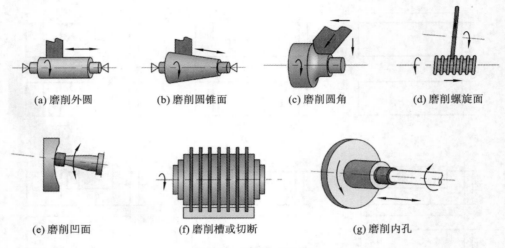

图 7-19　磨削加工实例

7.2.2　砂轮

磨削用的砂轮是由许多细小而坚硬的磨粒用结合剂黏结,经压制、烧结、修整制成的多孔物体,磨料、结合剂和空隙是构成砂轮的三要素(见图 7-20)。

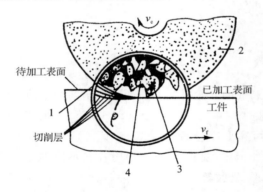

图 7-20　砂轮的构成
1—空隙;2—砂轮;3—磨料;4—结合剂

磨料直接参加磨削加工,必须具有很高的硬度和耐热性,还必须具有锋利的棱边和一定的韧度。常见的磨料有氧化铝和碳化硅两类,前者适于磨削钢和一般刀具,后者适于磨削铸铁及硬质合金刀具。

磨料的颗粒有粗细之分,通常粗加工及磨削软材料时,选用粗磨粒;精加工及成形磨削时,选用细磨粒。根据加工的需要,砂轮可以做成图 7-21 所示的各种形状。磨粒和结合剂还可采用涂覆方式做成砂带或砂纸。

因砂轮在高速下工作,为了保证安全,在安装前必须检查砂轮有无裂纹,用木槌轻敲时声音嘶哑的砂轮禁用,以防高速旋转时砂轮破裂。

7.2.3　磨床

磨床的种类很多,常用的有外圆磨床、内圆磨床、平面磨床等,这里主要介绍外圆磨床。

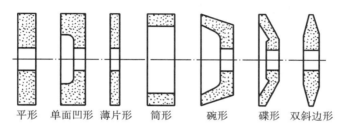

平形　单面凹形　薄片形　筒形　碗形　碟形　双斜边形

图 7-21　砂轮的形状

外圆磨床包括普通外圆磨床、万能外圆磨床、无心外圆磨床等。在普通外圆磨床上可以磨削工件的外圆柱面、外圆锥面和轴肩端面；万能外圆磨床除可磨削外圆柱面和外圆锥面之外，还可磨削内圆柱面、内圆锥面和端平面；无心外圆磨床则用于工件的无心磨削。

M1420 型万能外圆磨床型号中，M 表示磨床类，1 表示外圆磨床，4 表示万能外圆磨床，20 为磨床的主参数，表示最大磨削直径的 1/10，即最大磨削直径为 200 mm。图 7-22 所示为万能外圆磨床结构，它由床身、工作台、头架、尾架、砂轮架、电气控制系统、冷却液系统、液压系统等组成。其主运动为砂轮的旋转运动，进给运动有工作台的往复运动，工件的旋转运动和砂轮的横向运动。

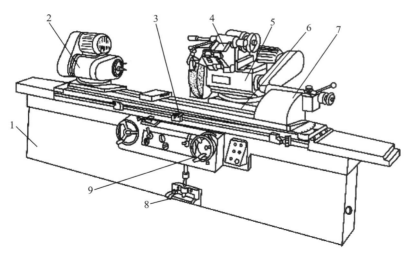

图 7-22　万能外圆磨床

1—床身；2—头架；3—工作台；4—内圆磨具；5—砂轮架
6—滑鞍；7—尾架；8—脚踏操纵板；9—横向进给手轮

由于液压系统具有传动平稳、操作方便，并可在较大范围内进行无级调速，因而在磨床的传动中，广泛采用液压传动。图 7-23 为工作台往复运动液压系统简图。油泵抽取压力油经节流阀、换向阀输入到活塞油缸的左端或右端，从而推动活塞带动工作台向右或向左运动（活塞杆与工作台固定在一起）；油缸另一端的油则经换向阀流回到油箱。工作台两端设置有左、右两个行程挡块，它们分别触动反向手柄位置，改变换向阀状态，从而实现工作台的往复运动。溢流阀用以调节系统所需的工作压力，保证多余的油液由此溢流回油箱；节流阀用以调整系统所需油液的流量，保证工作台的移动速度；工作台行程长短可通过调整两个挡块之间的距离来实现。

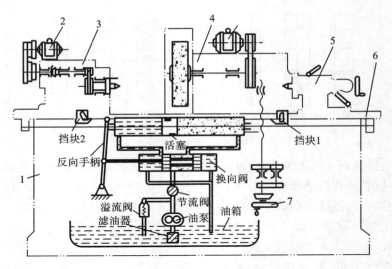

图 7-23　磨床液压传动简图

1—床身；2—电动机；3—床头箱；4—床尾箱；5—尾架；6—工作台；7—横向送进手轮

7.2.4　加工方法

外圆磨床常采用顶尖安装、卡盘安装和心轴安装三种方式。顶尖安装如图 7-24 所示。磨床使用的顶尖都是死顶尖，也即顶尖不随工件一起转动，这样可以提高加工精度，避免顶尖转动带来的误差。工件的转动靠拨杆带动。对于较短工件，常采用三爪或四爪卡盘装夹，这与车床上所使用的装夹方式类似。对于盘套类空心零件，大都采用心轴安装。

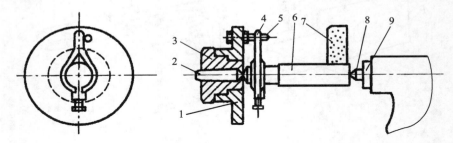

图 7-24　顶尖安装

1—拨盘；2—前顶尖；3—头架主轴；4—鸡心夹头；5—拨杆；6—工件；7—砂轮；8—后顶尖；9—尾座套筒

在外圆磨床上加工工件外圆，常采用纵磨、横磨两者结合的方法。纵磨法如图 7-25 所示，在工件的每一次纵向往复行程中，砂轮横向进给一次，每次背吃刀量很小，一般在 0.005～0.05 mm之间。磨削时的径向力大，这会造成机床—砂轮—工件系统的弹性退让，使实际背吃刀量小于名义背吃刀量。因此当工件接近最终尺寸时，采用无横向进给的几次光磨行程，直至火花消失，以消除该项误差。这种方法在单件、小批生产以及精磨中应用广泛。

横磨法如图 7-26 所示，磨削时，工件无纵向运动，砂轮宽度大于要加工外圆的宽度，砂轮以很慢的速度做横向进给，直至余量被全部磨削掉。横磨法生产率高，适合于磨削长度较短、刚度较高的工件。

综合法则是先分段横磨，每段有一定的重叠，然后将留下的余量采用纵磨法去除。综合法

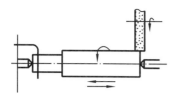

图 7-25　纵磨法

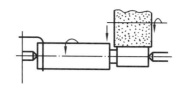

图 7-26　横磨法

综合了二者的优点,既能提高生产率,又能提高磨削质量。

7.2.5　磨削实习

1. 实习目的

(1) 了解磨削原理、特点、加工范围;

(2) 了解磨床结构、型号;

(3) 了解工件装夹方法;

(4) 了解阶梯轴磨削加工。

2. 实习内容

(1) 学习磨削的特点、加工范围及应用,实习安全注意事项。

(2) 学习磨床的种类、结构、加工范围。

(3) 了解磨削液种类及其应用。

(4) 学习外圆磨削加工工艺。

①两端中心孔擦拭干净,加润滑脂。选择合适夹头,夹持工件外圆。

②测量工件尺寸,计算出磨削余量。

③调整尾架至合适位置,应保证两顶尖夹持工件的夹紧力松紧合适。安装工件,调整拨杆,使拨杆能拨动夹头;按头架点动按钮,检查工件旋转情况是否运转正常。

④调整横向进给手轮,调整好纵向换向挡块。

⑤试磨外圆后,测量外圆尺寸,根据情况调整工作台,再次试磨外圆至图纸要求的公差范围。

⑥加工结束后,取下工件,擦拭工件。

⑦停止机床并擦拭干净。

复习思考题

1. 圆柱铣刀主要是用来铣削什么表面?

2. 铣床上工件的主要装夹方法有哪些?

3. 试述磨削加工的特点。

第8章　钳工与装配

8.1　概述

8.1.1　钳工的特点及应用

钳工主要是通过工人手持工具对工件进行切削加工的工艺方法,其基本操作包括划线、錾削、锯削、锉削、刮削、钻孔、扩孔、铰孔、攻螺纹、套螺纹、维修、装配等。钳工的特点是工具简单,操作机动、灵活,可完成机械加工不便完成或难以完成的工作。尽管钳工大部分是手工操作,劳动强度大,对工人的技术要求较高,但仍是机械制造和修配工作中不可缺少的重要工种。

钳工在生产中的应用包括:

(1) 机加工前的准备工作。如清理毛坯,在工件上划线等。

(2) 在单件小批生产中,完成制作零件过程中的某些加工工序,如孔加工、攻螺纹、套螺纹、刮削等。

(3) 进行某些精密零件的加工,如锉样板、刮削或研磨机器量具的配合表面等。

(4) 机器的装配、试车、调整等。

(5) 进行机器和仪器的维护和修理。

8.1.2　常用设备

1. 钳工工作台

钳工操作主要是在钳工工作台上,将工件夹持在台虎钳上进行的。钳工工作台一般用木材或钢材做成。工作台要求平稳、结实,高度 800~900 mm,长和宽根据需要而定。钳口高度恰好与人手肘平齐为宜(见图 8-1)。钳台上一般装有防护网,其抽屉用来放置工具、量具。

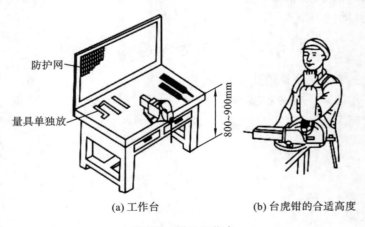

（a）工作台　　　　　　（b）台虎钳的合适高度

图 8-1　钳工工作台

2. 台虎钳

台虎钳(见图 8-2)是夹持工件的主要工具,其规格用钳口宽度表示,常用台虎钳的钳口宽度为 100～150 mm。使用台虎钳时应注意下列事项。

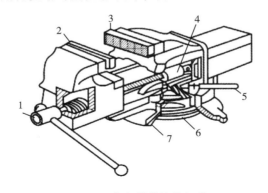

图 8-2　台虎钳的结构组成
1—丝杠;2—活动钳口;3—固定钳口;4—螺固;5—夹紧手柄;6—夹紧盘;7—转盘座

(1) 工件应尽量夹在台虎钳钳口中部,使钳口受力均匀;

(2) 当转动手柄夹紧工件时,绝不能接长手柄或用手锤敲击手柄,以免台虎钳丝杠或螺母损坏;

(3) 夹持工件的光洁表面时,应垫铜皮或铝皮加以保护。

8.2　钳工工艺

8.2.1　划线

根据图纸的尺寸要求,用划线工具在毛坯或半成品工件上划出待加工部位的轮廓线或作出基准点、线的操作称为划线。生产中划线常作为铸造毛坯切削加工前的准备工序。划线精度是保障工件加工质量的前提,如果划线误差太大,会造成整个工件的报废。

1. 划线的作用

(1) 划好的线作为加工工件或工件安装定位的依据;

(2) 检查毛坯的形状、尺寸是否合乎图纸要求,并确定工件加工表面的加工余量和位置。

2. 划线种类

(1) 平面划线:指在工件的一个平面上划线的方法,如图 8-3(a)所示。

(2) 立体划线:指在工件的几个相互垂直或倾斜的平面上划线的方法,如图 8-3(b)所示。

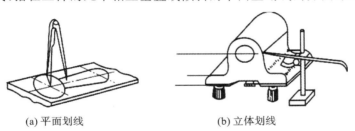

(a)平面划线　　　　　　　　　(b)立体划线

图 8-3　划线方法

3. 划线工具

划线工具有很多,常见的划线工具如图 8-4 所示。按用途分,划线工具分为以下四类。

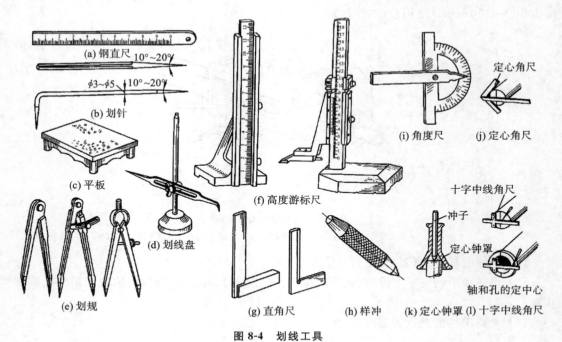

图 8-4　划线工具

(1) 基准工具:划线平板、划线方箱等;

(2) 测量工具:高度游标尺、钢尺、直角尺等;

(3) 绘划工具:划针、划规、划卡、划针盘、样冲等;

(4) 夹持工具:V 形铁、千斤顶等。

4. 划线基准

基准是零件上用来确定其他点、线、面位置依据的点、线、面。作为划线依据的基准,称为划线基准。划线时,在零件的每一方向的尺寸中都需要选择一个基准,因此,平面划线时一般要选择两个划线基准,而立体划线时,一般要选择三个划线基准。

如果工件上有重要孔需要加工,一般选择该孔的中心线为划线基准,如图 8-5(a) 所示,轴承座铸件划线时以轴承孔两条垂直的中心线为划线基准;如果工件上部分表面已经加工,则应以已加工面作为划线基准,如图 8-5(b) 所示,以两个互相垂直的已加工面作为基准。

5. 划线步骤

(1) 研究图纸,确定划线基准,详细了解需要划线的部位、部位的作用和需求及有关的加工工艺。

(2) 初步检查毛坯的误差情况,去除不合格毛坯。

(3) 工件表面涂色。

(4) 正确安放工件和选用划线工具。

(5) 划线。

(6) 详细检查划线的精度以及线条有无漏划。

(7) 在线条上打样冲眼。

图 8-6 所示为轴承座零件立体划线示例。

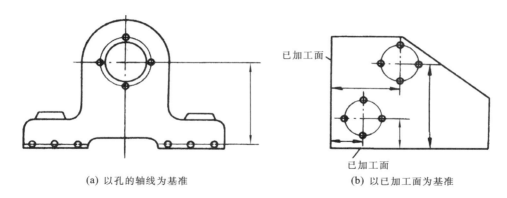

(a) 以孔的轴线为基准   (b) 以已加工面为基准

图 8-5 划线基准

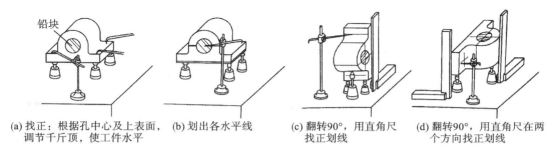

(a) 找正：根据孔中心及上表面， (b) 划出各水平线 (c) 翻转90°，用直角尺 (d) 翻转90°，用直角尺在两
    调节千斤顶，使工件水平   找正划线   个方向找正划线

图 8-6 立体划线示例

8.2.2 锯削

用手锯锯断金属材料或在工件上锯出沟槽的操作称为锯削。

1. 锯削工具

手锯是锯削最常用的主要工具，由锯弓和锯条组成。

锯弓的形式有两种，即固定式和可调式，如图 8-7 所示。固定式锯弓的长度不能变动，只能使用单一规格的锯条，可调式锯弓可使用不同规格的锯条，故目前应用广泛。

锯条用碳素工具钢或低合金工具钢制成，经淬火和低温回火后，硬度达到 60～62 HRC。常用手工锯条尺寸为 300 mm×12 mm×(0.6～0.8) mm，其锯齿结构如图 8-8 所示。锯齿排列呈左右错开状，防止在锯削时锯条夹在锯缝中，同时可以减小锯削的阻力和便于排屑。

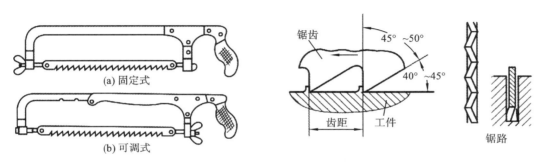

(a) 固定式

(b) 可调式

图 8-7 锯弓   图 8-8 锯齿结构

锯条的粗细及其应用见表 8-1。

表 8-1　锯齿的粗细及其应用

类型	每 25 mm 长度内的齿数	应　　用
粗齿	14～18	锯软钢、铜、铝等材料的工件
中齿	22～24	锯普通钢、铸铁等材料的工件
细齿	32	锯硬钢板材及薄壁管子

2. 锯削操作

1) 锯条和工件的安装

锯条安装时,锯齿要朝前,不能反装。锯条安装松紧要适当。

工件一般用台虎钳安装。工件常夹在台虎钳的左边,避免操作时左手与台虎钳相碰。夹持应该牢固,防止工件松动。工件伸出钳口的部分不要太长,以免在锯削时引起工件抖动。

2) 起锯方法

起锯方法有远边起锯和近边起锯两种(见图 8-9)。一般情况下采用远边起锯,因为此时锯齿是逐渐切入材料,不易被卡住,起锯比较方便。起锯角 α 以 15°为宜。为使起锯准确平稳,可用左手大拇指挡住锯条来定位。起锯时压力要小,往返行程要短,速度要慢,这样可使起锯平稳,锯条要与工件表面垂直。锯成锯口后,逐渐将锯弓改成水平方向。

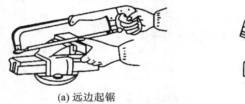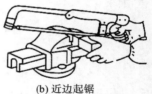

(a) 远边起锯　　　　　　　　　(b) 近边起锯

图 8-9　起锯的方法

3) 锯削方法

如图 8-10 所示,右手握稳锯柄,左手扶在踞弓前端。锯削时,锯弓做往复直线运动,不应出现摇摆现象,防止锯条断裂。前推时两手均匀施压,返回时锯条应轻轻滑过加工表面。锯削速度不宜过快,每分钟 20～40 次。应使锯条全长的 2/3 部分参与锯切工作,以防锯条中部迅速磨钝。锯削时推力和压力主要由右手控制。快锯断时,用力要轻,以免碰伤手臂。为了润滑和散热,适当加些润滑剂,如钢件用机油、铝件用水等。

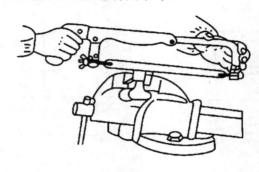

图 8-10　锯削的姿势

8.2.3　锉削

用锉刀对工件表面进行切削的操作称为锉削。可锉平面、曲面、内外圆弧面、内孔、沟槽和各种形状复杂的表面,还可用于成形样板、模具、机器装配、维修时工件的修整等。锉削后表面粗糙度 Ra 可达 0.8 μm。

1. 锉刀

锉刀常用 T12、T13 碳素工具钢制成,并经淬火、回火处理,硬度达到 60～62 HRC。

锉刀由工作部分和锉柄两部分组成(见图 8-11)。锉削工作是由锉面上的锉齿完成的,锉刀的齿形及其锉削原理如图 8-12 所示。

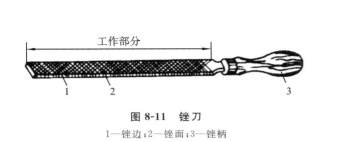

图 8-11　锉刀
1—锉边;2—锉面;3—锉柄

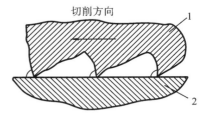

图 8-12　锉刀齿形、锉削原理
1—锉刀;2—工件

锉刀按用途分为普通锉刀、特种锉刀及整形锉刀等。普通锉刀用于一般工件表面的锉削,按其截面形状又可分为平锉、方锉、三角锉、半圆锉和圆锉等五种(见图 8-13)。特种锉刀用于加工各种特殊表面。整形锉刀又叫什锦锉,用于修整工件细小部位及进行精密工件的加工。

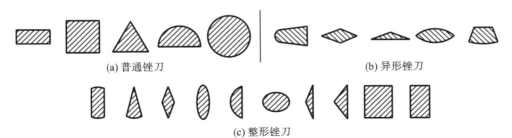

(a) 普通锉刀　　　　　　　　　　(b) 异形锉刀

(c) 整形锉刀

图 8-13　锉刀截面形状

锉刀按齿纹形式分为单齿纹锉刀和双齿纹锉刀。按齿纹粗细分为粗(齿)锉、中(齿)锉、细(齿)锉、双细(齿)锉和油光锉五种。一般用粗锉进行粗加工和有色金属的加工;用中锉进行粗锉后的加工,主要锉钢、铸铁等材料;用细锉来锉光表面或锉硬材料;用油光锉修光表面。

2. 锉削的操作

1) 工件的装夹

工件必须牢固地装夹在台虎钳的中部,并略高于钳口。夹持已加工表面时,应在钳口与工件之间垫以铜片或铝片。

2) 锉刀的使用方法

使用大平锉时,应用右手握住锉刀柄,左手压在锉刀另一端,并使锉刀保持水平;锉削时,右手推动锉刀,并控制推动方向,左手协同右手使锉刀保持平衡(见图 8-14(a))。使用中型锉刀时,右手握法与大锉刀握法相同,左手用大拇指和食指捏住锉刀前端;使用小锉刀时,右手食指伸直,拇指放在锉刀木柄上面,食指靠在锉刀的刀边,左手几个手指压在锉刀中部(见图 8-14 (b))。

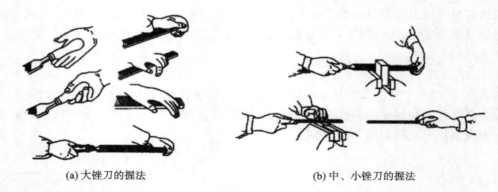

(a) 大锉刀的握法　　　　　　　　　　　　　(b) 中、小锉刀的握法

图 8-14　锉刀的握法

锉削时施力的变化如图 8-15 所示。锉刀前推时加压,并保持水平,返回时不加压力,以免磨钝锉齿和损伤已加工表面。

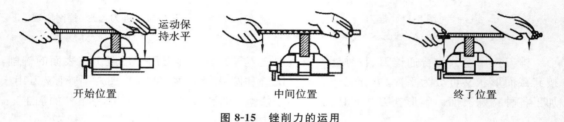

开始位置　　　　　　　　　　中间位置　　　　　　　　　　终了位置

图 8-15　锉削力的运用

3. 锉削加工方法

粗锉时可用交叉锉法(见图 8-16),此法锉痕交叉,去屑较快;交叉锉削后,再用顺向锉法,进一步锉光平面;平面基本锉平后,在余量很少的情况下,可用细锉或光锉以推锉法修光平面。推锉法一般用于锉光较窄的平面。

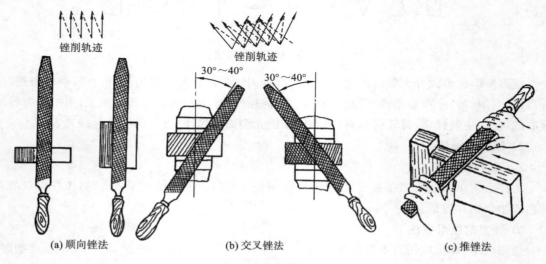

(a) 顺向锉法　　　　　　　　(b) 交叉锉法　　　　　　　　(c) 推锉法

图 8-16　平面锉削的方法

8.2.4　孔的加工

有些零件外形复杂,不便于在车、镗、铣等机床上装夹,这些零件上的孔加工常由钳工完成(见图 8-17)。钳工的钻孔、扩孔、铰孔等工作多在钻床上进行。

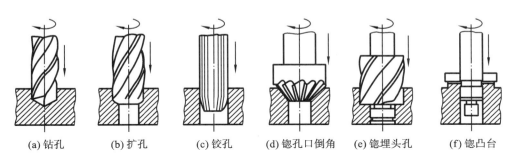

(a) 钻孔　　(b) 扩孔　　(c) 铰孔　　(d) 锪孔口倒角　　(e) 锪埋头孔　　(f) 锪凸台

图 8-17　在钻床上加工孔的方法

1. 钻床

钻床主要有台式钻床、立式钻床和摇臂钻床等。在钻床上钻孔时,工件固定不动,钻头旋转并做轴向移动。

1) 台式钻床

台式钻床是一种放在台桌上使用的小型钻床(见图 8-18),其结构简单,小巧灵活、使用方便。钻削时,钻头随主轴的旋转为主运动,用手旋动进给手柄,使钻头沿轴线移动做进给运动。一般只能加工小型零件上的直径小于 12 mm 的小孔。

2) 立式钻床

立式钻床由机座、进给手柄、立柱、电动机、主轴变速箱、进给箱、主轴、工作台等组成(见图 8-19)。其规格用最大钻孔直径表示,常用的有 25 mm、35 mm、40 mm、50 mm。

立式钻床适用于单件小批生产加工中小型工件上的孔。

2. 钻孔

钻孔是用钻头在实体材料上直接加工孔的方法。钻孔最常用的刀具是麻花钻(见图 8-20),它由柄部、颈部、导向部分和切削部分组成。

柄部是用来夹持并传递扭矩的,一般钻头直径小于 12 mm 时为直柄,钻头直径大于 12 mm 时为锥柄。麻花钻的前端为切削部分,有两个对称的主切削刃,两条主切削刃的夹角通常为 $2\varphi=116°\sim118°$,钻头的顶部有横刃。导向部分有两条对称的螺旋槽和刃带,螺旋槽的作用是形成切削刃、排屑和输送切削液,刃带的作用是导向和减少与孔壁的摩擦。

由于钻头刚度低、导向性不好、切屑不易排出等,钻孔的加工精度一般在 IT10 以下,Ra 为 12.5 μm 左右,属于粗加工。对于精度要求不高的孔,如螺栓孔、油孔及螺纹底孔等,通常直接钻孔加工即可;精度要求较高的孔,则需进行孔的半精加工或精加工。

3. 扩孔

扩孔是用扩孔钻对工件上已有孔的进一步加工,提高孔精度、降低表面粗糙度。扩孔的加工余量一般为 0.2～4 mm。

扩孔钻的形状与钻头相似,不同的是扩孔钻有 3～4 个切削刃,且没有横刃,其顶端是平的,螺旋槽较浅,故钻芯粗实、刚度高,不易变形,导向性好,切削平稳,加工精度较高(见

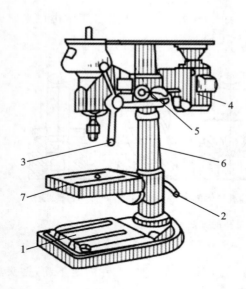

图 8-18　台式钻床

1—机座；2—工作台锁紧手柄；3—进给手柄；
4—电动机；5—锁紧手柄；6—立柱；7—工作台

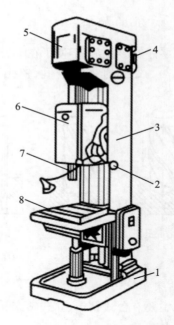

图 8-19　立式钻床

1—机座；2—进给手柄；3—立柱；4—电动机；
5—主轴变速箱；6—进给箱；7—主轴；8—工作台

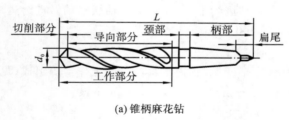

(a) 锥柄麻花钻　　　　　　(b) 直柄麻花钻

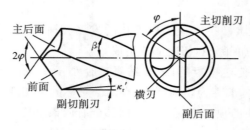

(c) 钻头

图 8-20　麻花钻的结构

图 8-21）。

扩孔属于半精加工，其尺寸精度可达 IT10～IT9，Ra 可达 6.3～3.2 μm。

4. 铰孔

铰孔是用铰刀对孔进行精加工的切削方法。铰孔加工精度为 IT8～IT6，粗铰孔的 Ra 值为 3.2～1.6μm，加工余量为 0.10～0.35 mm；精铰孔的 Ra 值为 0.8～0.4μm，加工余量只有 0.04～0.06 mm。

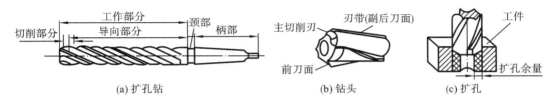

(a) 扩孔钻　　　　　　　　　　(b) 钻头　　　　　　　　(c) 扩孔

图 8-21　扩孔钻及扩孔

铰刀分为手用铰刀和机用铰刀(见图 8-22)。铰刀一般有 6～12 个切削刃,没有横刃,它的刚度、导向性更高,其工作部分由切削部分和修光部分组成,切削部分呈锥形,担负着切削工作,修光部分除起修光作用外,还起导向作用。

铰孔时,一般切削速度较低,进给量较大,同时要使用切削液。铰刀不能倒转,以免孔壁划伤或切削刃崩裂。

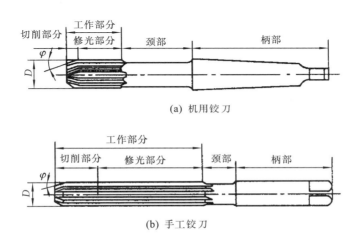

(a) 机用铰刀

(b) 手工铰刀

图 8-22　铰刀结构

5. 锪削加工

在孔口表面用锪钻加工出一定形状的孔或凸台平面方法叫锪削。锪削分锪孔和锪平面见图 8-16(d～f)。

(1) 锪圆柱形埋头孔　用带导柱的平底锪钻加工,锪钻的端刃主要起切削作用,周刃作为副刃起修光作用,导柱与原有孔配合起定心作用,保证了埋头孔与原有孔同轴度要求。

(2) 锪锥形埋头孔　用外圆锥面锪钻加工,锥面锪钻有 $60°$、$90°$、$120°$ 等几种形式,其中 $90°$ 锥面锪钻应用最广。

(3) 锪平面　锪孔端平面采用带导柱的平底锪钻,可以保证锪出的平面与孔轴线垂直。锪不带孔的平面或凸台时,可使用一般端面锪钻加工。

8.2.5　螺纹的加工

用丝锥在圆孔内加工出内螺纹的操作,称为攻螺纹;用板牙在圆杆上加工出外螺纹的操作,称为套螺纹。

1. 攻螺纹

(1) 攻螺纹工具　丝锥是用来攻内螺纹的刀具(见图 8-23(a))。其工作部分由切削部分与校准部分组成,切削部分的牙齿不完整,且逐渐升高。M3~M20 手用丝锥多为两支一组,称头锥和二锥,头锥有 5~7 个不完整的牙齿,二锥有 1~2 个不完整的牙齿。校准部分的作用是引导丝锥和校准螺纹牙型。

(2) 攻螺纹前底孔的直径和深度　攻螺纹主要是切削金属,但也有挤压金属的作用。因此攻螺纹前的底孔直径(即钻孔直径)必须大于螺纹标准中规定的螺纹内径。

确定底孔直径 d_0 的方法,可查表或用经验公式计算:

对钢料及韧性金属,$d_0 \approx D - P$;

对铸铁及脆性金属,$d_0 \approx D - (1.05 \sim 1.1)P$ 　(d_0 为底孔直径,D 为螺纹大径,P 为螺距)。

攻盲孔的螺纹时,丝锥不能攻到底,所以钻孔深度要大于螺纹长度。一般,钻孔深度按下式计算:

$$钻孔深度 = 所需螺纹孔长度 + 0.7D$$

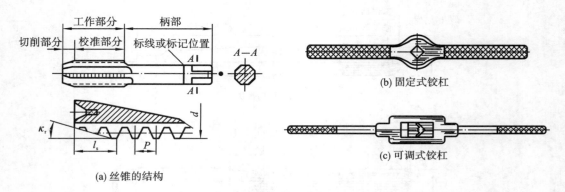

图 8-23　丝锥和铰杠

(3) 攻螺纹操作步骤　①先将钻孔端面孔口倒角,以利于丝锥切入。②丝锥旋入 1~2 圈,检查丝锥是否与孔端面垂直,然后继续使铰杠轻压切入。②当丝锥的切削部分已经切入工件后,可只转动而不加压,每转 1 圈应反转 1/4 圈,以便切屑断落。③攻完头锥再继续攻二锥、三锥。每更换一锥,先要用手旋入 1-2 圈,扶正定位,再用铰杠,以防乱扣。

攻钢料螺纹时应加机油润滑,攻铸铁件时应加煤油,可使螺纹光洁,并延长丝锥寿命。

2. 套螺纹

(1) 套螺纹工具　板牙是用来加工或校准外螺纹的刀具(见图 8-24(a))。其由切削部分、定径部分、排屑孔(一般有三四个)组成,圆板牙螺孔的两端有 60° 的锥度部分,起主要的切削作用,定径部分起修光作用。

板牙架是用来夹持板牙、传递扭矩的工具(图 8-24(b))。

(2) 套螺纹前圆杆的直径　圆杆直径 d_0 可用经验公式计算:$d_0 \approx D(螺纹大径) - 0.13P$(螺距)。

(3) 套螺纹操作要点　套螺纹时,板牙需用板牙架夹持并用螺钉紧固,工件伸出钳口的长度,在不影响螺纹长度的前提下,应尽量短一些,套螺纹的操作与攻螺纹相似,不再详叙。

3. 攻螺纹与套螺纹的操作要点

起攻、起套要从前后、左右两个方向观察与检查,及时进行垂直度的找正。这是保证攻螺

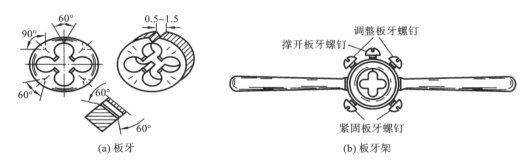

(a) 板牙　　　　　　　　　　　　(b) 板牙架

图 8-24　板牙和板牙架

纹、套螺纹质量的重要操作步骤。

　　特别是套螺纹,由于板牙切削部分圆锥角较大,起套的导向性较差,容易产生板牙端面与圆杆轴心线不垂直的情况,造成烂牙(乱扣),甚至不能继续切削。

8.2.6　钳工实习指导

1. 实习目的

(1) 了解钳工的特点、加工范围、应用和安全操作要求;

(2) 了解钳工基本操作方法;

(3) 了解台钻、立钻的结构组成、加工范围和应用;

(4) 学会对简单工件进行划线、锯切、锉削、钻孔和攻螺纹等加工和测量。

2. 实习内容

(1) 学习钳工概述与安全注意事项。

(2) 学习划线、锯切、锉削、钻孔、攻螺纹等的操作使用。

(3) 按要求加工榔头(见图 8-25)或小作品(见图 8-26)。

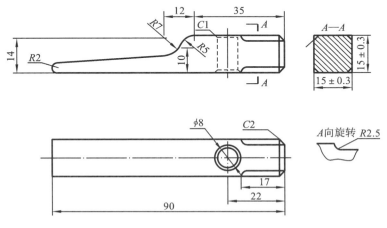

图 8-25　榔头作品形状及尺寸要求

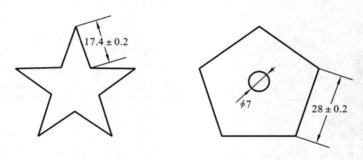

图 8-26　小作品形状及尺寸要求

8.3　装配与拆卸

装配是指将构成机器的所有零部件,根据产品装配图或装配工艺系统图的要求,用装配工艺规程所规定的装配方法和装配顺序,先将零件和部件进行配合和连接,使其成为成品或半成品,然后再对其进行调整、检测及检验等,以达到产品验收技术标准的要求而成为合格产品的全过程。装配是机器制造过程中的最后一个主要生产环节,装配质量很大程度上决定机器的最终质量。

装配可分为组件装配、部件装配和总装配。

（1）组件装配　将若干个零件安装在一个基础零件上而构成组件。如车床主轴箱内各传动轴及其上安装的轴承、齿轮等即为组件。

（2）部件装配　将若干个零件、组件安装在另一个基础零件上而构成一个独立的部件。将主轴箱各传动轴组件等装配在箱体上,即成为主轴箱部件。

（3）总装配　将若干个零件、部件、组件安装在产品的基础零件上而构成产品。如将主轴箱、进给箱等安装在床身上而构成车床。

8.3.1　装配工艺过程

1. 装配前的准备

（1）研究和熟悉装配图、技术要求和各种工艺文件,了解产品的结构和零件的作用,以及零件相互间的连接关系。按拆卸可能性和活动情况,零件之间的连接有四种形式:①不可拆卸的固定连接,如焊接、铆接、胶接;②可拆卸的固定连接,如用螺纹紧固件固定;③不可拆卸的活动连接,如滚动轴承的连接;④可拆卸的活动连接,如转动轴和轴承的连接。

（2）准备所需的工具、夹具及设备等。

（3）清洗和清理工作。

2. 装配

按照装配工艺规程划分的装配单元,按组件装配—部件装配—总装配的次序进行装配。

3. 调整、检验及试车

（内容略。）

4. 喷漆、涂油、包装并入成品库

（内容略。）

8.3.2　装配实例

1. 螺纹连接件的装配

螺纹连接是最常用的一种可拆卸的固定连接,其连接方式主要有螺栓连接、双头螺栓连接、螺钉连接、螺钉固定、圆螺母固定等。螺纹连接具有结构简单、连接可靠及拆装调整和更换方便等优点。

螺纹连接常用的零件有螺栓、螺钉、螺母、紧定螺钉及各种专用螺纹紧固件。常用的工具有扳手、螺丝刀等。

2. 齿轮件的安装

一般齿轮与轴之间是靠键连接传递运动和动力的。安装齿轮时,先将平键轻轻地打入轴上键槽内,然后再将齿轮压装在轴上,最后安装齿轮侧面的定位挡圈或定位套。

若使用钩头键则先将齿轮套好,使齿轮孔上的键槽与轴上的键槽对正,然后将钩头键打入键槽,才有一定的楔紧力。

3. 轴承件的安装

轴承有很多种类型,对装配要求较高,这里仅介绍向心球轴承的装配。

向心球轴承的配合多数为较小的过盈配合,常用手锤或压力机压装。为了使轴承圈受力均匀,常用垫套加压装配:将轴承压到轴上时应施力于轴承内圈端面(见图 8-27(a));将轴承压入座孔中时应施力于轴承外圈端面(见图 8-27(b));若将轴承同时压到轴颈和座孔内,则内、外圈端面应同时受压(图 8-27(c))。如果轴承与轴的装配是较大的过盈配合时,应将轴承吊在 80～90 ℃的热油中加热,然后趁热施压装入(即热装)。

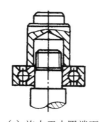  

(a) 施力于内圈端面　　　　(b) 施力于外圈端面　　　　(c) 施力于内外圈端面

图 8-27　滚动轴承件的装配

4. 锥齿轮轴组件的装配

锥齿轮轴组件的装配图如图 8-28 所示,其装配工艺过程如下。

(1) 根据锥齿轮轴装配图,将零件编号并对号计件。

(2) 对零件进行清洗和清理,以去除油污、灰尘、锈蚀及毛刺等。

(3) 根据各零件结构特点及相互间的位置关系,确定装配顺序及基准零件,该装配单元是以锥齿轮轴作为基准零件,其他零件或套件依次装配其上,如图 8-29 所示。

(4) 根据装配单元系统图、装配图检验各零件、套件的装配是否正确,并根据技术要求检验装配质量。

8.3.3　拆卸

拆卸是装配的相反过程。机器经过长期使用,需要对其进行拆卸检查和修理。拆卸要求

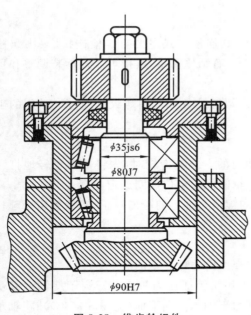

图 8-28　锥齿轮组件

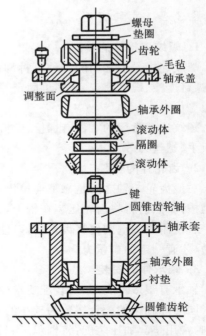

图 8-29　锥齿轮组件装配顺序

如下：

（1）拆卸前，要先熟悉图纸，对机器零部件的结构、连接方式和装配关系等了解清楚；然后确定拆卸的方法和顺序。防止盲目拆卸、猛破乱拆，造成零件的损伤或变形。

（2）拆卸必须遵循"恢复样机"的原则，必须考虑在装配时，如何尽可能地保护原样机的完整性、精确度和密封性等。

（3）拆卸的顺序一般与装配的顺序相反，即先装的零件后拆，后装的零件先拆；先拆紧固件，后拆其他件；并按先外后里、先上后下的顺序拆卸。

（4）对于成套加工或不能互换的零件，拆卸时要做好标记，拆下后尽可能按原结构组合在一起。若有条件，应对拆卸过程进行拍照和录像。

（5）螺钉、螺母、垫圈等，拆下后按尺寸规格放入带标志的木盒内，防止丢失或错乱。

（6）对丝杠、长轴类零件，必须将其吊起，防止变形。紧固件上的防松装置（如开口销），拆卸后一般要更换，避免这些零件再次使用时折断而造成事故。

（7）拆卸时，使用的工具必须保证对合格零件不会产生损伤，严禁使用手锤直接在要件表面上敲击。

8.3.4　装配实习指导

1．实习目的

（1）了解汽车发动机的结构、工作原理和过程。

（2）了解装配在发动机生产中的地位和重要性。

（3）了解发动机的拆卸和装配顺序和要求。

（4）学会常用拆卸和装配工具的使用。

（5）培养团队协作的精神。

2. 实习内容

（1）学习装配概述、发动机拆装安全操作规程。

（2）按要求拆解发动机。

（3）学习发动机的总成及其功能、工作原理和过程。

（4）学习并按要求还原装配好的发动机。

①装配缸盖总成的气门挺柱时，了解调整装配法。

②在装油封时，油封唇部需涂上适量机油。

③装飞轮时，飞轮螺栓的拧紧需遵循一定的顺序及力矩要求。

④装发动机活塞连杆总成时，强调注意活塞和气缸编号须一一对应。

⑤装气缸盖总成时，注意不得漏装气缸垫，缸盖螺栓的拧紧须按照一定的顺序且须分多次加力拧紧。

复习思考题

1. 钳工操作有何优点和缺点？

2. 划线有何作用？常用的划线工具有哪些？划线类型有几种？分别加以说明。

3. 在钻床上钻孔与在车床上钻孔有何不同？

4. 活塞连杆组件的装配应注意哪些事项？

5. 简述四冲程发动机的基本工作原理。

6. 曲柄连杆机构由哪些零件组成？其作用是什么？绘制其简图。

第 3 篇　先进制造技术实习

第 9 章　数控加工基础

9.1　数控加工原理与基础

数控技术是指利用数字或数字化信息构成的程序对控制对象的工作过程进行自动控制的一门技术,简称数控(numerical control,NC)。数控技术集成了机械制造技术、信息处理技术、实时控制技术、伺服驱动技术、传感器技术和软件技术等方面的最新成果,是一种特殊的和多用途的柔性自动化技术,尽管其最初是为了控制机床的操作与刀具轨迹运动发展起来的,但其应用可覆盖到许多领域。

9.1.1　数控机床的组成与原理

数控机床是指采用数字控制技术对机床的加工过程进行自动控制的一类机床。现代数控系统都是以计算机为核心的,因此可称为 CNC(computer numerical control)机床。数控机床一般由输入输出装置、数控装置、可编程控制器(PLC)、伺服驱动装置、机床本体及辅助装置、测量反馈装置组成。图 9-1 是数控机床的组成及原理框图。

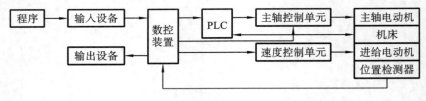

图 9-1　数控机床的组成

1. 输入输出装置

数控机床加工零件,必须编制加工程序。零件加工程序包括机床上刀具和工件的相对运动轨迹(起点、终点、直线、圆弧等)、切削用量(主轴转速、进给速度等)和辅助运动(如换刀、变速、冷却液开关等)等,用规定的格式和代码表达出来。

输入装置将程序指令输入给数控装置。根据程序载体的不同,有多种不同的输入方式。如键盘手动输入、U 盘输入、CAD/CAM 系统直接通信方式输入及网络化远程输入等。为了适应柔性制造系统或计算机集成制造系统的发展,目前大多数数控装置具有网络通信功能,可以实现加工程序的高速、可靠传输和加工状态的实时反馈。

2. 数控装置

计算机数控装置是数控机床的核心,也是区别于普通机床最重要的特征之一。这一部分主要包括微处理 CPU、存储器、现场实时总线、外围逻辑电路以及与系统其他组成部分联系的接口等。其主要功能是将输入的数控加工程序,经数控系统进行译码、插补运算处理,产生位置和速度指令以及辅助控制信息等。

零件加工程序给出了刀具相对于工件运动路径的构成(直线的起点和终点、圆弧的起点和终点、圆心相对于起点的偏移量等),要控制刀具按理想轨迹和速度进行加工,必须进行插补运算处理。插补是指数据密化的过程。在对数控系统输入有限坐标点(如起点、终点)的情况下,系统根据线段的特征(直线、圆弧等),运用一定的算法,按照给定的进给速度值,自动地在有限坐标点之间生成一系列的中间点坐标数据,从而控制各坐标轴协调运动,加工出所要求的轮廓曲线。插补运算是数控的核心任务,要求在给定的微小时间内计算出中间点的坐标数据。

3. 可编程控制器

可编程控制器(programmable logic controller,PLC)是一种以微处理器为基础的通用型自动控制装置。现代数控机床的电器逻辑控制装置均采用 PLC,主要用于控制机床顺序动作,完成与逻辑运算有关的一些控制。它接收数控装置的控制代码 M(辅助功能)、S(主轴转速)、T(选刀、换刀)等顺序动作信息,对其进行译码,转换成对应的控制信号,控制机床辅助装置完成机床相应的开关动作,如工件的装夹、刀具的更换、冷却液的开关等一些辅助动作;同时接受机床操作面板按钮、各部件上行程开关等的指令,一方面直接控制机床的动作,一方面将一部分指令送往数控装置用于加工过程的控制。机床开关设备包括电磁阀、继电器、接触器,以及确保机床各运动部件状态的信号和故障指示等。

4. 伺服驱动装置

伺服驱动装置是数控机床的重要部件。伺服驱动装置由伺服驱动放大器和伺服电动机(步进电动机、直流伺服电动机和交流伺服电动机等)组成,与机床上的机械传动部件组成传动系统。主轴伺服驱动装置接收 PLC 的主轴运动指令,经功率放大后驱动主轴电动机转动;进给伺服驱动装置接收数控装置的指令,经功率放大后驱动进给电动机,完成位置和速度的控制。当几个进给轴实现联动时,就可以完成具有点位、直线、平面曲线,甚至空间曲线的复杂零件加工。

5. 机床本体及辅助装置

机床本体包括床身、主轴、进给机构、刀架及自动换刀装置等,以及液压气动系统、润滑系统、冷却装置等辅助装置。与传统机床相比,数控机床在整体布局、传动系统、刀具系统以及操作机构方面发生了很大变化,以满足高精度、高效率、连续自动加工的要求。

6. 测量反馈装置

测量反馈装置包括光栅、旋转编码器、激光测距仪等。它把机床各坐标轴的实际位移量检测出来,转换成电信号或者数字信号反馈给数控装置并与指令值比较产生误差信号,控制机床向消除该误差的方向运动。

9.1.2　数控编程的内容和步骤

1. 数控编程的步骤

数控编程的主要内容和步骤一般包括:分析零件图纸、确定加工工艺过程、数学处理、生成加工轨迹、编写程序、程序输入数控系统、程序校核和首件试切,如图 9-2 所示。

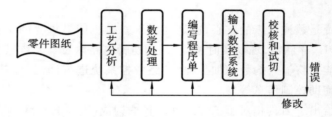

图 9-2　数控编程步骤

1)分析零件图纸

分析零件的材料、形状、尺寸、精度要求及毛坯形状和热处理工艺等,以便确定该零件是否适合在数控机床上加工,以及适合在哪种类型的数控机床上加工,同时明确加工的内容和要求。

2)确定加工工艺过程

在分析零件图纸的基础上,进行加工工艺分析。确定零件的加工方法、加工路线、切削用量及辅助功能。

3)数学处理

根据图纸上零件的尺寸和确定的加工路线、刀具半径补偿方式等,以设定的坐标系为基础,计算刀具的运动轨迹,得到刀位数据。对于形状简单的零件,将零件轮廓分解为直线和圆弧基本线条,计算出基本线条的起点、终点、圆弧的圆心和半径等;对于形状比较复杂的零件,需要用直线段或圆弧段逼近,根据加工精度的要求计算出节点坐标值,这种数值计算一般在计算机上完成。

4)编写程序

根据确定的加工路线、选用的刀具、辅助动作和计算的刀位数据,按照数控系统规定的指令代码和程序格式,编写零件加工程序。

5)程序输入数控系统

将编写好的程序经输入装置输入到数控系统。

6)程序校核和首件试切加工

零件加工程序输入系统后,必须先经过校核,再进行首件试切加工后才能正式使用。校核一般是在数控机床上进行空运转,以检验机床动作和运动轨迹的正确性,也可通过仿真模拟机床加工过程进行校核。

校核可以检验运动是否正确,但不能检验出零件加工精度,因此要进行零件的首件试切。当发现有加工误差时,分析误差产生的原因,并加以修正,直至加工出满足要求的零件为止。

2. 数控编程方法

数控编程的方法一般有两种:手工编程和自动编程。

1)手工编程

从零件图纸分析、工艺分析、数学处理、编写程序、输入程序直至程序校核等各个步骤均由手工完成。手工编程适合于形状简单的点位加工和直线、圆弧组成的平面轮廓加工,数控编程计算较简单,程序段不多。但对于轮廓形状复杂,尤其是空间曲面组成的零件,或零件的几何元素并不复杂,但程序量很大的零件,编程时数值计算烦琐,工作量大,容易出错且校核困难,手工编程则难以完成,必须采用自动编程。

2）自动编程

自动编程是在计算机辅助三维造型设计的基础上,利用图形交互式编程系统软件(如UG、Mastercam 等),采用人机交互的方式设定相关加工工艺参数,然后自动生成数控加工程序。自动编程提高了编程效率和质量,同时解决了手工编程中计算烦琐、编程困难或无法完成的编程难题。

9.1.3　数控机床的分类

数控机床的种类繁多,可以从多种角度进行分类。

1. 按所控制的联动坐标轴数分类

数控机床运动部件能实现两轴或两轴以上的联动加工,它不仅要控制机床运动部件的起点和终点,而且要控制整个加工过程中每一点的速度和刀具通过的时刻,以加工出任意斜线、圆弧、抛物线及其他曲线或曲面。目前,除少数专用控制系统外,现代数控系统都具有轮廓控制功能。根据它所控制的联动坐标轴数的不同,可分为两轴、两轴半、三轴、四轴、五轴联动等。所谓联动插补计算,就是要使刀具的刀位点在指定时刻以指定速度通过指定的任意空间点。

2. 按伺服系统控制方式分类

(1) 开环伺服系统　　开环伺服系统的控制系统不带反馈装置,伺服驱动元件常为步进式电动机。如图 9-3 所示为开环控制系统的示意图,数控装置发出的脉冲指令通过步进驱动电路,使步进电动机转过一定的角度,再经过传动机构带动工作台或刀架移动。由于控制精度较低,目前,该系统多用于经济型数控机床或对旧机床的改造。

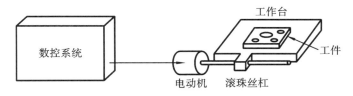

图 9-3　开环控制系统示意图

(2) 闭环控制数控机床　　闭环控制数控机床在机床最终的运动部件的相应位置安装直线或回转式位置检测装置,伺服驱动装置不仅接收数控系统的指令位置,还同时接收由检测装置测出的实际位置反馈信息,根据比较的差值控制运动部件,从而使运动部件严格按实际需要的位移量运动,如图 9-4 所示。闭环控制数控机床精度高,但是其控制系统复杂,调试和维修都比较困难。主要用于高精度的数控镗铣床、数控超精车床、数控磨床等。

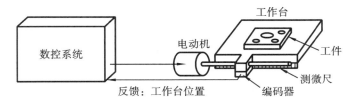

图 9-4　闭环控制系统示意图

(3) 半闭环控制数控机床　　半闭环控制数控机床在伺服电动机轴或数控机床的传动丝杠上安装角位移检测装置,通过检测电动机轴或丝杠的转角间接地检测出运动部件的位移,就构成了半闭环控制系统,如图 9-5 所示。系统中滚珠丝杠螺母副和工作台均在位置检测反馈环路之外,容易获得稳定的运动控制特性。目前大多数数控机床都采用半闭环控制系统。

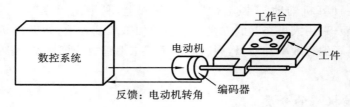

图 9-5　半闭环控制系统示意图

3. 按工艺用途分类

(1)金属切削类机床　金属切削类机床包括普通数控机床(如数控车床、数控铣床、数控磨床等)和加工中心。加工中心带有刀库和自动换刀装置,工件可在一次装夹中完成铣、钻、镗、攻螺纹等多工序加工。

(2)金属成形类机床　金属成形类机床如数控冲床、数控旋压机、数控弯管机等。

(3)特种加工类机床　特种加工类机床如数控线切割机床、数控电火花成形机床、数控激光切割机床等。

9.1.4　数控机床的特点

与普通机床相比,数控机床具有以下主要特点。

1. 可以获得更高的加工精度和质量

数控系统每输出一个脉冲,机床移动部件的位移量称为脉冲当量 δ,普通数控机床的脉冲当量一般为 0.01 mm,较精密的机床脉冲当量为 0.001~0.005 mm。其运动分辨率远高于普通机床;数控机床机械传动件精度高;加工精度还可以利用软件来进行校正和补偿,因此可以获得比机床本身精度还要高的加工精度及重复精度,加工质量稳定。

2. 能加工普通机床难以完成或不能加工的复杂零件

数控机床能实现多坐标轴的联动,可以加工如凸轮、发动机叶片等复杂零件。

3. 生产效率高

数控机床结构刚度高,可以采用较大的切削用量,加工辅助操作时间短,生产效率高。

4. 适应性强

一般借助通用工夹具,只需更换程序即可适应不同工件的加工,为单件、小批量新品种加工和产品结构更新换代提供了便利。

5. 便于实现自动化、网络化、智能化

数控机床是机械加工自动化的基本设备,采用数字信息和标准化代码输入并具有通信接口的数控机床可实现网络通信,构建工业控制网络,从而实现自动化生产过程的计算、管理和控制。

9.2　数控编程

9.2.1　数控机床坐标系

在数控加工过程中,为表示数控机床各运动部件的运动方向和移动距离,必须在机床上建立坐标系,称为数控机床坐标系。为了简化编制程序的方法和保证程序的通用性,对数控机床的坐标系制订了统一的标准。

1. 数控机床坐标轴和运动方向的确定

1）基本原则

数控机床的标准坐标系采用笛卡儿直角坐标系。X、Y、Z 基本坐标轴的关系及其正方向用右手定则判定;围绕 X、Y、Z 轴的回转运动坐标轴分别用 A、B、C 表示,其正方向用右手螺旋法则判定。如图 9-6 所示。

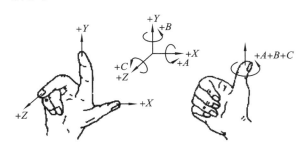

图 9-6　右手直角坐标系统

由于不同类型机床的结构不同,为编程方便,采用假定工件固定不动,刀具相对工件运动的原则来建立机床的坐标系。机床坐标系中各坐标轴的正方向总是指向增大工件和刀具之间距离的方向。

2）机床坐标轴的确定

确定机床坐标轴时,一般先确定 Z 轴,再确定 X 轴,然后用右手定则确定 Y 轴。实践中常用的数控卧式车床和数控立式铣床的坐标系如图 9-7、图 9-8 所示。

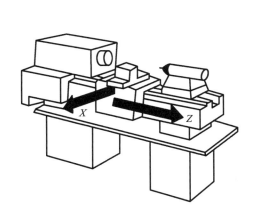

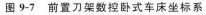

图 9-7　前置刀架数控卧式车床坐标系

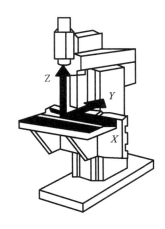

图 9-8　数控立式铣床坐标系

（1）Z 轴　通常取机床主轴轴线为 Z 轴,正方向规定为增大刀具和工件之间距离的方向。

（2）X 轴　X 轴为水平方向并平行于工件装夹面。在车床上(工件旋转),X 坐标轴的方向在工件的径向上,取刀具远离工件的方向为正方向。在立式铣床上(刀具旋转),由主轴向立柱看,X 轴正方向指向右方。

（3）Y 轴　当 X、Z 轴确定后,按右手定则确定 Y 轴正方向。

（4）A、B、C 旋转运动轴　　A、B、C 轴轴线分别平行于 X、Y、Z 轴，其正方向相应地表示在 X、Y、Z 坐标轴正方向上按右旋螺纹前进的方向。

标准坐标系是按刀具相对于工件运动的原则命名的。考虑到刀具与工件是一对相对运动，用带"′"的坐标表示工件相对于刀具运动的坐标系，工件运动的正方向与刀具运动的正方向正好相反。

2. 机床坐标系

以机床原点为坐标系原点建立起来的直角坐标系称为机床坐标系。机床坐标系是机床上固有的坐标系，是用来确定工件坐标系的基本坐标系。机床原点在机床说明书中均有规定，一般利用机床机械结构的基准线来确定。与机床坐标系相关的另一个点为机床参考点。它是机床各运动轴在各自正方向自动退至极限的一个固定点，由限位开关精确定位。该参考点在机床坐标系中的坐标值已由机床参数设定，可以与机床原点重合也可以不重合。

对于相对式编码器来说，数控机床上电时并不知道机床原点的位置，是通过确认机床参考点来确认机床原点的。因此，机床启动时，一般要进行自动或手动回参考点操作，即机床回参考点的过程就是机床坐标系的建立过程。此外，机床使用一段时间后，工作台会造成一些漂移，导致加工误差，回机床参考点，就可以使机床的工作台回到准确位置，消除误差。所以在机床加工前，经常要进行回机床参考点的操作。

3. 工件坐标系

1）工件坐标系原点

建立工件坐标系的目的是为了编程方便。编程人员以工件图纸上的某一点为原点建立坐标系，用来确定工件上各几何要素的位置，其坐标轴及方向与机床坐标系一致。工件坐标系原点称为工件原点或编程原点，一般选择工件图纸上的设计基准作为编程原点，如回转体零件的端面中心、对称图形的中心、非回转体零件的角边。

工件坐标系和机床坐标系之间的相互位置关系是通过对刀来确定的。对刀就是要将刀位点准确地定位到起刀点的位置上。刀位点是确定刀具位置的基准点（如图 9-9，尖形车刀刀位点为刀尖，钻头刀位点为钻尖，平头立铣刀刀位点为端面中心）。程序起点即刀具刀位点相对于工件原点的位置，是刀具相对于零件运动的起点。对刀就是通过定义刀位点与工件原点的相对位置来确定工件在机床坐标系中的正确位置。

工件原点与机床原点间的距离称为工件原点偏置，在加工前预存到数控系统中，加工时，工件原点偏置量自动加到工件坐标系上，使机床实现准确的轨迹运动。图 9-10 所示为数控车床常用坐标点。

2）绝对坐标与增量（相对）坐标

数控程序要给出刀具相对于工件运动路径的构成，当运动轨迹的终点坐标相对于线段的起点计量时，即后一个点的坐标是以前一个点为零点进行标注时，称为增量（相对）坐标；当所有点的坐标值均从某一固定坐标原点计量时，则称为绝对坐标。编程时可根据具体情况选用合适的坐标表达方式。

9.2.2　数控程序结构

对数控程序的结构与格式、输入代码和坐标系设定等，国际标准化组织（International Organization of Standardization，ISO）和我国有关部门都已制订了相应的标准，编程时必须首先予以了解和遵守。近年来数控技术发展很快，国内外许多厂商都发展了具有自己特色的数

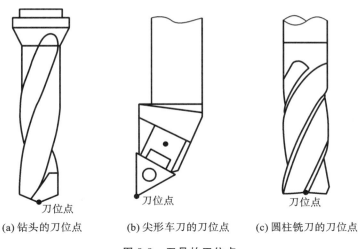

(a) 钻头的刀位点　　　(b) 尖形车刀的刀位点　　　(c) 圆柱铣刀的刀位点

图 9-9　刀具的刀位点

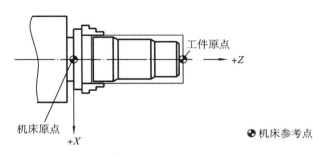

图 9-10　数控车床常用坐标点

控系统,对标准中的代码进行了功能上的延伸,或作了进一步的定义,因此,在编程时必须仔细阅读具体机床的编程指南。

1. 数控程序结构

一个完整的程序由程序号、程序内容和程序结束三部分组成,如图 9-11 所示。

（1）程序号　在程序的开头要有程序号,以便进行程序检索。程序号是加工程序的一个编号,并表示零件加工程序开始。

（2）程序内容　程序内容由许多程序段组成,每个程序段由一个或多个指令字构成。在现代数控系统中,指令字一般是由地址符(或称指令字符)和带符号或不带符号的数字组成的,这些指令字在数控系统中完成特定的功能。

（3）程序结束　程序以程序结束指令 M02、M30 或 M99(子程序结束)作为结束的符号,用来结束零件加工。

2. 程序段格式

程序段格式是指在一个程序段中,字、字符和数据的书写规则。一般的书写顺序按表 9-1所示从左往右进行书写,不需要的字以及与上一程序段相同的续效字可以不写。

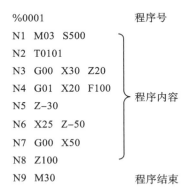

%0001	程序号
N1　M03　S500	
N2　T0101	
N3　G00　X30　Z20	
N4　G01　X20　F100	程序内容
N5　Z-30	
N6　X25　Z-50	
N7　G00　X50	
N8　Z100	
N9　M30	程序结束

图 9-11　程序的结构

表 9-1　程序段书写顺序格式

1	2	3	4	5	6	7	8	9	10
N__	G__	X__ A__	Y__ B__	Z__ C__	I__ J__ K__ R__	F__	S__	T__	M__
程序段 序号	准备功能	坐标字				进给功能	主轴功能	刀具功能	辅助功能
		指令字							

9.3　数控机床的插补原理

插补算法是数控系统最重要的核心技术之一，决定了数控系统的加工精度和效率。学习插补原理对深入了解数控机床的工作原理非常重要。

9.3.1　插补的基本概念

如何控制刀具或工件的运动轨迹是数控系统的核心问题，由插补来完成。一个零件加工程序除了提供进给速度和刀具转速、轨迹类型等参数外，一般都要给出线段的起点和终点坐标、线型特征参数。插补是按给定进给速度值，运用一定的算法，在零件轮廓段的起点和终点坐标之间计算出一系列在允许误差范围内的中间点坐标数据，从而自动地对各坐标轴进行位移量的分配，协调各坐标轴的移动，使其合成的轨迹近似于理想轨迹。

目前应用的插补算法主要分为两大类：脉冲增量插补法和数据采样插补法。

脉冲增量插补适用于以步进电动机为驱动装置的开环数控系统。其插补算法主要为各坐标轴进行脉冲分配计算，在插补计算过程中不断向各个坐标轴发出相互协调的进给脉冲，驱动各坐标轴的电动机运动。脉冲增量插补算法通常有逐点比较法、数字积分法、比较积分法等。

数据采样插补适用于以直流或交流伺服电动机为驱动装置的闭环或半闭环数控系统。插补算法分两步完成。第一步为粗插补，它是在给定起点和终点的曲线之间插入若干点，用若干条微小直线段来逼近给定曲线，每一微小直线段的长度都相等，且与给定进给速度有关；第二步为精插补，它是在粗插补算出的每一微小直线段上再进行数据点的密化，相当于对直线的脉冲增量插补，将各坐标轴的插补指令位置和实际反馈位置进行比较，求得跟随误差，根据跟随误差驱动各坐标轴运动。实际使用中，粗插补运算简称插补，通常用软件在数控装置的实时控制环节实现；精插补可以用软件，也可以用硬件来实现，一般由伺服驱动器在更短的时间内完成。

以下以逐点比较法直线插补为例进一步说明插补原理。

9.3.2　逐点比较法直线插补

逐点比较法的基本原理是被控对象在按要求的轨迹运动时，每走一步都要与规定的轨迹进行比较，由此决定下一步移动的方向。逐点比较法既可进行直线插补，也可进行圆弧插补。

1. 直线插补原理

如图 9-12 所示，第一象限内有直线段 OE，以原点为起点，以 E 点为终点，直线方程为

$$yx_e - xy_e = 0$$

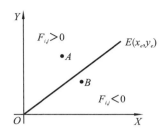

图 9-12　第一象限直线插补

如果加工轨迹脱离直线，则轨迹点的 x、y 坐标不满足上述直线方程，在第一象限中，对于直线上方的点 A，则有

$$y_a x_e - x_a y_e > 0$$

对于直线下方的点 B，则有

$$y_b x_e - x_b y_e < 0$$

因此，可以取判别函数 F 为

$$F = yx_e - xy_e \tag{9-1}$$

用 F 的值来判别点和直线的相对位置，以此决定进给移动方向。例如图 9-13 中的待加工直线 OE，根据偏差判别函数的值，当刀具加工点的位置 $P(x_i, y_j)$ 处在直线上方或直线上时，即 $F_{i,j} \geqslant 0$ 时，向 X 轴正方向发出一个运动进给脉冲（$+\Delta x$），使刀具沿 X 轴移动一个脉冲当量的距离，逼近直线；当 $P(x_i, y_j)$ 处在直线下方，即 $F_{i,j} < 0$ 时，向 Y 轴正方向发出一个进给脉冲（$+\Delta y$），使刀具沿 Y 轴移动一个脉冲当量的距离，逼近直线。

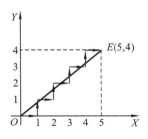

图 9-13　直线插补轨迹

为了便于用硬件电路或软件程序实现偏差判别，将 F 的计算公式简化如下。

设在第一象限中的点 (x_i, y_j) 的 F 值为 $F_{i,j}$，若沿 $+X$ 方向走一步，则有

$$x_{i+1} = x_i + 1$$
$$F_{i+1,j} = y_j x_e - (x_i + 1)y_e = F_{i,j} - y_e \tag{9-2}$$

若沿 $+Y$ 方向走一步，则有

$$y_{j+1} = y_j + 1$$
$$F_{i,j+1} = (y_j + 1)x_e - x_i y_e = F_{i,j} + x_e \tag{9-3}$$

2. 插补节拍和运算流程

根据上述插补原理，逐点比较法第一象限直线插补的运算节拍和流程如图 9-14 所示。其他象限的直线插补过程与此类似。

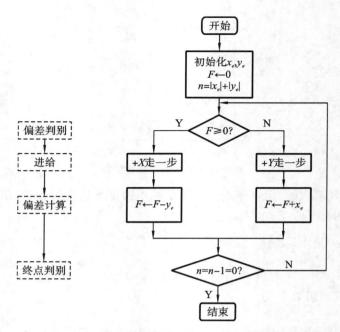

图 9-14　逐点比较法直线插补运算节拍和流程

复习思考题

1. 与普通机床相比，数控机床具有哪些特点？
2. 数控机床主要组成部分有哪些？
3. 什么是插补？试由直线的逐点比较工作节拍说明其插补过程。

第10章　数控车削

10.1　概述

数控车床是目前使用最为广泛的数控机床之一。数控车床主要用于加工轴类、盘类等回转体零件。通过数控加工程序的运行,可自动完成内外圆柱面、圆锥面、成形表面、螺纹和端面等工序的切削加工,并能进行车槽、钻孔、铰孔等。车削加工中心可在一次装夹中完成更多的加工工序,提高加工精度和生产效率,特别适合复杂形状回转体零件的加工。数控车床以其精度高、效率高、能适应小批量多品种复杂零件的加工等优点,在机械制造业中得到日益广泛的应用。

与普通车床相比,数控车床具有以下几个特点。①自动化程度高。在数控车床上加工零件时,除了手工装卸零件外,全部加工过程都可以由数控车床自动完成,大大减轻了操作者的劳动强度,改善了劳动条件。②具有加工复杂形状的能力。③加工精度高,质量稳定。④生产效率高。⑤不足之处主要表现在:要求操作者技术水平高,数控车床价格高,加工成本也偏高,加工过程中难以调整,维修比较困难。

10.1.1　数控车床的分类

根据数控车床的结构和使用范围的不同,一般可分为三大类:普通型数控车床、全功能型数控车床和车削加工中心,它们在功能上差别较大。

1. 普通型数控车床

早期普通型数控车床一般是采用步进电动机和单片机对普通车床的进给系统进行改造后形成的简易型数控车床。近期普通型数控车床大多得到进一步的提高,驱动器由步进电动机改为伺服交流电动机,并采用半闭环检测系统对数控系统的位置和速度进行检测。这类数控车床可同时控制两个坐标轴,即 X 轴和 Z 轴。机床一般具有刀尖半径自动补偿、恒线速切削、倒角、固定循环、螺纹循环等功能。

2. 全功能型数控车床

全功能型数控车床亦可称为标准型数控车床,其结构多为倾斜床身,增加了自动排屑器,配备有转塔式刀架,刀位也由 4 工位增加到 8 工位、12 工位以上,主轴的转速也进一步提高,防护为全防护,卡盘为液压自动卡盘。全功能型数控车床大都采用机、电、液、气一体化设计和布局,采用全封闭或半封闭防护。

3. 车削加工中心

车削加工中心是在全功能型数控车床的基础上发展起来的一种复合加工机床。增加了动力刀架、刀库、铣削动力头等部件,加工功能大大增强,除可以进行一般车削外还可以进行径向和轴向铣削、中心线不在零件回转中心的孔和径向孔的钻削等加工。

10.1.2　数控车床的组成

数控车床由机床本体、数控装置、伺服驱动装置和辅助装置等组成,机床本体包括床身、主轴箱、尾座、进给传动机构、刀架等。数控车床从外形上与普通车床类似,但其控制和传动原理有很大区别。数控机床是机械和电子技术相结合的产物。

普通车床中,主运动是由电动机经多级齿轮副传递到主轴;主轴的运动经挂轮架、进给箱、溜板箱传到刀架,实现纵向和横向的进给运动。

数控车床中,主运动采用伺服或变频电动机直接驱动主轴;进给运动采用两个独立的伺服电动机经滚珠丝杠螺母副直接带动刀架(图 10-1 为数控车床 Z 轴控制与驱动简图)。数控车床简化和缩短了传动结构,实现了各运动轴的数字化控制。

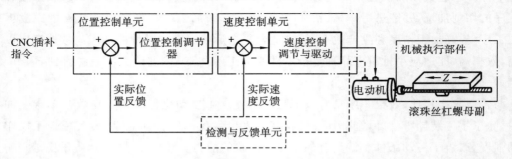

图 10-1　数控车床 Z 轴控制与驱动示意图

此外,数控机床采用效率、刚度和精度等各方面都较好的传动元件,如滚珠丝杠螺母副(见图 10-2)等。床身、导轨等支承件具有更好的刚度和抗振性等。

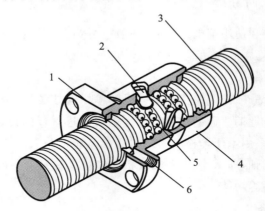

图 10-2　滚珠丝杠螺母副

1—迷宫式密封圈;2—循环器;3—丝杠;4—螺母;5—滚珠;6—油孔

10.1.3　数控车床的主要加工对象

数控车床主要用来加工下列零件。

1. 精度要求高的零件

由于数控车削时刀具运动是通过高精度插补运算和伺服驱动来实现的,所以它能够加工尺寸、形状精度要求高的零件。

2. 表面粗糙度要求高的零件

数控车床具有恒线速度切削功能,加工不同直径的尺寸时确保线速度恒定,从而保证表面粗糙度值小而均匀。如车削锥面、球面、端面等。

3. 表面形状复杂的回转体零件

由于数控车床具有直线和圆弧插补功能,部分数控车床还具有某些非圆曲线插补功能,所以可以车削母线由任意直线和平面曲线组成的形状复杂的回转体零件。

4. 特殊类型螺纹零件的加工

传统车床只能车削等螺距的直、锥面公(英)制螺纹,且一台车床只能加工若干种螺距的螺纹。数控车床不但能车削任何等螺距的直、锥和端面螺纹,而且还能车削增螺距、减螺距,以及要求等螺距、变螺距之间平滑过渡的螺纹和变径螺纹。数控车床车削螺纹时主轴转向不必像普通车床那样交替变换,它可以一刀又一刀不停循环,直到加工完成,所以效率很高。

10.2　数控车削加工工艺分析

工艺分析是数控车削加工的前期工艺准备工作。数控车削加工工艺以普通车削加工工艺为基础,因此,应遵循一般的工艺原则并结合数控车床的特点。主要内容如下。

(1) 根据图纸分析零件的加工要求及其合理性:主要包括零件轮廓几何要素分析、尺寸标注分析、精度和技术要求分析、选择工艺基准等;

(2) 确定工件在数控车床上的装夹方式;

(3) 选择刀具;

(4) 确定各表面的加工顺序、刀具的走刀路线;

(5) 确定切削用量(主轴转速、进给速度和背吃刀量);

(6) 确定辅助功能(换刀、主轴正转或反转、冷却液的开或关等)。

1. 选择数控车削刀具

为了减少换刀时间和方便对刀,便于实现机械加工的标准化,数控加工时,应尽量采用机夹可转位刀具。这种刀具是将可转位硬质合金刀片用机械的方法夹持在刀杆上(见图 10-3、图 10-4)。当一个切削刃磨损后,松开夹紧机构,将刀片转位到另一切削刃,即可进行切削,当所有切削刃都磨损后,再换上新的同类型的刀片。

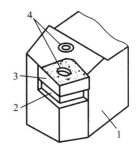

图 10-3　机夹可转位车刀的组成

1—刀杆;2—刀垫;3—刀片;4—夹固元件

图 10-4　机夹可转位车刀

可转位车刀片按照用途可分为外圆、端面半精车刀片,外圆精车刀片,内孔精车刀片,切断刀片和内外螺纹车刀片。

2. 确定各表面的加工顺序、刀具的走刀路线

走刀路线是指数控加工过程中刀具相对于工件的运动轨迹。为保证零件加工精度，提高生产率，确定走刀路线的一般原则主要有以下几点。

（1）保证零件的加工精度和表面粗糙度的要求。

（2）方便数值计算，程序段数量少，以减少编程工作量和所占用的存储空间。

（3）尽量缩短加工路线，减少刀具空程移动时间，以提高生产率。

①先粗后精。为了提高生产效率并保证零件的精加工质量，在切削加工时，应先安排粗加工工序，在较短时间内，将精加工前大量的加工余量去掉，同时尽量满足精加工的余量均匀性的要求。

图 10-5 所示的零件，毛坯为棒料，加工时余量不均匀，其粗加工路线应按图中 1～4 轨迹依次分段加工（粗加工走刀的具体次数由每次的背吃刀量决定），然后再换精车刀一次成形。

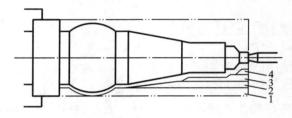

图 10-5　矩形走刀路线

②先近后远，减少空行程时间。这里所说的远与近，是按加工部位相对于对刀点的距离而言的。在一般情况下，特别是在粗加工时通常安排离对刀点近的部位先加工，离对刀点远的部位后加工，以便缩短刀具移动距离，减少空行程时间。对于车削加工，先近后远有利于保持毛坯件或半成品的刚度，改善其切削条件。

③内外交叉。对既有内表面，又有外表面需加工的零件，安排加工顺序时，应先进行内外表面粗加工，后进行内外表面精加工。切不可将零件上一部分表面（外表面或内表面）加工完毕后，再加工其他表面（内表面或外表面）。

④先面后孔。先加工端面，后进行孔加工，有利于提高孔的位置精度。

3. 确定切削用量

数控车削中的切削用量包括背吃刀量、主轴转速（或切削速度）和进给速度（或进给量）。合理地选用切削用量对保证加工质量非常重要。

（1）背吃刀量的确定　在机床功率、夹具、刀具及工艺系统刚度允许的条件下，粗加工时尽可能地选取较大的背吃刀量，除留下精加工余量外，一次走刀尽可能切除全部余量，也可分为多次走刀。精加工的加工余量较小，可一次切除。精加工余量一般可取单边 0.1～0.5 mm 左右。

（2）进给速度的确定　粗车时，根据机床动力和刚度的限制条件，选取尽可能大的进给速度；精车时，一般选取较小的进给速度以提高表面质量。一般粗加工可选择 0.3～0.4 mm/r 左右，精加工选择 0.05～0.1 mm/r 左右，车断时可选择 0.1 mm/r 左右。

（3）主轴转速　主轴转速一般根据被加工部位的直径，并按工件和刀具的材料、加工性等条件确定，可查表、计算和根据经验选取。一般粗加工外圆可取 1000 r/min 以下，精加工外圆可取 1000 r/min 以上。车槽时要适当降低主轴转速。

10.3　数控车床编程基础

10.3.1　数控车床的指令字符

下面以华中数控世纪星 HNC-180xp/T3 系统为例,介绍数控车床的指令字符。

1. 准备功能 G 指令

准备功能 G 指令由 G 和一或二位数字组成,它用来规定刀具和工件的相对运动轨迹、机床坐标系、坐标平面、刀具补偿、坐标偏置等多种加工操作。

G 指令有非模态指令和模态指令之分。非模态指令是指只在所规定的程序段中有效,程序段结束时就被注销;而模态指令是指一组可以相互注销的 G 指令,其中一个 G 指令一旦被使用则一直有效,直到被同一组的另一 G 指令所取代即被注销。

常用准备功能 G 指令见表 10-1。

表 10-1　常用准备功能 G 指令

G 指令	组	功能	参数(后续地址字)
★G00		快速定位	X,Z
G01	01	直线插补	同上
G02		顺圆插补	X,Z,I,K,R
G03		逆圆插补	同上
G04	00	暂停	P
G20	08	英寸输入	
★G21		毫米输入	
G28	00	返回刀具参考点	
G29		由参考点返回	
G32	01	螺纹切削	X,Z,R,E,P,F
★G36	17	直径编程	
G37		半径编程	
G40		刀尖半径补偿取消	
G41	09	左刀补	T
G42		右刀补	T
★G54			
G55			
G56	11	坐标系选择	
G57			
G58			
G59			
G65		宏指令简单调用	

G 指令	组	功能	参数(后续地址字)
G71		外径/内径车削复合循环	X,Z,U,W,C,P,Q,R,E
G72		端面车削复合循环	
G73		闭环车削循环	
G76	06	螺纹切削复合循环	
★G80		外径/内径车削固定循环	X,Z,I,K,C,P,R,E
G81		端面车削固定循环	
G82		螺纹加工固定循环	
★G90	14	绝对编程	
G91		相对编程	
G92	00	工件坐标系设定	X,Z
★G94	14	每分钟进给(mm/min)	
G95		每转进给(mm/r)	
G96	16	恒线速度切削	S
★G97			

注:(1) 表中带"★"号的表示该 G 指令为缺省值;

(2) 00 组中的 G 指令是非模态的,其他组的 G 指令是模态的。

2. 辅助功能 M 指令

辅助功能由地址符 M 和其后的一或两位数字组成,主要用于控制零件程序的走向,以及机床各种辅助功能的开关动作。

M 指令有模态和非模态两种形式。在模态 M 指令组中包含一个缺省功能(表 10-2 中有 ★ 标记者为缺省值),系统上电时将被初始化为该功能。

M 指令如表 10-2 所示。

表 10-2　辅助功能 M 指令及其功能

指令	指令形式	功能说明	指令	指令形式	功能说明
M00	非模态	程序暂停	M03	模态	主轴正转启动
M01	非模态	选择停止	M04	模态	主轴反转启动
M02	非模态	程序结束	★M05	模态	主轴停止转动
M30	非模态	程序结束并返回程序起点	M06	非模态	换刀
M98	非模态	调用子程序	M07	模态	切削液打开
M99	非模态	子程序结束	★M09	模态	切削液停止

3. 主轴转速功能 S 指令

主轴转速功能 S 指令用来指定主轴转速或限速。旋转方向和主轴运动的起点和终点通过 M 指令规定。在数控车床上加工时,只有在主轴启动之后,刀具才能进行切削加工。

4. 进给功能 F 指令

进给功能 F 指令可以指定刀具相对工件的合成进给速度,一般在 F 后面直接写上进给速度值,进给速度的单位由 G94、G95 指定。

5. 刀具功能 T 指令

刀具功能 T 指令用来选择刀具和调用相应的刀具补偿值,建立工件坐标系。数控加工中有时需要调用不同的刀具,如粗车刀、精车刀、切断刀等。编程时,假定刀架上各刀在工作位时,其刀位点是一致的,但由于刀具几何形状和安装位置的不同,其实际刀位点是不一致的,相对于工件原点的距离也不同。因此,需要将各刀具的位置值进行比较和设定,称之为刀具偏置补偿。

如图 10-6 所示,对刀时确定一把刀为标准刀具,假设为 T1,并以其刀尖位置 $A_1(X_1,Z_1)$ 为依据建立工件坐标系;换成 T2 刀具后,刀尖处于 $A_2(X_2,Z_2)$ 的位置。刀具偏置补偿的作用就是将刀位点坐标值由原来的 (X_1,Z_1) 转换成 (X_2,Z_2),A_1 和 A_2 在 X、Z 方向的坐标差值即为偏置值。

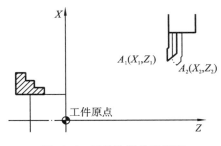

图 10-6　刀具偏置补偿原理

指令格式为:T ××××,四位数字中的前两位数字为刀具安装的刀位号,后两位数字为刀具补偿号,补偿号为 00 表示补偿量为 0,即取消补偿功能。当一个程序段同时包含 T 指令和刀具移动指令时,先执行 T 指令,而后再执行刀具移动指令。

10.3.2　数控车床常用指令

1. 直径编程 G36 和半径编程 G37

格式:G36

　　　G37

说明:G36 为直径编程;G37 为半径编程。由于数控车床加工的通常是回转体,其 X 值尺寸可以用两种方式加以指定,即直径方式或半径方式。G36 为缺省值,编程时所有与 X 轴有关的尺寸一般用直径表示。

2. 绝对值编程 G90 与相对值编程 G91

格式:G90

　　　G91

说明:G90 为绝对值编程;G91 为相对值编程。采用 G90 编程时,坐标轴上的坐标值 X、Z 是相对于工件原点而言的;采用 G91 编程时,坐标轴上的坐标值 X、Z 是相对于前一个位置而言的,该值等于沿轴移动的距离,与当前编程坐标系无关。

G90、G91 为模态指令,可相互注销,G90 为缺省值。

采用 G91 编程时,也可以用 U、W 表示 X 轴、Z 轴的增量值。

3. 快速定位 G00

格式:G00 X(U)__ Z(W)__

说明：X、Z 为绝对编程时，快速定位终点在工件坐标系中的坐标；U、W 为增量编程时，快速定位终点相对于起点的位移量。

G00 指令中的快移速度由机床参数"快移进给速度"对各轴分别设定，不能用 F 规定。G00 一般用于加工前快速定位或加工后快速退刀。快移速度可由面板上的快速修调旋钮修正。

4. 直线插补 G01

格式：G01 X(U)＿ Z(W)＿ F ＿

说明：X、Z 为绝对编程时，终点在工件坐标系中的坐标值；U、W 为增量编程时，终点相对于起点的位移量；F 为合成进给速度。

G01 指令刀具以联动的方式，按 F 规定的合成进给速度，从当前位置按线性路线（联动直线轴的合成轨迹为直线）移动到程序段指令的终点。

5. 圆弧插补指令 G02/G03

1）终点坐标和半径 R 编程

格式：G02/G03 X(U)＿ Z(W)＿ R ＿　 F ＿

说明：在绝对编程时，X、Z 为圆弧终点在工件坐标系中的坐标；在相对编程时，X、Z 为圆弧终点相对于圆弧起点的位移量。当圆弧角小于等于 180°（即表明圆弧段小于或等于半圆）时，R 为正值；当圆弧角大于 180°（即表明圆弧段大于半圆）时，R 为负值。

G02/G03 指令刀具，按 F 规定的合成进给速度，从当前位置按顺时针/逆时针进行圆弧加工。

2）终点坐标和圆心坐标编程

格式：G02/G03 X(U)＿ Z(W)＿ I ＿ K ＿ F ＿

说明：X、Z 代表终点坐标；I、K 代表圆心坐标相对于圆弧起点的增量值（等于圆心的坐标减去圆弧起点的坐标），如图 10-7 所示；F 代表合成进给速度。

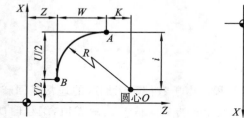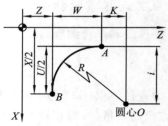

图 10-7　I、K 参数说明

3）圆弧顺圆和逆圆的判断方法

圆弧插补 G02/G03 的判断：在加工平面内，根据其插补时的旋转方向为顺时针/逆时针来区别。数控车削中加工平面是观察者迎着 Y 轴的指向所面对的平面的。

如图 10-8 所示，对于后置刀架和前置刀架，因坐标系的不同而产生圆弧方向的变化，但不管是前置刀架还是后置刀架，程序都是一样的，即对于外圆加工，凸圆都是 G03，凹圆都是 G02。

6. 倒角

1）倒直角

格式：G01 X(U)＿ Z(W)＿ C ＿

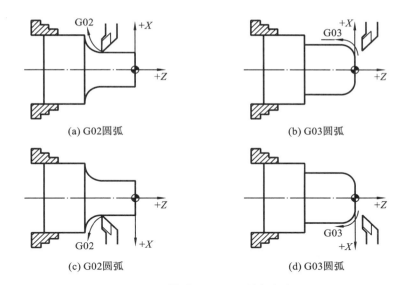

(a) G02圆弧　　　　　　　　　　(b) G03圆弧

(c) G02圆弧　　　　　　　　　　(d) G03圆弧

图 10-8　圆弧 G02、G03 判断方法

说明:该指令用于直线后倒直角,指令刀具从 E 点到 F 点,然后到 H 点,如图 10-9 所示。

X、Z:绝对编程时,为未倒角前两相邻程序段轨迹的交点 G 的坐标值;增量编程时,为 G 点相对于起始直线轨迹的始点 E 的移动距离。C:倒角终点相对于相邻两直线的交点 G 的距离。

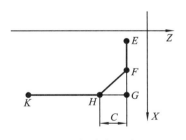

图 10-9　倒直角示意图

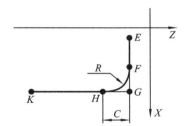

图 10-10　倒圆角示意图

2) 倒圆角

格式:G01 X(U)＿＿(W)＿ R ＿＿

说明:该指令用于直线后倒圆角,指令刀具从 E 点到 F 点,然后到 H 点,如图 10-10 所示。

X、Z:绝对编程时,为未倒角前两相邻程序段轨迹的交点 G 的坐标值;增量编程时,为 G 点相对于起始直线轨迹的始点 E 的移动距离。R:倒角圆弧的半径值。

7. 圆柱面内(外)径切削循环指令

格式:G80 X(U)＿＿ Z(W)＿＿ F ＿＿

切削循环指令是指用含 G 指令的一个程序段来完成需要用多个程序段指令的编程指令,使程序简化的指令。该指令执行如图 10-11 所示 $A→B→C→D→A$ 的轨迹动作。

说明:绝对值编程时,X、Z 为切削终点 C 在工件坐标系下的坐标值;如增量编程时,X、Z 为切削终点 C 相对于循环起点 A 的有向距离,在图 10-11 中用 U、W 表示。

8. 直螺纹切削循环指令 G82

格式:G82 X(U)＿＿ Z(W)＿＿ R＿＿ E＿＿ C＿＿ P＿＿F＿＿

该指令执行如图 10-12 所示 $A→B→C→D→E→A$ 的加工轨迹动作。

说明：X、Z:C 点的坐标值，或 C 点相对 A 点的增量值；R、E:Z、X 轴向螺纹收尾量，为增量值；P:相邻螺纹头的切削起点之间对应的主轴转角；F:螺纹导程；C:螺纹头数。

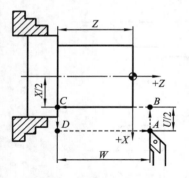

图 10-11　固定循环 G80 指令

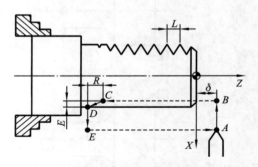

图 10-12　G82 直螺纹循环指令参数图

9. 内外径车削复合循环指令 G71

格式：G71 U(Δd)＿ R(e)＿ P(ns)Q(nf)X(Δx)＿ Z(Δz)＿ F(f)＿ T(t)＿ S(s)＿

N(ns)...

⋮

N(nf)...

说明：该指令执行如图 10-13 所示的粗加工，并且刀具回到循环起点。精加工路径 $A \rightarrow A'$ $\rightarrow B \rightarrow B'$ 的轨迹按后面的指令循环执行。

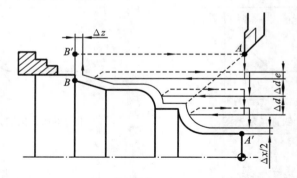

图 10-13　内(外)径粗车复合循环加工路径图

Δd:背吃刀量（每次切削量），指定时不加符号，方向由矢量 AA' 决定；e:每次退刀量；ns:精加工程序中的第一程序段顺序号；nf:精加工程序中最后程序段顺序号；Δx:X 方向精加工余量；Δz:Z 方向精加工余量；F,S,T:粗加工时 G71 中编程的 F、S、T 有效，而精加工时处于 ns 到 nf 程序段之间的 F、S、T 有效。

10.4　数控车床的基本操作

10.4.1　操作面板介绍

这里以华中数控世纪星 HNC-180xp/T3 系统为例，介绍其操作面板及基本操作方法。系统操作面板如图 10-14 所示。

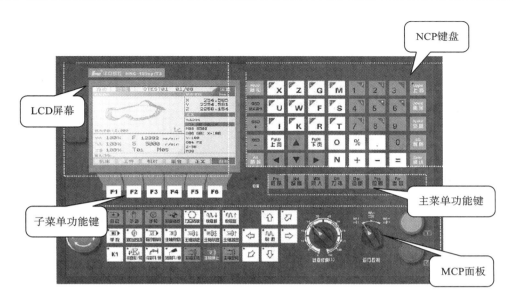

图 10-14　HNC-180xp/T3 系统操作面板

10.4.2　基本操作

1. 开机、回参考点操作

1）开机

①拨动机床左侧面机床电源开关，机床上电；

②按压数控装置的"启动"按钮，启动数控装置，自动进入数控系统操作界面；

③向右旋转操作面板上"急停"按钮，解除可能存在的急停状态。

【注意】　关机后重新启动系统，要间隔 3 s 以上，不要连续短时间频繁开关机。

2）回参考点

回参考点的目的是建立机床坐标系。

①按压操作面板上工作方式中"回参考点"键；

②按压操作面板上"X ⇩"，灯亮表示到位；

③按压操作面板上"Z ⇨"，灯亮表示到位。

【注意】　①每次重新启动机床，必须完成各轴的回参考点操作，保证各轴坐标的正确；

②回参考点后，运行过程中只要伺服驱动装置不出现报警，其他报警都无需重新回零；

③必须先回"X ⇩"，再回"Z ⇨"；如先回"Z ⇨"则有可能导致刀架与尾座发生碰撞。

2. 机床手动操作

1）手动连续进给

手动连续进给用于初步定位。

①按压操作面板上工作方式中"手动"键，进入手动方式；

②按压操作面板上"X ⇧"键（或"X ⇩"或"⇦ Z"或"Z ⇨"），使刀架按相应的方向运动，运动的速度可旋转"进给修调"按钮进行调整；

③同时按住"快进"和"X ⇧"键（或"X ⇩"或"⇦ Z"或"Z ⇨"），则刀架快速移动；同样，快进的速度可按压"快速减"或"快速增"进行调整。

【注意】 ①在手动方式操作时,要时刻注意刀架的位置及方向,防止与工件或尾座发生碰撞。

②移动过程中如屏幕左上角有"出错"闪烁,则报警显示可能为超程,此时必须用一只手按下操作面板上"超程解除"按键,不松开,另一只手再按下"手动",再按压操作面板上"X⇧"(或"X⇩"或"⇦Z"或"Z⇨"),使工作台反方向退出超程。

2)增量步进进给

增量步进进给用于精确定位。

①按压操作面板上工作方式中"增量"键,屏幕左上角会显示"增量";

②选择操作面板上增量倍率旋钮"×1"、"×10"、"×100"或"×1000",确定按压一次的精确移动距离;

③按压操作面板上"X⇧"键(或"⇦Z"等键),将刀具移动到精确指定点。

【注意】 这四个按键互锁,即选择了其中一个(指示灯亮),其余几个就会失效(指示灯灭)。

3)手摇进给

手摇进给用于精确定位。

再次按下操作面板上工作方式中"增量"键,屏幕左上角显示进入"手摇"工作模式。一般在微动、对刀、移动刀架等操作中使用此功能。

①按压操作面板上的工作方式中"增量"键,屏幕上端显示"手摇"模式;

②按压操作面板上"X⇧"键(或"⇦Z"等键),确定手摇进给轴;

③选择操作面板上增量倍率旋钮"×1"、"×10"、"×100"或"×1000",确定手轮旋转一格的移动距离;

④用手摇动手轮实现移动,顺时针为正向移动,逆时针为负向移动。

【注意】 在使用最大倍率"×1000"摇动手轮时,请勿快速摇动手轮,避免撞刀。

3.换刀操作

①按压操作面板上工作方式中"手动"键;

②按压操作面板上"刀位转换"键,并注意观察显示屏上显示的"T ＿ ＿ ＿"的刀具号;

【注意】 勿在短时间内频繁换刀,以免损坏电动机;换刀前务必移动刀架到安全位置,以免撞刀。

4.显示切换

按下主菜单功能键"位置",再按下子菜单功能键可切换不同的显示方式。

①机床:显示机床坐标系下的指令坐标值;

②工件:显示工件坐标系下的指令坐标值;

③联合:显示机床指令坐标,工件指令坐标,跟踪误差,机床实际坐标,剩余进给和轴速度。

④正文:显示当前加工的 G 代码程序;

⑤图形:图形显示 X、Z 平面的刀具轨迹及刀具、代码等信息。

5.选择、编辑、新建、保存和校验程序

按压主菜单中"程序"键,结合子菜单功能键(F1~F6),可实现程序的选择、编辑、保存、校验等。

1）选择程序载入

①按下主菜单功能键"程序"，按下子菜单"选择"功能键 F1，系统显示存储器上零件程序；

②按▲、▼、PgDn、PgUp 键，选择要载入的程序，按回车键确认或 F4 载入。

2）编辑程序

①程序载入后，按下子菜单"编辑"功能键 F2，可编辑程序；

②进入编辑区，按▲、▼、PgDn、PgUp 键选择要修改的代码进行修改；

③修改完毕后选择 F1 保存程序。

3）新建及输入程序

①按下子菜单"返回"功能键 F6，按压子菜单"新建"功能键 F3，可新建程序；

②在光标处输入以英文字母"O"开头的文件名（例：O12345），回车确认；

③在编辑区输入程序，如图 10-15 所示零件的加工程序：

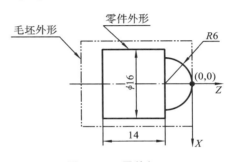

图 10-15　零件加工

```
％8888
N01    T0101
N02    G00    X30    Z10
N03    M03    S460
N04    G01    Z0    F300
N05    X0
N06    G03    X12    Z-6    R6
N07    G01    X16
N08    Z-20
N09    G00    X30
N10    Z10
N11    M30
```

④输入完毕后选择 F3 保存程序。

4）校核程序

校核程序用于对选择的程序文件进行检查，并提示可能的错误。以前从未在机床上运行的新程序在调入后应首先进行校核，程序运行正确无误后再启动自动运行。操作步骤如下。

①按下机床操作面板上的"自动"按键进入程序自动运行方式；

②按下主菜单功能键"程序"，选择载入要运行的加工程序；

③按下"程序"子菜单下的"扩展"功能键 F6，再选择"校核"功能键 F4，进入程序校核状态；屏幕自动切换为图形显示模式；按下"循环启动"，程序校核开始；

④如果程序校核有问题，可按压"返回"功能键 F6、"编辑"功能键 F2 进入程序编辑状态。编辑完毕后按"保存"功能键 F1 再重新校核。

【注意】　①校核运行时，机床不动作；

②为确保加工程序的正确无误，请选择不同的图形显示方式来观察校验运行的结果；

③注意观察程序校核的图形轨迹，并分辨图形轨迹线中黄色线条、红色线条的意义。

6. 对刀操作

对刀的目的是确定工件坐标系，其实质就是测量工件原点与机床原点之间的偏移距离。对刀操作将确定每把刀具的偏置补偿参数，使每把刀具的刀位点都重合在某一理想位置上，从而使编程者只需按工件的轮廓编制加工程序而不必考虑不同刀具长度和刀尖半径的影响。

　　最常用的刀具偏置补偿数据设置方法是试切法,即确定每把刀具的试切直径和试切长度后,由数控系统自动计算刀具偏置值,生成刀具偏置补偿数据到相应工件坐标系上。

　　对刀步骤:

　　(1)"手摇"方式下移动刀架到安全位置,按压"刀具切换",切换到指定刀具号(如 1 号刀);

　　(2)按压"主轴正转",用 1 号刀试切毛坯外径一段距离后,X 方向不移动,将刀具朝＋Z 的方向退出加工表面,再用游标卡尺或千分尺准确测量出外圆尺寸;

　　(3)按压主菜单功能键"刀补",屏幕显示界面会出现刀补表;

　　(4)用光标键移动到对应刀号如 1 号刀偏寄存器中,按压 F1,"试切直径"栏中输入已测量出的工件直径值,并回车确认;

　　(5)再用 1 号刀试切毛坯端面,将端面切平,Z 向不移动,将刀具朝＋X 方向退出加工表面;在对应刀号刀偏寄存器中按压 F2,"试切长度"一栏中输入"0"(如果工件坐标系的原点位置在外端面圆心上),并按回车键确认;此时,1 号刀具对刀完成。

　　(6)重复(1)～(5)步骤,对其他刀号的刀具进行对刀操作。

　　【注意】　①对刀前必须确定机床已回参考点,建立了机床坐标系;

　　②每把刀具的 X 轴和 Z 轴零点偏置系统会根据试切直径和试切长度自动计算。

7. 运行加工程序

　　当对刀操作正确完成和程序校核无误后,就可以开始实际零件的自动加工。

　　(1)依次按压主菜单功能键中"程序"和子菜单中 F1,选择要载入的程序并加载;

　　(2)按压工作方式中"自动",进入自动工作模式;

　　(3)按压操作面板上"循环启动"键,主轴转动、刀架移动,开始零件的自动加工运行。

　　【注意】　①此操作务必在进行准确对刀和程序校验后才能运行;

　　②运行过程中出现异常,可以通过"进给保持"暂停程序或"复位"、"急停"终止程序。

8. 关机

　　①按压数控装置"关闭"按钮,关闭数控装置,机床数控系统操作界面关闭;

　　②关闭机床电源。

10.5　典型零件的加工

10.5.1　典型零件加工实例

下面以图 10-16 所示榔头柄为例,编制数控加工程序。

1. 毛坯材料

根据手柄的尺寸要求,选择 ϕ14 mm×185 mm Q235 钢毛坯进行加工。

2. 工艺分析

1)确定装夹方式和加工路径

根据零件图形可知,榔头柄为细长轴零件,加工过程中需进行多次装夹。

①可先选择传统车床将零件总长控制好,并用 A2 中心钻两头钻孔,以确保后期用数控车床加工时的装夹定位;

②用三爪卡盘夹持毛坯一端,夹持长度为 12 mm,用活动顶尖顶另一头中心孔,加工

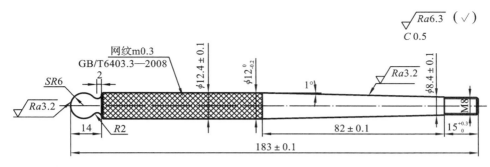

图 10-16　榔头柄

$\phi 12.4 \pm 0.1$ mm 外圆,然后换滚花刀压花;

③调头装夹,夹持压花部分 12 mm 长度,活动顶尖顶另一头中心孔。加工 M8 螺纹外径和锥面;换螺纹刀,加工 M8 螺纹;

④调头装夹,夹持压花部分,伸出 25 mm 长度,用机夹式精车外圆车刀加工 $R6$、$R2$ 圆弧。

2) 换刀点的选择

由于在加工过程中使用一夹一顶的方式进行加工,换刀点的位置选择必须要考虑刀具不能与顶尖或尾架相撞,因此换刀点可选择在工件的右端、X 轴正向位置。

3) 确定切削用量

①采用硬质合金车刀或机夹式刀具车削外圆,可用 500～700 r/min 主轴速度切削,粗车进给速度可使用 130 mm/min,精车时可使用 60 mm/min。

②压花主轴转速可选择低速切削(如 200 r/min),避免发热量过大影响压花的表面质量,而进给速度可适当加快。

③加工螺纹时可选择主轴转速为 350 r/min,每次的背吃刀量可参考螺距大小进行切削。

4) 刀具选择

根据图形要求,有外圆柱面、外圆锥面、螺纹和圆弧等加工,因此可选用四把刀具进行加工。

根据手柄外形特征及装夹方式,考虑在加工外圆时采用的是夹一头顶一头进行,而外径尺寸较小,如果采用一般的外圆车刀可能会出现刀具副切削刃与顶尖相撞的现象,因此,可选择副偏角较大的刀具进行外圆加工,如机夹式精车外圆车刀或者螺纹车刀。

考虑到手柄加工的装夹方式和螺距较小等因素,可采用高速钢自磨螺纹刀低速切削外螺纹。

根据手柄图形要求,可选择两轮网纹滚花刀加工网纹。

圆弧面与球面加工是数控车削的一大优势。在加工过程中可用圆弧插补指令进行圆弧面及球面的加工,那么在选择刀具方面可考虑选用圆弧刀或机夹式精车外圆车刀。

具体刀具选择见表 10-3。

表 10-3　刀具卡

刀具号	刀具规格名称	数量	加工内容
T01	焊接式硬质合金螺纹刀	1	粗、精加工外圆
T02	两轮网纹滚花刀	1	压花

续表

刀具号	刀具规格名称	数量	加工内容
T03	高速钢自磨螺纹刀	1	车削 M8 螺纹
T04	机夹式精车外圆车刀	1	加工 SR6 圆球和 R2 凹圆弧

3. 数学处理

　　根据基准重合原则,将工件坐标系的原点设定在工件右端面与回转体轴线的交点上。再根据图中提供的尺寸计算各节点坐标值。在计算节点坐标时应注意以下方面内容。

　　(1) 注意确定好 X 轴的编程方式是直径编程还是半径编程,一般情况下,如果图纸尺寸标注为直径值即用直径方式编程,以减少计算过程。

　　(2) SR6 圆球与 R2 凹圆弧相切点 E 的计算。

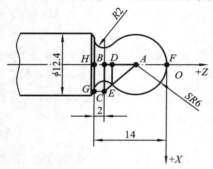

图 10-17　圆弧切点计算示意图

　　如图 10-17 所示,E 点为 SR6 圆球与 R2 凹圆弧相切点,求出该点坐标值。

　　根据图纸尺寸,作 $\triangle ABC$,C 点为 R2 圆弧的圆心,E 点为 R2 与 R6 相切点,$DE /\!/ BC$,并与 AB 相交于 D 点。已知 $AB = 6$ mm,$AE = 6$ mm,而 $CE = 2$ mm,因此 $AC = AE + EC = 6$ mm $+ 2$ mm $= 8$ mm,求 DE、AD。

　　$\triangle ABC$ 为直角三角形,根据直角三角形定理,$AB^2 + BC^2 = AC^2$,因此 $BC^2 = AC^2 - AB^2$,即

$$BC = \sqrt{AC^2 - AB^2} = \sqrt{8^2 - 6^2} \text{ mm} \approx 5.3 \text{ mm}$$

由于 $\triangle ABC$ 相似于 $\triangle ADE$,所以,$\dfrac{AC}{AE} = \dfrac{BC}{DE}$,$\dfrac{AC}{AE} = \dfrac{AB}{AD}$

$$DE = \frac{BC \times AE}{AC} = \frac{6 \times 5.3}{8} \text{ mm} = 3.975 \text{ mm}$$

$$AD = \frac{AB \times AC}{AC} = \frac{6 \times 6}{8} \text{ mm} = 4.5 \text{ mm}$$

由此,以 F 为工件原点,即可得知 SR6 圆球与 R2 凹圆弧相切点 E 的坐标为(7.95,−10.5)。

　　(3) R2 圆弧与端面相交点 G 的计算。

　　R2 圆弧与 GH 相切,切点为 G,$CG \perp GH$,垂足为 G,即 $GH = BC$。

　　已知 $BC = 5.3$ mm,$GH = BC = 5.3$ mm,所以 G 点坐标值为(10.6,−14)。

4. 编制程序

1) 加工滚花外轮廓程序

```
%0001                        ;加工 φ12 外圆和网纹程序名
N01 T0101                    ;在安全位置换 1 号外圆车刀
N02 M03 S550                 ;主轴正转,转速 550 r/min
N03 G00 X15 Z2               ;刀具快速移动至循环起点处
N04 G80 X12.7 Z-105 F100     ;循环第一刀
N05 X12.3 Z-105 F60          ;循环第二刀精加工
N06 G00 X50                  ;刀具 X 轴方向快速退刀
N07 T0202                    ;换 2 号滚花刀
```

N08 M07 M03 S200　　　　　　　　　　　　;冷却液开启,主轴速度降低至 200 r/min

N09 G00 X12　　　　　　　　　　　　　　;进刀

N10 G01 Z-105 F130　　　　　　　　　　　;压花

N11 G00 X50　　　　　　　　　　　　　　;X 轴方向快速退刀

N12 Z2　　　　　　　　　　　　　　　　　;Z 轴方向快速退刀至换刀点位置

N13 M09 M05　　　　　　　　　　　　　　;冷却液关闭,主轴停止

N14 M30　　　　　　　　　　　　　　　　;主程序结束并复位

2) 加工锥面和螺纹的程序

%0002　　　　　　　　　　　　　　　　　;加工锥面和 M8 螺纹程序名

N01 T0101

N02 M03 S550　　　　　　　　　　　　　　;主轴正转,转速 550 r/min

N03 G00 X15 Z2　　　　　　　　　　　　　;刀具快速移动至循环起点处

N04 G71 U1.5 R1 P5 Q10　　　　　　　　　;外径复合循环指令
　　　X0.3 Z0.1 F100

N05 G01 X6 Z0 F60　　　　　　　　　　　　;精车路径第一行

N06 X7.8 C1　　　　　　　　　　　　　　　;倒角

N07 W-15　　　　　　　　　　　　　　　　;加工螺纹外径尺寸

N08 X8.4　　　　　　　　　　　　　　　　;刀具移至圆锥面起点处

N09 X11.9 W-82　　　　　　　　　　　　　;加工锥面

N10 X13　　　　　　　　　　　　　　　　　;X 轴方向退刀,精加工路径最后一行

N11 G00 X50 Z1　　　　　　　　　　　　　;快速退刀至换刀点位置

N12 T0303　　　　　　　　　　　　　　　　;换 3 号螺纹刀

N13 M07 M03 S350　　　　　　　　　　　　;冷却液开启,主轴转速为 350 r/min

N14 G00 X10　　　　　　　　　　　　　　　;刀具快速移至螺纹循环起点处

N15 G82 X7.4 Z-14 F0.75　　　　　　　　　;螺纹加工循环第一刀

N16 X7.2 Z-14 F0.75　　　　　　　　　　　;螺纹加工循环第二刀

N17 X7.1 Z-14 F0.75　　　　　　　　　　　;螺纹加工循环第三刀

N18 G00 X50　　　　　　　　　　　　　　　;刀具快速移至换刀点位置

N19 M09 M05　　　　　　　　　　　　　　;冷却液关,主轴停止

N20 M30　　　　　　　　　　　　　　　　;程序结束并复位

3) 加工 SR6 圆球和 R2 凹圆弧的程序

%0003　　　　　　　　　　　　　　　　　;加工 SR6 圆球的 R2 凹圆弧程序名

N01 T0401　　　　　　　　　　　　　　　　;换 4 号外圆车刀

N02 M03 S550　　　　　　　　　　　　　　;主轴正转,转速 550 r/min

N03 G00 X13 Z1　　　　　　　　　　　　　;刀具快速移至循环起点处

N04 G71 U1.5 R1 P5 Q8　　　　　　　　　　;外径复合循环指令
　　　X0.5 Z0.1 F100

N05 G01 X0 Z0 F60　　　　　　　　　　　　;精车路径第一行

N06 G03 X7.95 Z-10.5 R6

N07 G02 X10.6 Z-14 R2　　　　　　　　　　;精加工 R2 圆弧

N08 G01 X12.4 C1.5　　　　　　　　　　;X 轴方向退刀加工端面,循环终点
N09 G00 X50 Z100　　　　　　　　　　;刀具快速退至换刀点
N10 M05　　　　　　　　　　　　　　　;主轴停止
N11 M30　　　　　　　　　　　　　　　;程序结束并复位

5．对刀操作

由于该手柄加工需要三次装夹完成零件的加工,如果使用一夹一顶的方式加工,可以定位在相同位置装夹,这样就可避免重复对刀。但加工圆弧面时,装夹方式不同,因此必须分别进行对刀。

1) 夹一头顶一头装夹方式对刀操作

①装夹工件,夹一头,夹持长度为 12 mm,另一头用活动顶尖顶住中心孔定位。

②功能软键选择"刀具补偿"F4 功能,再按压"刀偏表"F1,显示界面会出现"绝对刀偏表"。

③在安全位置手动换 1 号硬质合金螺纹刀;用 1 号硬质合金螺纹刀试切毛坯外径一段距离(如图 10-18 所示点 1),X 方向不移动,将刀具朝 +Z 的方向退出加工表面,再用卡尺或千分尺准确测量出外圆尺寸。

④用光标键"↓"、"↑"、"←"或"→"在 1 号刀偏寄存器中选择"试切直径"栏中输入已测量出的工件直径值,并确认。

⑤由于螺纹刀刀尖在中间位置,无法切削到端面,因此对刀时可不用切削端面,而只需低速移至试切后外径与端面相交处点 2(见图 10-18),Z 向不移动,将刀具朝 +X 方向退出加工表面。

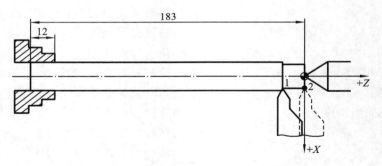

图 10-18　对刀操作示意图

⑥在刀偏寄存器中"试切长度"一栏中输入"0"(如工件坐标系的原点位置在外端面圆心上),并确认;此时,1 号刀具对刀完成。

⑦用以上同样的方式对 2 号滚花刀、3 号高速钢螺纹刀进行对刀操作。

2) 加工 SR6 圆球和 R2 凹圆弧对刀

加工此工序只需使用一把刀具,即机夹式精车外圆车刀,所以只需对一把刀具即可。具体对刀操作步骤如下:

①装夹工件,用三爪卡盘夹持毛坯伸出 25 mm 长。

②功能软键选择"刀具补偿"F4,再按压"刀偏表"F1,显示界面会出现"绝对刀偏表"。

③换 4 号机夹精车外圆车刀,用 4 号机夹精车外圆刀试切毛坯外径一段距离(如图 10-19 所示点 2 至点 1),X 方向不移动,将刀具朝 +Z 的方向退出加工表面,再用卡尺或千分尺准确测量出外圆尺寸。

④用光标键"↓"、"↑"、"←"或"→"在 4 号刀偏寄存器中选择"试切直径"栏并输入已测量

出的工件直径值,确认。

⑤用精车外圆车刀试切工件的端面(如图 10-19 所示点 2),并朝端面中心切平,Z 向不移动,将刀具朝 $+X$ 方向退出加工表面。

⑥在刀偏寄存器中"试切长度"一栏中输入"0"(如工件坐标系的原点位置在外端面圆心上),并确认;此时,4 号刀具对刀完成。

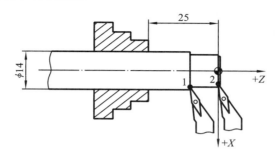

图 10-19　加工圆弧对刀示意图

【注意事项】

①对刀前必须确定机床已回参考点,机床坐标系已建立;

②试切工件外径后,不得移动 X 轴;

③试切工件端面后,不得移动 Z 轴。

6. 实施加工

按照数控车床加工操作步骤进行加工,加工前应先进行模拟仿真,确保程序的正确性。注意在实施加工过程中一定要保证装夹位置与对刀时的装夹位置一致,否则会出现加工误差甚至危险。

10.5.2　数控车削实习指导

1. 实习目的

(1)熟悉数控车床的组成、控制原理、操作方法。

(2)了解数控车削的特点、加工工艺过程及应用。

(3)掌握简单零件加工的编程方法。

(4)熟悉并掌握数控车削工艺。

2. 实习内容

(1)学习数控车床简介、编程及零件加工工艺讲解,及实习安全注意事项。

(2)学习数控车床操作并练习。

(3)学习零件加工对刀讲解。

(4)按给定的图纸进行编程后加工作品。

(5)自主设计、编程和完成零件的加工。

复习思考题

1. 比较数控车床与普通车床在结构上的异同点。

2. 分析数控车削的工艺特点和在生产上的应用。

第11章 数控铣削

11.1 概述

11.1.1 数控铣床的分类

数控铣床按其主轴位置的不同,可分为立式数控铣床、卧式数控铣床和立卧两用数控铣床。立式数控铣床的主轴轴线垂直于加工工作台平面;卧式数控铣床的主轴轴线平行于工作台;立卧两用数控铣床的主轴方向可以更换,在一台机床上既可以进行立式加工,又可以进行卧式加工。其中,立式数控铣床是数量最多、应用最广泛的一种。图 11-1 为 XK714B 立式数控铣床,其工作原理如图 11-2 所示。主轴带动刀具旋转做主运动,工作台的左右移动(X 向)、滑座的前后移动(Y 向)和主轴箱的上下移动(Z 向)组成三个进给方向,X、Y、Z 三个方向的移动靠伺服电动机驱动滚珠丝杠来实现。

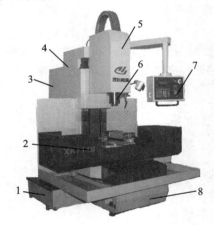

图 11-1 XK714B 立式数控铣床

1—冷却液箱;2—工作台;3—电气柜;4—立柱;5—主轴箱;6—主轴;7—控制面板;8—床身

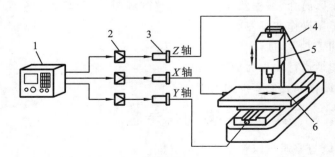

图 11-2 立式数控铣床工作原理示意图

1—数控装置;2—伺服放大器;3—伺服电动机;4—床身;5—主轴箱;6—工作台

按照数控系统所控制的联动坐标轴数的不同,数控铣床可分为两轴半、三轴和多轴数控铣床。两轴半数控铣床可对三轴中的任意两轴进行联动控制;三轴机床为三轴联动;通过增加旋转轴,多轴机床可以实现四轴联动、五轴联动。

11.1.2　数控铣削的特点及应用

数控铣削加工主要包括孔加工(钻孔、镗孔、攻螺纹)、轮廓铣削、平面铣削和三维空间曲面加工。与普通铣床相比,数控铣床具有以下主要特点。

1. 适应性强

由于数控铣床能实现多个坐标的联动,所以数控铣床能完成复杂型面的加工,不必用凸轮、靠模、样板或其他模具等专用工艺装备。因此,生产准备周期短,适应性非常强。

2. 加工精度高

数控铣床有较高的加工精度,一般在 0.001~0.1 mm 之间。机床控制系统精度高,传动件精度也高,机床丝杠的螺距误差等可以通过数控装置自动进行补偿,所以数控铣床加工精度比较高。

3. 加工质量稳定

数控铣床是根据数控程序自动进行加工的,可以避免人为的误差,保证了批量生产时零件加工的一致性且质量稳定。

数控铣床一般能对板类、盘类、壳具类或模具类等复杂零件进行加工,特别适应于复杂形状的零件或对精度保持性要求较高的中、小批量零件的加工。

11.2　数控铣削加工工艺

11.2.1　刀具

数控铣床上所用到的刀具可分为面加工刀具和孔加工刀具。

1. 面加工刀具(铣削刀具)

按照用途,铣刀可分为面铣刀、立铣刀、键槽铣刀、模具铣刀、成形铣刀等,如图 11-3 所示。用于加工平面、凹槽、台阶面、二维曲面(如平面凸轮的轮廓)、三维空间曲面等。图 11-4 所示为球头铣刀铣削模具内腔表面。

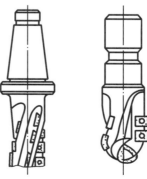

(a) 可转位面铣刀　　　　(b) 可转位立铣刀　(c) 可转位模具铣刀

图 11-3　数控铣刀

2. 孔加工刀具

孔加工刀具主要有钻头、镗刀、铰刀、丝锥等,如图 11-5 所示。

图 11-4　球头铣刀铣削模具内腔表面

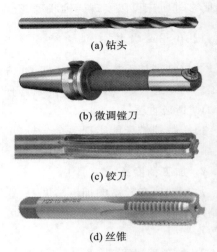

(a) 钻头

(b) 微调镗刀

(c) 铰刀

(d) 丝锥

图 11-5　孔加工刀具

11.2.2　数控铣削工艺

数控铣削工艺主要包括以下几个方面。

(1) 分析零件图纸,明确技术要求和加工内容。

(2) 确定工件坐标系原点位置　一般情况下,Z 轴的程序原点通常选在工件的上表面,并将程序原点定位于工件上特征明显的位置,如工件的对称中心点或圆心上。

(3) 确定加工工艺路线　数控铣削加工时,应注意设计好刀具切入点与切出点。如图 11-6 所示,用立铣刀的侧刃铣削平面工件的外轮廓时,铣刀的切入点和切出点应沿工件轮廓曲线的延长线的切向切入和切出工件表面,而不应沿法向直接切入工件,以避免加工表面产生划痕,保证零件轮廓光滑。这一点对精铣尤其重要。

铣削封闭的内轮廓表面时,同铣削外轮廓一样,刀具同样不能沿轮廓曲线的法向切入和切出。此时刀具可以沿一过渡圆弧切入和切出工件轮廓。图 11-7 所示为铣切内圆的加工路线。图中 R_1 为零件圆弧轮廓半径,R_2 为过渡圆弧半径。

加工路线不一致,加工结果也将各异。图 11-8 所示为加工凹槽的三种进给路线,图 11-8(a)表示行切法路线,图 11-8(b)表示环切法路线。两种进给路线的共同点是都能切净内腔中全部面积,不留死角,不伤轮廓,同时尽量减少重复进给的搭接量。不同点是行切法的进给路线比环切法的短,但行切法将在每两次进给的起点和终点间留下残留面积,而达不到所要求的表面粗糙度;而采用环切法获得的表面粗糙度要好于行切法,但需逐次向外扩展轮廓线,刀位点的计算稍微复杂一些。综合行切、环切的优点,采用图 11-8(c)所示的进给路线,即先用行切法切去中间部分余量,最后环切一刀,则既能使总的进给路线较短,又能获得较好的表面粗糙度。

加工过程中,若进给停顿,则切削力明显减少,会改变系统的平衡状态,刀具会在进给停顿处的工件表面留下划痕,因此在轮廓加工中应避免进给停顿。

(4) 切削用量的确定。为保证刀具的耐用度,铣削用量的选择方法是:先选取背吃刀量,

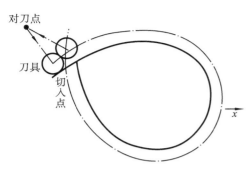

图 11-6 刀具切入和切出外轮廓的进给路线图

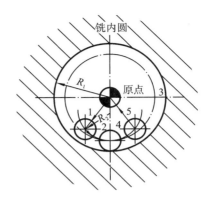

图 11-7 刀具切入和切出内轮廓的进给路线图

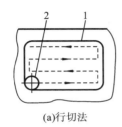

(a)行切法

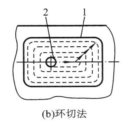

(b)环切法

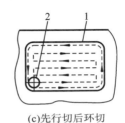

(c)先行切后环切

图 11-8 铣内槽的三种进给路线

1—工件凹槽轮廓;2—铣刀

其次确定进给速度,最后确定切削速度。

（5）加工程序的编写、校验和修改。

（6）完成零件加工。

11.3 数控铣削编程

数控铣床的功能指令与数控车床大致相同,可参见 10.3 节。这里以华中数控 HNC-818B 系统为例,介绍数控铣削的常用指令。

1. 设定工件坐标系指令

格式:G92 X__ Y__ Z__

说明:在机床上建立工件坐标系(也称编程坐标系);坐标值 X、Y、Z 为刀具刀位点在工件坐标系中的坐标值;

如图 11-9 所示,先确定刀具的换刀点位置,然后由 G92 指令根据换刀点位置设定工件坐标系的原点,G92 指令中 X、Y、Z 坐标表示换刀点在工件坐标系 O_p-$X_pY_pZ_p$ 中的坐标值。

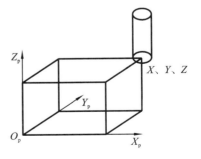

图 11-9 G92 设定工件坐标系

2. 选择工件坐标系指令

格式:G54(G55~G59)

说明:G54~G59 是系统预定的 6 个工件坐标系,如图 11-10 所示,可根据需要任意选用。

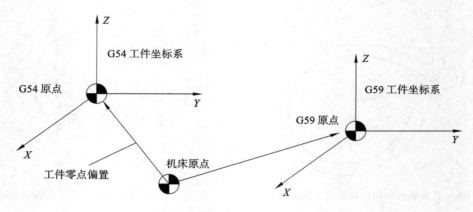

图 11-10　工件坐标系选择(G54～G59)

这 6 个预定工件坐标系的原点在机床坐标系中的值(工件原点偏置值)可用 MDI 方式输入,系统自动记忆。工件坐标系一旦选定,后续程序段中的绝对值编程时的指令值均为相对此工件坐标系原点的值。G54～G59 为模态功能,可相互注销,G54 为缺省值。

举例如下。

如图 11-11 所示,用 G54～G59 建立工件坐标系方式编程,实现从 $A \to B \to 01$ 点的快速定位。以下为其程序段。

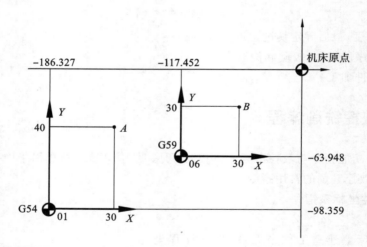

图 11-11　G54～G59 编程实例

```
%0001
N01 G54 G00 G90 X30 Y40
N02 G59
N03 G00 X30 Y30
N04 G54
N05 X0 Y0
N06 M30
```

3. 插补平面选择指令

$$格式:\begin{cases}G17\\G18\\G19\end{cases}$$

说明:表示选择的插补平面(圆弧插补和刀具补偿)。如图 11-12 所示,G17 表示选择 XY 平面;G18 表示选择 ZX 平面;G19 表示选择 YZ 平面。

在刀具半径补偿时,必须对平面进行选择,不写则默认为 G17。

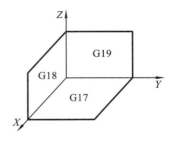

图 11-12 插补平面选择

4. 刀具半径补偿指令

$$格式:\begin{cases}G41\\G42\\G40\end{cases}\begin{cases}G00\\G01\end{cases}X\_\_Y\_\_H(或\ D)\_\_$$

功能:数控系统根据工件轮廓和刀具半径自动计算刀具中心轨迹,控制刀具沿刀具中心轨迹移动,加工出需要的工件轮廓,编程时避免计算复杂的刀具中心轨迹。

说明:(1) X＿ Y＿表示刀具轨迹中建立或取消刀具半径补偿值的终点坐标;H(或 D)＿为刀具半径补偿寄存器地址符。

(2) 如图 11-13 所示,沿刀具进刀方向看,刀具中心在零件轮廓左侧,则为刀具半径左补偿,用 G41 指令;沿刀具进刀方向看,刀具中心在零件轮廓右侧,则为刀具半径右补偿,用 G42 指令;G40 表示取消刀具半径补偿。

(3) 通过 G00 或 G01 运动指令建立或取消刀具半径补偿。

(4) G40 必须和 G41 或 G42 成对使用。

举例如下。

如图 11-14 所示,刀具由 O 点至 A 点,采用刀具半径左补偿指令 G41 后,刀具将在直线插补过程中向左偏置一个半径值,使刀具中心移动到 B 点,以下为其程序段。

G41 G01 X50 Y40 F100 H01

偏置量(刀具半径)预先寄存在 H01 指令指定的寄存器中。

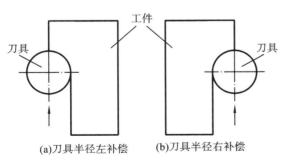

图 11-13 刀具半径补偿位置判断图

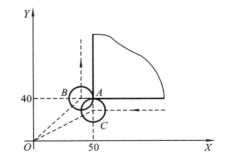

图 11-14 刀具半径补偿过程

当刀具以半径左补偿 G41 指令加工完工件后,通过图中 CO 段取消刀具半径补偿,以下为其程序段。

G40 G00 X0 Y0

5. 刀具长度补偿指令

格式：$\left.\begin{array}{l}\text{G43}\\\text{G44}\\\text{G49}\end{array}\right\}$Z＿ H＿

功能：对刀具的长度进行补偿。当实际刀具长度与编程刀具长度不一致时，可以通过刀具长度补偿功能实现对刀具长度差值的补偿。

说明：G43 指令为刀具长度正补偿，G44 指令为刀具长度负补偿，G49 指令为取消刀具长度补偿；H 为刀具长度补偿代码，后面两位数字是刀具长度补偿寄存器的地址符。

6. 孔加工固定循环

孔加工固定循环是按一定的顺序进行钻、镗、攻螺纹等切削加工。

1) 孔加工固定循环的运动与动作

对工件的孔加工时，根据刀具的运动位置可以分为 4 个平面（见图 11-15）：初始平面（点）、R 平面、工件平面和孔底平面。在孔加工过程中，刀具的运动由以下 6 个动作组成（见图 11-16，图中的虚线表示快速进给，实线表示切削进给）。

动作 1：快速定位至初始点，程序中的 X、Y 表示了初始点在初始平面中的位置。

动作 2：快速定位至 R 平面，即刀具自初始点快速进给到 R 平面。

动作 3：孔加工，即以切削进给的方式执行孔加工的动作（钻、镗、攻螺纹等）。

动作 4：在孔底的相应动作，包括暂停、主轴准停、刀具移位等动作。

动作 5：返回到 R 平面，即继续孔加工时刀具返回到 R 平面。

动作 6：快速返回到初始平面，即孔加工完成后返回到初始平面。

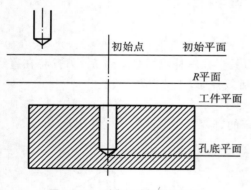

图 11-15　孔加工循环的平面

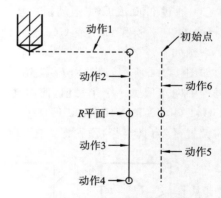

图 11-16　固定循环的动作

2) 孔加工固定循环指令

格式：$\left.\begin{array}{l}\text{G90}\\\text{G91}\end{array}\right\}\left.\begin{array}{l}\text{G99}\\\text{G98}\end{array}\right\}$G73～G89 X＿ Y＿ Z＿ R＿ Q＿ P＿ F＿ L＿

说明：G98、G99 为返回平面选择指令，G98 指令表示刀具返回到初始平面，G99 指令表示刀具返回到 R 平面，如图 11-15 所示。

X ＿ Y ＿指定加工孔的位置（与 G90 或 G91 指令的选择有关）。

Z ＿指定孔底平面的位置（与 G90 或 G91 指令的选择有关，见图 11-17）。

R ＿指 R 平面的位置（与 G90 或 G91 指令的选择有关，见图 11-17）。

Q ＿在 G73 或 G83 指令中定义每次进刀加工深度。

P ___指定刀具在孔底的暂停时间,用整数表示,单位为 ms。

F ___指定孔加工切削进给速度,该指令为模态指令,即使取消了固定循环,在其后的加工程序中仍然有效。

L ___指定孔加工的重复加工次数,执行一次,即 L1 可以省略;如果程序中选 G90 指令,刀具在原来孔的位置上重复加工;如果选择 G91 指令,则用一个程序段对分布在一条直线上的若干个等距孔进行加工;L 指令仅在被指定的程序段中有效。

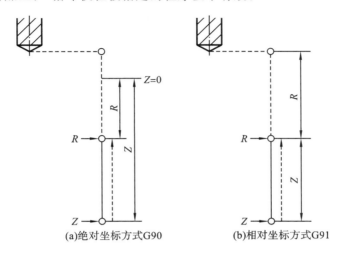

(a)绝对坐标方式G90　　　　　　(b)相对坐标方式G91

图 11-17　G90 与 G91 的坐标计算

11.4　数控铣床的操作

11.4.1　数控铣床对刀

在工件安装后,通过对刀可以在机床坐标系和工件坐标系之间建立准确的位置关系。因此,对刀的准确程度将直接影响零件的加工精度。常用的对刀方法有试切法对刀、寻边器对刀、Z 轴设定器对刀和百分表对刀等。

1. 试切法和寻边器对刀

当对刀点为工件上表面的中心点时,常采用刀具试切法对刀,如图 11-18 所示。对刀步骤如下:

(1)将工件安装在工作台上;

(2)将准备用于加工的铣刀安装在机床主轴上,启动主轴中速旋转;

(3)手动移动铣刀,使其沿 X 方向靠近被测工件的一侧边,且其 Z 向位置应低于工件上表面位置,直到铣刀周刃轻微接触到工件的侧面;

(4)将机床相对坐标 X 清零,然后将铣刀沿 Z 向退离工件;

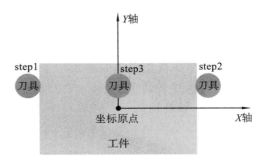

图 11-18　刀具试切法对刀原理

（5）将铣刀向工件的另一侧面移动，重复步骤（3）；记下此时机床 X 的相对坐标值；

（6）将记下的坐标值除 2，得到 X 向零点坐标值；

图 11-19　寻边器

（7）沿 Y 方向，重复步骤（3）～（6），即得 Y 向零点坐标值；

（8）将刀靠近工件上表面至轻微接触，得到 Z 向零点坐标值。

刀具试切法对刀方法简单，但会在工件上留下痕迹，且对刀精度较低。如果对刀精度要求较高，可以将刀具换成寻边器。如图 11-19 所示为光电式寻边器。光电式寻边器一般由柄部和触头组成，两者之间有一个固定的电位差。将寻边器和刀具一样装夹在主轴上，其柄部通过夹头和工作台、金属工件导通，当钢球测头接触到工件时，回路电路导通，LED 灯亮。其对刀方法和刀具试切法相同。

2. Z 轴设定器对刀

如图 11-20 所示，Z 轴设定器有光电式和指针式等类型，主要用于确定工件坐标系原点在机床坐标系的 Z 轴坐标或刀具长度测量。其高度一般为 50 mm 或 100 mm。对刀时通过光电指示或指针判断刀具与对刀器是否接触，对刀精度一般可达 0.005 mm。

图 11-20　Z 轴设定器

3. 百分表对刀

当对刀点为圆柱孔或圆柱面的中心时，常用杠杆百分表对刀法。对刀步骤如下（见图 11-21）。

（1）将工件安装在工作台上，将百分表的安装杆装在刀柄上，或将百分表的磁性座吸在主轴套筒上。

（2）移动工作台使主轴中心线趋于工件中心，调节伸缩杆的长度和角度，使百分表的触头接触工件的圆周面（指针转动约 0.1 mm）。

（3）用手慢慢转动主轴，使百分表的触头沿工件圆周面转动，观察百分表指针偏移情况；慢慢移动工作台的 X 轴和 Y 轴，使表头旋转一周时，其指

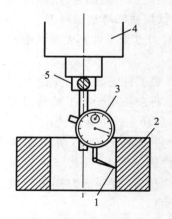

图 11-21　百分表对刀

1—表头；2—工件；3—百分表；4—主轴；5—磁性座

针基本在同一位置(指针的跳动量在允许的对刀误差内,如 0.01 mm),此时可认为主轴的旋转中心与被测圆周面的中心是重合的。

(4)记下此时机床坐标系中 X、Y 的坐标值。

杠杆百分表的对刀精度高,但效率较低,对被测圆周面的精度要求也较高。

11.4.2 数控铣床的基本操作

这里以华中数控 HNC-818B 系统为例,介绍数控铣床的基本操作。机床控制面板如图 11-22 所示。

图 11-22 数控铣床控制面板

1. 开机、回参考点操作

1)开机

①拨动机床背面机床电源开关,机床上电;

②按数控装置操作面板"启动"按钮(注:绿色按钮为系统电源开;红色按钮为系统电源关),启动数控装置,自动进入数控系统操作界面。

③顺时针旋转操作面板上"急停"按键(面板右下角红色旋钮或手持盒上的红色旋钮),解除系统显示存在的急停状态。(出现紧急事故时应立即按压"急停"按钮;关机前应先按下"急停"按钮再给机床断电)

【注意】 关机后,若需要重新启动系统,则应间隔 3 s 以上,短时间内不应频繁开关机。

2)回参考点

回参考点的目的是建立机床坐标系,消除传动间隙误差。

①按操作面板上工作方式中"回参考点"键 （显示屏下方）；

②依次按操作面板上"Z"、"X"、"Y"轴向键，待显示屏显示三个轴的机床坐标值全部为零即可。

【注意】 ①每次启动机床后，必须先完成各轴的回参考点操作，保证各轴坐标的正确；

②回参考点后，只要伺服驱动装置不出现报警，其他机床报警都无需重新回参考点。

③必须先回 Z 轴，再回 X、Y 轴；若先回 X、Y 轴则有可能导致铣刀与虎钳或零件发生碰撞。

2. 手动操作、增量操作、手摇操作

1）手动操作

手动操作的目的是快速初步定位。

①按操作面板上的"手动"键 ，进入手动工作方式；

②选择操作面板上"X"、"Y"、"Z"轴向键，再选择"＋"、"－"确定轴位移方向，同时按下"快速"键 及"＋"、"－"键，则能在给定方向上进行快速移动。

【注意】 ①在进行手动操作时，要时刻注意铣刀以及虎钳的位置及移动方向，防止铣刀与工件或与虎钳发生碰撞。

②在移动过程中，如屏幕左上角有"出错"闪烁，则有可能为超程。若为超程，则按压报警显示按钮，检查为哪个轴超程，然后一只手按压操作面板上"超程解除"键 ，不松开，另一只手再按下"手动"，再按压操作面板上超程的轴，选择与超程方向相反的方向为位移方向，令工作轴反方向移动，直至解除超程状态。

2）增量操作

增量操作用于精确定位。

①按操作面板上的"增量"键 ，屏幕左上角会显示"增量"；

②当手持单元的"轴选择"旋钮指向的为"off"时，选择操作面板上的"X"、"Y"、"Z"轴向键，再选择"＋"、"－"键确定轴移动方向。

选择倍率按键确定移动速率，位移倍率如表 11-1 所示。

表 11-1 位移倍率

增量倍率按键	×1	×10	×100	×1000
增量值/mm	0.001	0.01	0.1	1

每按一次则位移相应步距一次，按几次位移几次，持续按压则持续进给，与手动类似。

3）手摇进给

手摇进给用于精确定位以及对刀操作。

①按操作面板上的"增量"键 ，通过手持单元的"轴选择"旋钮选择"X"、"Y"、"Z"后，显示屏屏幕左上角显示进入"手摇"工作模式；

②通过手持单元上"增量倍率"旋钮，选择"×1"、"×10"或"×100"倍率，确定手轮旋转一格，轴的移动距离为 0.001 mm、0.01 mm 或 0.1 mm；

③通过手持单元上的手轮往"＋"方向或者"－"方向旋转，确定轴的运动方向。

【注意】 当增量倍率为最大倍率"×100"时，请勿快速摇动手轮，避免撞刀。

3. 选择、编辑、新建、保存和校验程序

按主菜单中"程序"键,结合子菜单功能软键(F1～F6),可实现程序的选择、编辑、保存、校核等。

1）选择程序载入

①在程序主菜单下按与"选择"对应的功能软键,在显示屏出现的界面用"▲"和"▼"选择存储器类型(系统盘、U 盘、CF 卡),再按回车键可查看所选存储器的子目录;

②用光标键"▶"切换至程序文件列表;

③用光标键"▲"和"▼"选择程序文件;

④按回车键,即可将该程序文件选中并调入加工缓冲区。

【注意】 如果被选程序文件是只读 G 代码文件,则有[R]标识。

2）编辑程序

①程序载入后,按子菜单功能键中与"编辑"对应的功能软键,进入程序编辑界面。

②用光标键"▲"、"▼"、"◀"、"▶"以及翻页键"PgUp"、"PgDn"选择要修改的代码进行修改。

③修改完毕后按与"保存"对应的功能软键保存程序。

3）新建及输入程序

①按主菜单程序与"编辑"对应的功能软键,按子菜单功能键中与"新建"对应的功能软键,可新建程序;

②在光标处输入以英文字母"O"开头的文件名(例:O1234),按回车键确认,进入程序编辑界面;

③在程序编辑界面输入加工程序代码;

④输入完毕后,按与"保存"对应的功能软键进行程序保存。

【注意】 在编辑状态下有"块操作"功能,可对程序中的指定程序段进行"块"定义,并对"块"进行复制、粘贴、删除等操作。

4）校核程序

校核程序用于对选择的程序文件进行检查,并提示程序中出现的错误。

从未在机床上运行的新程序在调入后,应先进行程序校验,程序校验后系统未提示错误,再启动自动运行。

具体操作步骤如下:

①按主菜单功能键"程序"键,选择要运行的加工程序;

②按机床控制面板上的"自动"或"单段"键进入程序自动运行模式;

③按主菜单功能键"位置"键,再按与"图形"对应的功能软键,切换屏幕显示模式为图形显示模式;

④在程序菜单下,按与"校核"对应的功能软键,系统操作界面的工作方式显示更改为"自动校验";

⑤按机床控制面板上的"循环启动"按钮(操作面板右下方绿色按钮),开始程序校核;

⑥若程序正确,自动校核完成后,光标将返回到程序头,且系统操作界面的工作方式显示更改为"自动"或"单段";若程序有错,命令行将提示程序中的哪一行存在什么错误;

⑦若程序校核出现问题,可按与"停止"对应的功能软键,再输入"Y",确认取消当前运行程序,再按与"编辑"对应的功能软键,进入程序编辑模式进行程序修改,程序修改完毕后按与

"保存"对应的功能软键保存程序,再依次按与"重运行"对应的功能软键、回车键,进行程序再校核。

【注意】 ①校核运行时,机床不动作(在"机床锁住"状态);

②为确保加工程序的检验结果正确无误,请选择四图形显示("位置"→"图形"→"视角"→"选择联合")的图形显示方式来观察校核运行的结果;

③注意观察程序校核的图形轨迹(刀具中心位移轨迹),并分辨图形轨迹线中黄色线条、红色线条的意义。

4. 对刀操作

对刀的目的是确定工件坐标系,其实质就是测量工件原点与机床原点之间的各轴的偏移距离,并将偏移值存储在系统中工件坐标系代码(例如 G54~G59\G54.1~G54.60)里。这里以试切法对刀操作进行说明。

工件坐标系"X"、"Y"轴零点默认设定在毛坯正中心,"Z"轴零点设定在毛坯上表面。

下面以对"X"轴对刀为例讲解对刀操作。

①按主菜单功能键"设置"键(显示屏右边蓝色键),进入手动建立 G54 工件坐标系模式(也可通过"PgDn"、"PgUp"键选择建立其他的工件坐标系);

②按"主轴正转"键,让铣刀顺时针旋转;

③按"增量"键,进入"手摇"工作模式,手持单元盒的"轴选择"旋钮选择"X"轴为要进行移动的轴;

④通过手持单元盒,控制旋转的铣刀在"X"轴上移动,直至刀具轻轻接触上毛坯的左端面;

⑤保持刀具位置不动,按与"记录Ⅰ"对应的功能软键,系统第一次读取刀具的当前位置,并记录下刀具当前所在位置的所有坐标信息;

⑥抬起刀具,移动到毛坯右边,让刀具轻轻接触右端面,按与"记录Ⅱ"对应的功能软键,系统第二次读取刀具的当前位置,并记录下当前位置的所有坐标信息;

⑦通过光标键"▲"、"▼",将蓝色光标移动至"X"轴位置,按与"分中"对应的功能软键,系统将自动计算得出记录Ⅰ、记录Ⅱ所记录的两坐标的中点值,并将此中点数值中的"X"值自动填入"X"轴数据中,并由系统存储。

"Y"轴对刀方法与"X"轴一样,不同的是,在进行坐标分中之前,需要将蓝色光标由"X"轴移动至"Y"轴上,否则"Y"轴数值不修改。而"Z"轴只有一个数据,可先将蓝色光标移动至"Z"轴位置,再在旋转的铣刀接触毛坯上表面时,连续按下"记录Ⅰ"、"记录Ⅱ"、"分中"三键,其分中数值自动记录在"Z"轴数据中。

当系统读取程序中 G54 这条代码后,就会以 G54 坐标系的三轴的偏移值确定工件坐标系的原点位置,进而按程序进行零件加工。

【注意】 ①按"记录Ⅰ"、"记录Ⅱ"对应功能按键前刀具一定不能移动;

②按"分中"对应功能键前,一定要检查蓝色光标是否在我们所对刀的轴上,如果不是,一定要将蓝色光标移动到对应轴上再按"分中"对应功能键;

③如果零件位置变动则需要重新对刀操作。

5. 程序后台编辑功能以及程序的删除

程序后台编辑功能是在程序正在进行零件的加工时,通过依次按"程序"→"选择"→"后台编辑"→"后台新建"键,新建加工文件进行输入保存的功能。新建的加工文件无法实时进行校核,必须零件加工完毕后,选择该文件才能进行校核。

（1）加工过程结束后，请将存储器内的文件全部删除，在选择程序菜单中用"▲"和"▼"键移动光标条选中要删除的程序文件；

（2）按"删除"对应功能键，系统出现程序删除确认提示，按"Y"键（或回车键）将选中程序文件从当前存储器上删除，按"N"则取消删除操作。

【注意】　删除的程序文件不可恢复。

6. 关机操作

加工结束后，先删除程序，然后关闭照明电源，依次按下"急停"按钮和"系统电源关"按钮，最后将机床总电源关闭。

11.5　典型零件的加工

11.5.1　平面凸轮零件的数控铣削加工工艺

平面凸轮零件是数控铣削加工中常见的零件之一，其轮廓曲线组成不外乎直线与圆弧、圆弧与圆弧、非圆弧等，一般多用两轴以上联动的数控铣床进行加工。下面以图 11-23 所示的平面槽形凸轮为例分析其数控铣削加工工艺。

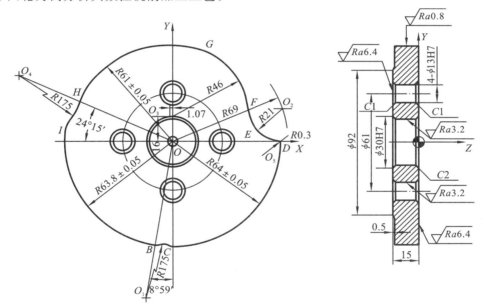

图 11-23　平面槽形凸轮简图

1. 零件图工艺分析

零件材料为 45 钢。凸轮轮廓精度要求较高，采用粗铣—半精铣—精磨的工艺路线，用数控铣削完成半精加工，精加工需淬火后磨削完成。对已加工好的孔和平面，铣削时可用零件的大平面和两孔作定位基准。

2. 夹具选择

采用一面两孔的定位方法，如图 11-24 所示，采用螺钉、压板从中间压紧。凸轮批量较大时，用这个夹具可提高效率。

3. 刀具选择

加工该凸轮轮廓用立铣刀，选择 $\phi20$ 高速钢立铣刀。

4. 切削用量的选择

根据机床说明书选择。

5. 确定进给路线

如图 11-25 所示,确定 A 点为开始切削点,同时选定切入、切出点 M、N 在 A 点切线上;根据 A、M 的位置,将其左上方距离大于刀具半径和余量处的 P 点,选作落刀点;对应于 P 点,将刀具切出后左下方的 Q 点,作为抬刀点;则加工路线为

$$P—M—A—B—C—D—E—F—G—H—I—A—N—Q$$

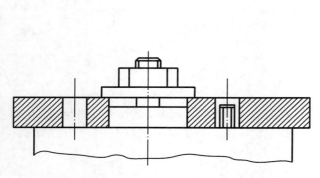 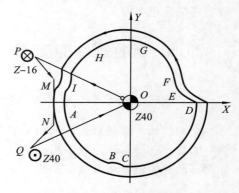

图 11-24　一面两孔的装夹方案示意图　　　　图 11-25　凸轮加工走刀路线图

综合以上工艺分析情况,填写数控加工工序卡,如表 11-2 所示。

表 11-2　数控加工工序卡

数控加工工序卡	零件图号 NC01	零件名称 平面凸轮	文件编号	第　页 共　页
	工序号	工序名称	材料	
	50	铣周边轮廓	45 钢	
	加工车间	设备型号		
	主程序名	子程序名	加工原点	
	0100		G54	
	刀具半径补偿值	刀具长度补偿		
	H01＝10			
	主轴转速/ (r/min)	进给速度/ (mm/min)	切深/ mm	
	800	200	16	
工步号	工步内容	工装夹具	刀具	
1	数控铣周边轮廓	定心夹具	立铣刀 $\phi20$	

6. 平面凸轮零件的数控铣削加工程序

1) 数学处理

该凸轮加工的轮廓均由圆弧组成,因而只要计算出节点坐标,就可编制程序。在工件坐标系中,各点的坐标计算如下(见图 11-23):

BC 弧的中心 O_1 点: $X=-(175+63.8)\sin8°59'=-37.28$
$$Y=-(175+63.8)\cos8°59'=-235.86$$

EF 弧的中心 O_2 点: $X^2+Y^2=69^2$ 联立 $(X-64)^2+Y^2=21^2$

解之得 $\qquad X=65.75,\quad Y=20.93$

HI 弧的中心 O_4 点: $X=-(175+61)\cos24°15'=-215.18$
$$Y=(175+61)\sin24°15'=96.93$$

DE 弧的中心 O_5 点: $X^2+Y^2=63.7^2$ 联立 $(X-65.75)^2+(Y-20.93)^2=21.30^2$

解之得 $\qquad X=63.70,\quad Y=-0.27$

B 点: $\qquad X=-63.8\sin8°59'=-9.96$
$$Y=-63.8\cos8°59'=-63.02$$

C 点: $X^2+Y^2=64^2$,联立 $(X+37.28)^2+(Y+235.86)^2=175^2$

解之得 $\qquad X=-5.57,\quad Y=-63.76$

D 点: $(X-63.70)^2+(Y+0.27)^2=0.3^2$,联立 $X^2+Y^2=64^2$

解之得 $\qquad X=63.99,\quad Y=-0.28$

E 点: $(X-63.7)^2+(Y+0.27)^2=0.3^2$,联立 $(X-65.75)^2+(Y-20.93)^2=21^2$

解之得 $\qquad X=63.72,\quad Y=0.03$

F 点: $(X+1.07)^2+(Y-16)^2=46^2$,联立 $(X-65.75)^2+(Y-20.93)^2=21^2$

解之得 $\qquad X=44.79,\quad Y=19.60$

G 点: $(X+1.07)^2+(Y-16)^2=46^2$,联立 $X^2+Y^2=61^2$

解之得 $\qquad X=14.79,\quad Y=59.18$

H 点: $\qquad X=-61\cos24°15'=-55.62$
$$Y=61\sin24°15'=25.05$$

I 点: $X^2+Y^2=63.80^2$,联立 $(X+215.18)^2+(Y-96.93)^2=175^2$

解之得 $\qquad X=-63.02,\quad Y=9.97$

2) 编写加工程序

凸轮加工的程序及程序说明如下:

```
%0100
N10 G54 X0 Y0 Z40                          ;进入 G54 工件坐标系
N20 G90 G00 G17 X-73.8 Y20 S800 M03        ;由起刀点到加工开始点
N30 G00 Z0                                 ;下刀至零件上表面
N40 G01 Z-16 F200                          ;下刀至零件下表面下 1 mm
N50 G42 G01 X-63.8 Y10 F80 H01             ;开始刀具半径补偿
N60 G01 X-63.8 Y0                          ;切入零件至 A 点
N70 G03 X-9.96 Y-63.02 R63.8               ;切削 AB
N80 G02 X-5.57 Y-63.76 R175                ;切削 BC
N90 G03 X63.99 Y-0.28 R64                  ;切削 CD
```

```
N100 G03 X63.72 Y0.03 R0.3          ;切削 DE
N110 G02 X44.79 Y19.6 R21           ;切削 EF
N120 G03 X14.79 Y59.18 R46          ;切削 FG
N130 G03 X-55.26 Y25.05 R61         ;切削 GH
N140 G02 X-63.02 Y9.97 R175         ;切削 HI
N150 G03 X-63.80 Y0 R63.8           ;切削 IA
N160 G01 X-63.80 Y-10               ;切削零件
N170 G01 G40 X-73.8 Y-20            ;取消刀具补偿
N180 G00 Z40                        ;Z 向抬刀
N190 G00 X0 Y0 M02                  ;返回起刀点,结束
```

参数设置:H01＝10。

11.5.2　数控铣削实习指导

1. 实习目的

(1) 了解数控铣床的基本组成、控制原理;

(2) 了解数控铣削的加工范围、零件的加工工艺;

(3) 掌握数控铣床的基本操作;

(4) 学会零件的程序编写;

(5) 能够进行简单零件的数控铣削加工操作。

2. 实习内容

(1) 学习数控铣床简介、编程及零件加工工艺讲解,实习安全注意事项;

(2) 学习数控铣床操作并练习;

(3) 学习零件加工对刀讲解;

(4) 按给定的图纸进行编程、检验并完成零件加工;

(5) 自主设计、编程并完成零件的加工。

复习思考题

1. 分析数控铣削的工艺特点及其在生产中的应用。

2. 分析实习机床的坐标轴。

3. 数控铣削常用的对刀方式有哪些?

第 12 章　加 工 中 心

12.1　概述

12.1.1　加工中心的分类

加工中心从数控铣床发展而来,它是一种备有刀库,能自动更换刀具对工件进行多工序加工的数控机床。通过自动换刀功能,加工中心可以实现铣削、镗削、钻削、攻螺纹等多种加工工艺。因此,它能在一台机床上完成由多台机床才能完成的工作。

按加工工序分类,加工中心可分为镗铣加工中心和车削加工中心。镗铣加工中心主要以镗铣为主,还可以进行钻、扩、铰、锪、攻螺纹等加工,主要用于箱体、模具、复杂空间曲面等的加工。通常所称的加工中心一般是指镗铣加工中心。车削加工中心以车削为主,还可以进行铣、钻、扩、铰、攻螺纹等加工,主要用于复杂形状回转体零件的加工。

按主轴轴线的空间位置和机床布局,加工中心可分为立式加工中心(主轴轴线与工作台垂直布置)、卧式加工中心(主轴轴线与工作台平行布置)、万能加工中心(加工主轴轴线与工作台回转轴线的角度可控制联动变化)等。

按控制轴数,加工中心可分为三轴加工中心、四轴加工中心、五轴加工中心等。典型的三轴立式加工中心如图 12-1 所示。

12.1.2　加工中心的特点和应用

1. 工序集中

加工中心具有自动换刀装置,可以在一次装夹后,连续自动完成钻孔、铰孔、镗孔、铣削等多工步的加工;配备自动回转工作台或主轴箱后,可一次装夹工件后自动完成多个平面或多个角度位置的多工步加工,工序高度集中。

2. 加工精度高

由于工序高度集中,一次装夹可以加工出零件上大部分甚至全部表面,避免了工件多次装夹所产生的定位误差,因此,能获得高的型面精度和位置精度。

图 12-1　三轴立式加工中心

3. 效率高

加工中心工序集中,加工过程连续,减少了辅助动作时间和停机时间,因此,生产效率很高。就中等加工难度工件的批量加工,其效率是普通设备的 5～10 倍。

因此,加工中心综合加工能力强,适合加工形状复杂、加工内容多、精度要求较高的零件,如箱体、叶轮(见图 12-2)、各种曲面成形模具等。

图 12-2　叶轮

12.1.3　加工中心的基本组成

加工中心由于具有自动换刀功能,因此,在结构组成上比普通数控机床增加了自动换刀装置,有些加工中心还配有工作台自动交换装置。

1. 自动换刀装置

加工中心自动换刀装置由刀库和刀具交换装置组成,用于交换主轴与刀库中的刀具或工具。加工中心上使用的刀库主要有两种,一种是盘式刀库,一种是链式刀库,分别如图 12-3、图 12-4 所示。盘式刀库容量相对较小,一般可安装 1～24 把刀,主要适用于小型加工中心;链式刀库容量大,一般有 1～100 把刀具,主要适用于大中型加工中心。加工中心的换刀方式主要有机械手换刀和主轴换刀两种。机械手换刀是指由刀库选刀,再由机械手完成换刀动作。其换刀灵活,动作快,而且结构简单,应用更广泛。

图 12-3　盘式刀库

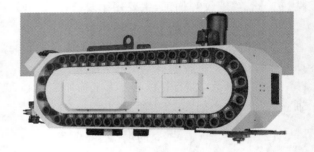

图 12-4　链式刀库

2. 工作台自动交换装置

根据需要,加工中心可配备工作台自动交换装置,使其携带工件在装卸工位和加工工位之间转换,达到提高加工精度和生产效率的目的,这也是构成柔性制造系统(flexible manufacture system,FMS)的基本手段。

加工中心工作台交换装置主要有两大类型:

(1) 回转交换式,该装置交换空间小,多为单机时使用;

(2) 移动交换式,工作台沿导(滑)轨移至工作位置进行交换,多用于加工中工位多、内容多的情况。

12.2　计算机辅助三维设计与编程

12.2.1　CAD 基础知识

计算机辅助设计(computer aided design,CAD)是以计算机为工具所进行的产品设计、绘图、分析等设计活动的总称。作为一项杰出的工程技术成就,CAD 技术已广泛地应用于工程设计的各个领域,并已成为现代数字化、网络化、智能化制造技术的基础技术之一。

1. 常用的三维造型 CAD 软件简介

CAD 技术已从传统的二维设计发展到现代的三维设计、参数化设计、变量化设计、特征设计等,各种三维 CAD 软件也不断涌现。机械行业中,常见的三维 CAD 软件主要有 UG、CATIA、Pro/E、Solidworks、Solidedge 和 Inventor 等。其中 UG、CATIA 和 Pro/E 是机械行业中的主流高端 CAD 软件,功能强大、应用广泛并各具特色。CATIA 是法国达索公司为了设计飞机外形而开发的软件,其曲面造型功能十分强大;UG 软件的前身是美国麦道飞机公司为了加工飞机的机翼而开发的软件,其 CAM 功能首屈一指;Pro/E 则是 20 世纪末才诞生的三维软件,是首款在 PC 上实现参数化设计的三维软件,其突出特点是参数化。Solidworks、Solidedge 和 Inventor 则是功能相对简单的三维软件,其中 Solidworks 软件的工业用户相对较多。

2. CAD 三维造型基本原理

1) 几何造型技术

按照发展历史,CAD 的几何造型系统可分为线框造型、曲面造型和实体造型系统等。线框模型是几何造型最简单的一种模型(见图 12-5(a)),它由物体上的点、直线和曲线组成,是利用对象形体的邻边和顶点来表示其几何形状的一种模型;线框模型结构简单,不能用于数控加工。表面模型是以物体的各个表面为单位来表示其形体特征的(见图 12-5(b)),它把线框模型中棱线所包围的部分定义成形体的表面,然后利用形体表面的集合来描述形体的形状;通常用于构造复杂的曲面物体。图 12-6 为曲面造型图例。实体模型如图 12-5(c)所示,它能完整地表示物体的所有形状信息,可以无歧义地确定一个点是在物体外部、内部还是在表面上。

(a)线框模型　　　　(b)表面模型　　　　(c)实体模型

图 12-5　三种三维模型的比较

2) 实体造型

实体造型技术主要是指基于二维草图,通过拉伸、回转、扫掠等造型功能,结合布尔运算,获得复杂实体的方法。

二维草图是实体造型的基础。草图主要是利用几何约束关系(见图 12-7)和尺寸约束关系(见图 12-8)等来控制参数化构形。

如图 12-9 所示的草图,通过典型的拉伸、回转、扫掠等实体造型功能构造的实体分别如图 12-10 至图 12-12 所示。

布尔运算是指求三维实体之间的交(两个实体的公共部分)、并(两个实体之和)、差(从一个实体中减去另一个实体后的剩余部分)。如图 12-13 所示,由图(a)中的两个实体,通过不同的布尔运算可分别得到图(b)、(c)、(d)中的三个不同的实体。

在造型过程中,也可以混合使用曲面造型和实体造型技术,常用的混合造型功能如图 12-14、图 12-15 所示。

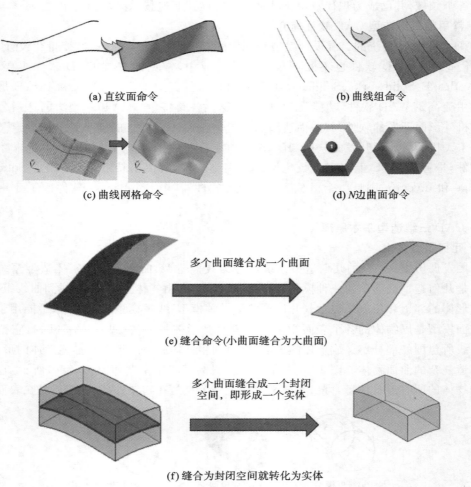

(a) 直纹面命令

(b) 曲线组命令

(c) 曲线网格命令

(d) N边曲面命令

多个曲面缝合成一个曲面

(e) 缝合命令(小曲面缝合为大曲面)

多个曲面缝合成一个封闭空间，即形成一个实体

(f) 缝合为封闭空间就转化为实体

图 12-6　曲面造型图例

固定（Fixed）　　　　　　　　　　恒定角度(Constant Angle)

共线 (Collinear)　　　　　　　　　同心 (Concentric)

水平(Horizontal)　　　　　　　　相切(Tangent)

垂直(Vertical)　　　　　　　　　等半径(Equal Radius)

平行(Parallel)　　　　　　　　　重合 (Coincident)

正交(Perpendicular)　　　　　　点在曲线上(Point on Curve)

等长(Equal Length)　　　　　　中点(Midpoint)

恒定长度(Constant Length)　　　点在线串上(Point on String)

曲线斜率(Slope of Curve)　　　　均匀比例(Uniform Scale)

非均匀比例(Non–Uniform Scale)

图 12-7　常见的几何约束

图 12-8　尺寸约束示意图

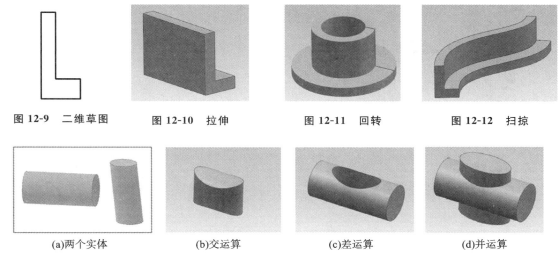

图 12-9　二维草图　　　图 12-10　拉伸　　　　图 12-11　回转　　　　图 12-12　扫掠

(a)两个实体　　　　　(b)交运算　　　　　(c)差运算　　　　　(d)并运算

图 12-13　布尔运算

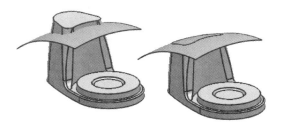

图 12-14　曲面修剪实体

图 12-15　实体面被替换

12.2.2　CAM 基础知识

计算机辅助制造(computer aided manufacturing,CAM)的定义有广义和狭义之分。狭义的 CAM 是指通过计算机编程生成数控机床识别的数控指令,从而使数控机床能够自动运行,完成零件的加工。基于 CAM 技术的数控加工尤其适合复杂零件的加工,可显著提高加工效率和零件质量的稳定性,容易实现自动化和智能化控制。

数控自动编程是在 CAD 三维造型的基础上,利用 CAM 软件,采用人机交互的方式设定相关加工工艺参数,然后自动生成数控加工程序。加工工艺参数主要包含几何体的定义、坐标系的定义、刀具的定义、加工工艺的规划、每个工序的详细参数(进退刀参数、切削用量、走刀模式、加工余量等)设置等。目前主要的 CAM 软件有 UG、PowerMill、Cimatron、HyperMill、SolidCAM、Mastercam 等。不同的 CAM 软件,虽然功能和操作界面略有不同,但数控指令的生成方法和过程都大同小异。下面以 UG 软件的 CAM 模块为例介绍数控自动编程的主要流程及方法。

UG-CAM 铣削模块可以支持 2.5～5 轴的加工,主要有型腔铣(Cavity Milling)、等高轮廓铣(Z-Level Milling)、固定轴轮廓铣(Fixed Contour Milling)和面铣(Face Milling)等模块。其中型腔铣(见图 12-16)适用于各种零件的粗加工;等高轮廓铣(见图 12-17)适用于零件陡峭面的半精加工和精加工;固定轴轮廓铣(见图 12-18)适用于零件缓坡面的半精加工和精加工,面铣(见图 12-19)适用于零件平面的半精加工和精加工。

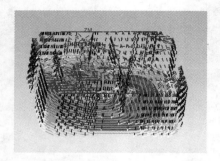

图 12-16　型腔铣示意图

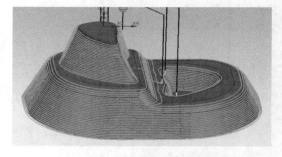

图 12-17　等高轮廓铣示意图

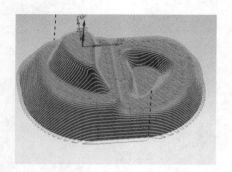

图 12-18　固定轴轮廓铣示意图

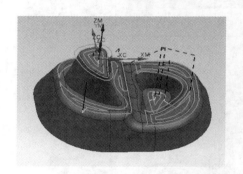

图 12-19　面铣示意图

12.2.3　CAD/CAM 实习指导

1. 实习目的

(1) 了解 CAD/CAM 的基本原理及发展概况；

(2) 了解基本的参数化三维设计方法；

(3) 学会典型简单零件的三维实体造型及自动编程；

(4) 了解创建二维工程图及三维装配建模等技术。

2. 实习内容

(1) 熟悉三维造型软件 UG NX 的基本操作。

(2) 学会基于 UG NX 的草图构建。

草图练习过程中需要注意以下要点：

①创建草图时可使用"在任务环境中绘制草图"，功能更强大；要正确选择的草图平面，默认的草图平面是绝对坐标系的 XY 平面。

②约束的添加原则：首先添加几何约束，并尽可能固定一个特征点(一般建议与绝对坐标系或者先期完成的几何元素建立相关约束来实现固定)；按设计意图添加充分的几何约束，最后添加适当的尺寸约束。复杂草图可边绘制边约束，以提高制图效率。

③由于约束是逐步增加的，因此可能存在多个解，如相切就有内切、外切之分，尺寸也有左右上下之分，可以通过"备选解"进行切换，选择期望的约束。

④绘制的几何元素可能与先期存在的几何元素产生一些潜在的约束，进而导致过约束或者错误约束。可以通过"去掉多余的约束"功能进行处理。

⑤草图绘制过程中允许绘制参考线。转换为参考线后的几何元素仅起辅助定位作用,不能通过拉伸等造型命令生成曲面或实体。

⑥草图是否实现全约束,可以通过"几何约束"功能,观察线条颜色和自由度箭头予以判断。

完成图 12-20 的草图绘制(参见视频 12-1)。

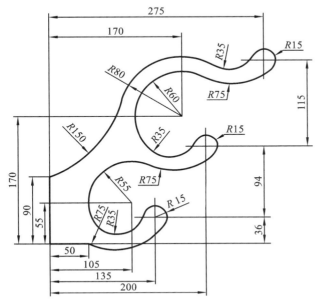

图 12-20　草图练习图纸

视频 12-1　草图设计

(3)学习典型简单零件的三维实体造型方法。

实体造型要点:

①实体造型的难点在于分析图纸,进而能将复杂零件分解为一个个简单的造型特征。通过简单特征的造型,结合布尔运算完成零件的三维造型。

②造型过程要求实现全参数化设计,其中草图要求实现全约束。

③基础特征草图可以在默认的坐标平面上构建,基准坐标系作为其定位基准;后续的草图需选择合适的平面进行创建,一般在已生成的实体平面或构造的基准平面上构造草图,以先期生成的草图、实体或曲面边界作为基准。

完成图 12-21 所示的三维造型,熟悉拉伸、回转及扫掠等实体造型功能(参见视频 12-2)。

(4)通过创建二维工程图及三维装配建模等练习,了解基于 UG NX 的工程图创建及装配建模技术(参见视频 12-3)。

工程图生成要点:

①生成二维工程图前,务必隐藏其他无须表达的几何元素,如草图、曲线、坐标系等,仅保留需要投影的三维实体。

②创建新图纸页,需将其设置为第一视角投影。

③视图的添加顺序:首先添加基本视图作为主视图,然后添加派生视图。如果视图方位不对,可以旋转视图调整到正确方位。

④由三维造型生成的工程图可以用于检查三维造型正确与否。通过二维工程图与实际加

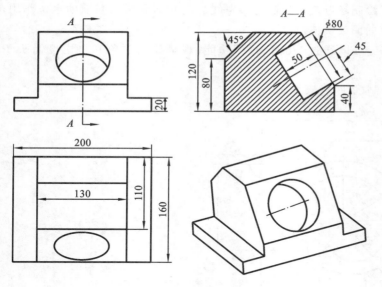

图 12-21　造型练习图

视频 12-2　三维造型

工图纸的对比分析（包含线条及尺寸等），就可明确判断三维造型的正确与否。若有错误，可返回到建模环境进行修改，工程图会自动同步更新。

⑤工程图可以输出为 DWG/DXF 等通用二维图格式。

根据图 12-21 所示的简单零件三维造型，生成对应的工程图。

视频 12-3　工程图

（5）学习基于 UG NX 的三维装配（参见视频 12-4）。

三维装配要点：

①装配时以第一个零件为基础零件，利用"绝对原点"定位添加。后续添加的零件先按照"绝对原点"添加，然后通过合适的"装配约束"进行定位，并保证装配关系正确；

②注意顶装配、子装配及各零件的相互关系；

③对于圆柱形零件的装配定位，尽可能采用同轴约束，勿用同心约束；

④装配完成后，可以观察自由度，或者通过移动基础零件，观察装配体各零件的运动情况来判定是否正确装配。

完成图 12-22 所示组件的装配，熟悉装配约束等功能。

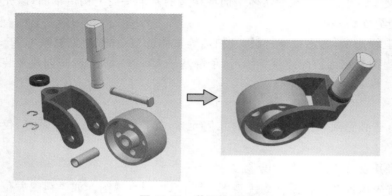

图 12-22　装配练习图

视频 12-4　装配

（6）学习 UG-CAM 自动编程典型零件的数控自动编程。

CAM 编程要点：

①加工坐标系设置：首先设定好合适的工件坐标系，然后将加工坐标系与其重合；

②几何体设置包含部件、毛坯和检查体的设定，需根据需要，制定对应的几何体；

③基于前述的坐标系及几何体添加加工工序，方可继承正确的坐标系和几何体等信息。

加工过程要求实现以下三个工序：型腔铣工序实现粗加工，定轴区域轮廓铣工序实现曲面的精加工，表面铣工序实现平面的精加工。其中型腔铣采用立铣刀加工，定轴区域轮廓铣采用球头铣刀加工。

根据样例，自主完成类似图 12-23 所示零件的数控加工自动编程。

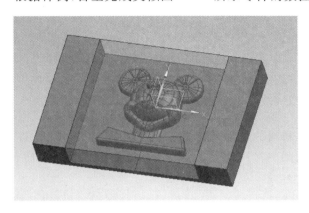

图 12-23　数控编程用三维图

视频 12-5　典型零件示例

12.2.4　三轴加工中心实习指导

1. 实习目的

（1）了解加工中心的发展及应用；

（2）熟悉三轴加工中心的组成、特点、操作要求；

（3）能够编制简单零件的加工工艺。

2. 实习内容

（1）学习加工中心基本知识、三轴加工中心的基本操作、实习安全注意事项；

（2）分组自主完成一个典型零件的数控加工，包含数控程序的修改及传输训练、对刀操作、零件加工等（样图见图 12-24）。

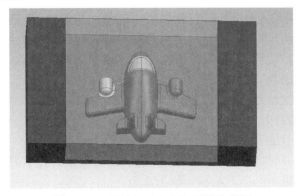

图 12-24　三轴加工中心加工零件样图

12.3　高速高精加工中心

高速切削加工作为模具制造中最为重要的一项先进制造技术，是集高效、优质、低耗于一身的先进制造技术。在常规切削加工中备受困扰的一系列问题，通过高速切削加工的应用得到了解决。其切削速度、进给速度相对于传统的切削加工，以指数级提高，切削机理也发生了根本的变化。与传统切削加工相比，高速切削加工发生了质的飞跃，其单位功率的金属切除率提高了30%～40%，切削力降低了30%，刀具的切削寿命提高了70%，留于工件的切削热大幅度降低，低阶切削振动几乎消失。

12.3.1　高速高精加工工艺系统

在机械加工中，机床、刀具、夹具与被加工工件一起构成了一个实现某种加工方法的整体系统，这一系统称为机械加工工艺系统。高速高精加工工艺系统涉及以下内容。

1. 高速加工切削刀具

高速切削加工要求刀具材料与被加工材料的化学亲和力要小，并具有优异的力学性能和热稳定性，抗冲击、耐磨损。目前在高速切削中常用的刀具材料有单涂层或多涂层硬质合金、陶瓷、立方氮化硼（CBN）、聚晶金刚石（PCD）等。

2. 高速切削机床

高速机床是实现高速加工的前提和基本条件。高速切削机床是基于现代刀具材料的发展，为满足航空、航天、汽车、模具和3C等行业的发展需要而在数控铣床、加工中心的基础上发展起来的高效、高性能加工机床，因此，它的基本特征不仅是切削速度高（是常规切削速度的5～10倍），进给/快移速度快（达40 m/min～180 m/min），加减速度大（现多为1g～2g），还有刀具和/或工件交换的时间短（在数秒至1 s以内）等特点，而且常常具有多轴联动功能。

3. 高速切削加工工艺

高速切削加工工艺是成功进行高速切削加工的关键之一。加工工艺选择不当，会使刀具磨损加剧，完全达不到高速加工的目的。高速切削加工工艺选择包括切削参数、切削路径、刀具材料及刀具几何参数的选择等。

4. 高速数控加工的编程策略

高速加工数控编程必须考虑高速切削的特殊性和控制的复杂性，高速加工不是简单地把普通加工的转速和进给速度提高，而是对很多方面有了更高的要求。

在数控编程方面，编程人员要全面仔细考虑全部的加工策略，设定精确、安全有效的刀具路径，保证预期的加工精度和表面质量。高速切削对编程的具体要求主要有：

（1）夹具、工件和刀具之间无碰撞和干涉，保证刀具和机床不过载；

（2）保持恒定的切削载荷；

（3）保证工件的加工精度。

5. 高速加工的编程原则

高速加工编程时要注意如下几个原则：

（1）应避免垂直下刀，尽量从材料外部切入材料或者加工前打下刀孔；

（2）尽量采用工序集中的原则和减少换刀次数；

（3）尽量使用平滑的刀具路径，均匀切削载荷，避免极速切削；

（4）尽可能使粗加工后所留加工余量均匀；

（5）在零件的一些临界区域应尽量保证不同步骤的精加工路径不重叠；

（6）尽可能避免刀具换向切削和不同切削区域间的刀具跳转。

6．高速切削加工的测试

高速切削加工是在密封的机床工作区间里进行的，在零件加工过程中，操作人员很难直接进行观察、操作和控制，因此机床本身有必要对加工情况、刀具的磨损状态等进行监控，实时地对加工过程进行在线监测，这样才能保证产品质量，提高加工效率，延长刀具使用寿命，确保人员和设备安全。高速切削加工的测试技术包括传感技术、信息分析和处理等技术。近年来，在线测试技术在高速机床中使用得越来越多。

7．高速切削加工的工件材料

高速切削加工的工件材料包括钢、铸铁、有色金属及其合金、高温耐热合金以及碳纤维增强塑料等复合材料，其中以铝合金和铸铁在高速加工中的应用最为普遍。

几乎所有传统切削工艺能加工的材料高速切削都能加工，甚至传统切削工艺很难加工的材料如镍基合金、钛合金和纤维增强塑料等在高速切削条件下将变得易于切削。

12.3.2　高速高精加工编程设置

现代数控系统中，在进行轮廓加工时，为了保证加工质量，除了数控装备应具有良好的机械精度外，还需要具有高速加工程序处理能力和高速高精功能的数控系统。同时，不同的加工工序，具有不同的加工要求，如图 12-25 所示。

半精加工（速度精度兼顾）

粗加工（速度优先）　　　　　　　　　　　精加工（精度有效）

图 12-25　工序选择

数控系统根据实际刀路轨迹，实时调整切削速度，修正相邻加工路径的速度，对自由曲线进行高精度的样条拟合，以此改善工件加工表面质量及加工精度，同时提高加工效率。

高速高精加工模式选择见图 12-26。

小线段调试参考参数见表 12-1。

G05.1Q0：标准加工模式 1，适用于通用零件加工，如型腔零件、五指山模型等普通三维曲面。

G05.1Q1：精度优先，适用于曲率变化较大的零件，如人脸模型。

G05.1Q2：标准加工模式 2，精度优先，效率适中，适用于通用零件加工。

G05.1Q3：速度优先，适用于粗加工或效率要求较高的工序，若需继续提高效率可根据实际情况增大向心加速度参数。

G05.1Q0选择高速高精模式1加工
(PA040070～PA040089)

G05.1Q1选择高速高精模式2加工
(PA040140～PA040159)

高速高精模式
选择G05.1Qx

G05.1Q2选择高速高精模式3加工
(PA040160～PA040179)

G05.1Q3选择高速高精模式4加工
(PA040180～PA040199)

图 12-26　加工模式选择

表 12-1　小线段参考参数表

加工模式	默认模式 (040070～040089)	高精模式 (040140～040159)	高速高精模式 (040160～040179)	高速模式 (040180～040199)
选择效果	标准加工模式 1	精度优先	标准加工模式 2	速度优先
模式切换指令	G05.1Q0	G05.1Q1	G05.1Q2	G05.1Q3
拐角平滑最小内角/(°)	130	90	0	130
小线段轨迹允许 轮廓误差/mm	0.01	0.005	0.005	0.015
拐角降速比例因子/(%)	100	100	100	99
指令速度平滑周期数/ms	20	5～15	20	25～30
向心加速度/(mm/s²)	500	100	500	2000～6000
加工加速度时间常数/ms	16	16	16	16
加工捷度时间常数/ms	8	8	8	8
加工加速度时间系数	1	1.5	2	0.5
加工捷度时间系数	1	1.5	2	0.5

12.3.3　高速高精加工中心的操作

1. 高速高精加工中心机床结构及操作面板

高速高精加工中心机床结构及操作面板分别如图 12-27、图 12-28 所示。

2. 高速高精加工中心的操作

1）手动回参考点

将操作面板上的操作方式开关置于"⬤"（回参考点方式）处，然后分别选择各手动轴按键，再按下"+JOG"移动方向键，则各轴将向参考点方向移动，直至回零指示灯亮。

手动回参考点是开机后必须首先执行的操作，若因某些原因实施过急停操作，解除急停状态后也必须再次进行各轴的回参考点操作，否则程序执行时将报警。

2）刀具相对工件位置的手动调整

刀具相对工件位置的手动调整是采用方向按键通过产生触发脉冲的形式或使用手轮通过产生手摇脉冲的方式来实施的。和普通机床一样，其手动调整也有两种方式。

①粗调：将操作方式开关置于"⬤"（手动连续进给方式）处。先选择要运动的轴，再按轴

图 12-27　高速高精加工中心机床

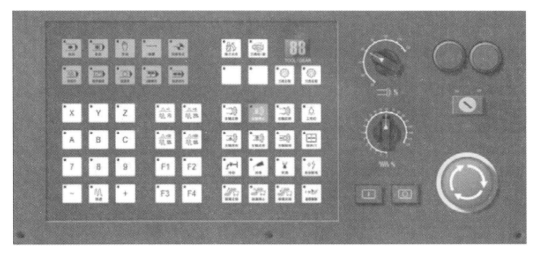

图 12-28　HNC-818 系统标配的操作控制面板

移动方向按钮,则刀具主轴相对于工件向相应的方向连续移动,移动速度受快速倍率旋钮的控制,移动距离受按压轴方向选择钮的时间的控制,即按即动,即松即停。采用该方式无法进行精确的尺寸调整,大移动量的粗调时可采用此方法。

②微调:位置调整的微调可使用增量或手轮来操作。将方式开关置于"[图]"(增量方式)处。若手轮上开关处于"OFF"位置,则处于增量微动方式,选按操作面板上的增量倍率[图]、[图]、[图]、[图]按键之一,再选择要运动的轴,然后按轴移动方向按钮一次,则刀具主轴相对工件向相应的方向分别移动 1 mm、0.1 mm、0.01 mm、0.001 mm;若手轮上的开关不在"OFF"位置,则处于手轮微动方式,在手轮中选择移动轴和进给倍率,按逆正顺负旋动手轮手柄,则刀具主轴相对于工件向相应的方向移动,移动距离视进给倍率和手轮刻度而定,手轮旋转 360°,相当于 100 个刻度的对应值。

3) MDI 程序运行

MDI 程序运行是指即时从数控面板上输入一个或几个程序段指令并立即实施的运行方式。其基本操作方法如下：

①设置操作控制方式为"自动"。

②设置菜单功能项为 MDI 运行方式，则屏幕显示如图 12-29 所示，当前各指令模态也可在此屏中查看。

③在 MDI 程序录入区可输入一行或多行程序指令，程序内容即被加到名称为％1111 的程序中。按"保存"软键可对该 MDI 程序内容赋名并存储，按"清除"软键可清除所录入的 MDI 程序内容。

④程序输入完成后，按"输入"软键确认，按"循环启动"键即可执行 MDI 程序。

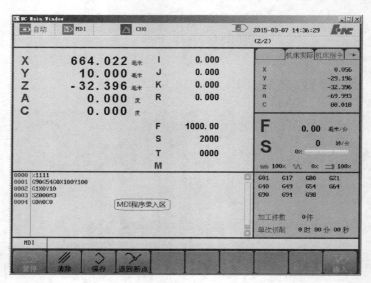

图 12-29　MDI 操作界面

4) 程序输入及自动运行调试

数控程序输入及自动运行调试的基本操作方法如下。

①设置菜单功能项为"程序"。

②在图 12-29 所示界面中选按"编辑"软键，然后在新建程序处键入程序文件名即可编辑录入加工程序内容，录入完成后点"保存"软键。

③选择当前编辑的程序或系统盘中已输入完成的程序，由 CAM 软件编制并转存在外接 U 盘、CF 卡等介质中的程序，可通过复制、粘贴等操作输入系统盘。

④设置操作方式为"自动"，并根据需要选按其他工作方式对应的开关。

⑤选按"校验"菜单软键可使系统处于校验检查的执行模式，置菜单功能项为"位置"，然后按"循环启动"键，可在不执行机械运动的状况下运行和检查所选择的程序。在程序执行的同时可选按菜单软键进行"坐标"、"程序正文"、"轨迹图形"等监控信息的切换。

⑥程序校验检查无误，并完成零件装夹、对刀调整及设置等操作后，可按"重运行"软键，然后按"循环启动"键进行零件加工程序的自动运行。

12.3.4　高速高精加工中心的坐标系设置

在数控机床上,对刀的具体任务是建立工件坐标系和确定刀具长度补偿值。图 12-30、图 12-31 是华中 8 型系统存放对刀数据的两个界面,分别是工件坐标系界面和刀补界面。

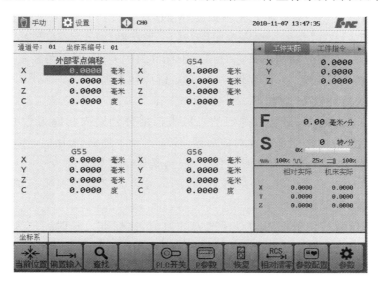

图 12-30　工件坐标系界面

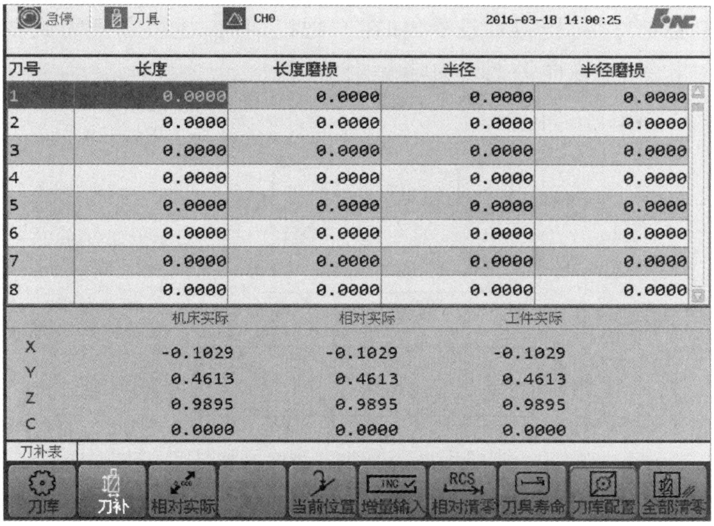

图 12-31　刀补界面

刀具 Z 轴对刀数据与刀具在刀柄上的装夹长度、工件坐标系到机械坐标零点位置有关 (见图 12-32)。数控加工中心刀具较多,每把刀到 Z 坐标零点的距离差值就是刀具的长度补偿值。所以,需要进行刀具预调,并记录在刀具明细表中,供数控加工中心操作人员使用。 Z 轴对刀通常有两种形式。

1. 标准刀＋每把刀相对标准刀的差值

（1）选择一把刀具（也称标准刀）进行对刀，把对刀后得到的 Z 轴机械坐标值输入 G54 指令中的 Z 轴对应位置。

（2）分别测出其余刀具相对于标准刀的差，注意此处带正负号输入。

（3）把记录的数值一一对应输入相应长度补偿值中，长度补偿分形状补偿和磨耗补偿，记录值为形状补偿值。注意：在加工程序中均用 G43＋形状补偿值，不再出现 G44 指令。

特点：操作麻烦，如需分别测出每把刀相对于标准刀的差值；对应关系复杂，当标准刀更换时，其余刀具长度都将受到影响，需要做一些调整；适应性不强。

2. 直接采用长度补偿 H 功能

每把刀都单独进行对刀，把对刀得到的机械坐标值分别输入相应刀号的长度值 H（此值均为负值）对应位置，它们之间不存在对应关系，G54 指令中的 Z 值为 0。当有机外对刀仪时，只需要选一把刀进行对刀，其余刀在对刀仪上进行，具体步骤如下。

（1）选一把平刀（也称为标准刀）进行对刀，把对刀后的 Z 轴机械坐标值输入相应刀号的长度值 H 对应位置，设此值为 L。

（2）利用对刀仪测量出每把刀相对标准刀的差值，比标准刀长时差值为负，否则为正；做好记录。

（3）用标准刀的长度值 L 分别加上测量后的差值，再输入相应的刀具长度补偿值 H 对应位置。

特点：刀具之间相对独立，不存在相对关系，操作方便，这种方法得到了广泛的应用。

在数控加工中心操作中，当刀具较少，如在 6 把以内时，也可以把刀具的长度补偿值分别输入到 G54～G59 指令中，这样每把刀对应一个坐标系。

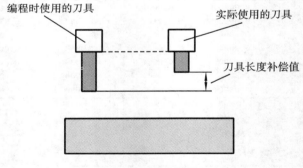

图 12-32　刀具长度补偿示意图

12.3.5　高速高精加工中心典型案例编程与仿真实习指导

1. 实习目的

（1）了解高速高精加工的特点及在生产中的应用；

（2）掌握工件的装夹与校正技能；

（3）掌握对刀原理和参数设置方法；

（4）掌握在高速高精加工中心上加工零件的方法与步骤。

2. 实习内容

（1）学习高速高精加工中心安全注意事项。

（2）学习高速高精加工中心对刀操作。

程序中所使用的每把刀，都必须进行对刀操作，以保证按程序加工时每把刀具的刀位点相互重合。

①对刀的内容。一方面完成所有刀具的长度补偿值的设定（各刀具相对基准刀具的长度）；另一方面把工件坐标系与机床坐标系之间的坐标差值输入 G54 指令。

②工件分中的方法。刀具碰工件的一侧面，在相对坐标中把相应的坐标轴归零；刀具碰工件的另一侧面，把相应的坐标轴显示的坐标值除以 2，移动工作台到显示此数值处即为此方向工件的中点；在相对坐标（G54）中输入坐标轴 0，再按"测量"，就完成了两坐标系之间的坐标差值在此坐标方向的设置。

③刀具长度补偿值。先定 Z 方向的坐标值，在相对坐标中把 Z 轴值归零；换上其他刀具，把各刀具的刀位点移动至相同的位置处，此时相对坐标中 Z 轴的显示值，即为各刀具相对基准刀具的长度补偿值。

④刀具参数补偿值的修改。加工中心加工的零件，如果测得加工后的零件尺寸比图样要求的尺寸大，说明刀具在加工过程中磨损了，这就需要修改该刀具的参数补偿值，以便加工出合格的工件。如测得 X、Y 方向尺寸偏大 0.12 mm，则在刀具半径补偿参数中减小 0.12/2 mm＝0.06 mm；如测得 Z 方向尺寸偏大 0.015 mm，则在刀具长度补偿参数中减小0.015 mm。

（3）学习高速高精加工中心编程案例加工工艺。

旋钮（见图 12-33）主要安装在液体、气体的管路上，以调节液体、气体的流量和压力。

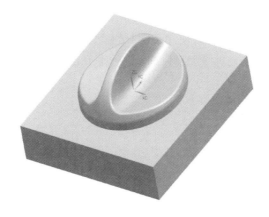

图 12-33　旋钮

①图纸分析。旋钮零件图纸如图 12-34 所示。该零件材料为铝合金。

初始毛坯零件图如图 12-35 所示。要求表面粗糙度为 $Ra6.3~\mu m$，公差为 ±0.02 mm。

②加工工艺。高速高精加工数控铣：将毛坯放在台虎钳上，三爪卡盘通过螺栓与机床连接，再进行三轴数控铣加工。

③高速高精加工数控铣步骤。

步骤一：开粗刀路 A，旋钮型腔开粗，使用 ED20 平底刀，余量为 1.0 mm。

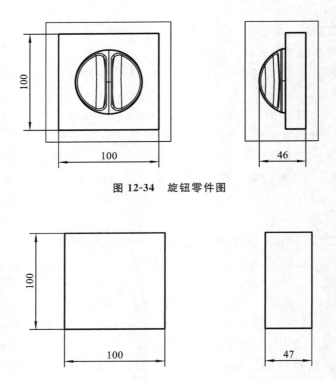

图 12-34　旋钮零件图

图 12-35　初始毛坯零件图

步骤二：开粗刀路 B，使用 BD12R6 球头刀，余量为 0.5 mm。

步骤三：半精加工刀路 C，使用 BD6R3 球头刀，余量为 0.25 mm。

步骤四：精加工非陡峭曲面刀路 D，使用 BD6R3 球头刀，余量为 0 mm。

步骤五：精加工陡峭曲面刀路 E，使用 BD6R3 球头刀，余量为 0 mm。

步骤六：零件底面精加工刀路 F，使用 ED12 平底刀，余量为 0 mm。

12.4　五轴加工中心

12.4.1　五轴加工中心机床

HMU50 五轴联动加工中心属于立式五轴加工中心（见图 12-36），其 A 轴零位为工作台面水平放置时的方向，即与 Z 轴法向垂直的方位；C 轴绝对零位为台面 T 形槽与 X 轴平行的方位，图中 A、C 轴的正负方向均为工作台（工件）旋转时的方向，与针对刀具运动用右手螺旋定则确立的机床坐标系的方向正好相反。

HNC-848 为全数字总线式高档数控装置，系统具有高速高精加工控制、五轴联动控制、多轴多通道控制、双轴同步控制及误差补偿等功能。机床具备铣、钻、镗、铰、攻、锪等多种加工能力。零件一次装夹可自动、高效、高精度地连续完成零件的多个面多个工序的加工，包括斜面、曲面等复杂工序的加工。适用于航空航天、能源装备、汽车制造、船舶制造、3C（计算机、通信、消费电子）领域。其可加工的典型产品如图 12-37、图 12-38 所示。

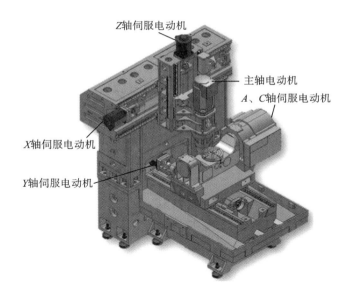

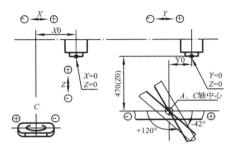

图 12-36　HMU50 五轴联动加工中心

(a) 航空发动机整体叶轮　　(b) 燃气表叶轮　　(c) 汽车涡轮增压器叶轮　　(d) 航空闭式叶轮

图 12-37　叶轮

图 12-38　加工的工艺品

　　系统操作面板上分布有主菜单项快速切换的功能键（包括程序、设置、MDI、刀补、诊断、位置、参数及帮助信息等功能键），编辑设置操作时所用的地址数字键、光标控制键（包括上、下、左、右及翻页控制键）和编辑键（如插入、删除、输入键）等采用标准 PC 键盘的布局设计；机械操作面板上分布有工作方式选择键区（包括自动、回零、手动连续、增量、单段、空运行、循环启动及进给保持等键）、轴运动手动控制键区（包括主轴启停、主轴定向和点动、冷却液启停、各进给轴及其方向选择等键），主轴转速及进给速度的修调采用旋钮控制。图 12-39 所示是 HNC-848B 数控系统及机械操作标准面板。

图 12-39　HNC-848B 数控系统及机械操作标准面板

12.4.2　HNC-848 多轴数控系统的编程规则

1. HNC-848 的基本编程指令

1）G 指令

HNC-848 系统所具有的 G 指令如表 12-2 所示，其中包括能控制机床坐标轴移动的插补指令和影响插补指令执行状态的状态指令。

表 12-2　HNC-848 系统的 G 指令

代码	组	指令功能	代码	组	指令功能	代码	组	指令功能
G00	01	快速点定位	G28	00	回参考点	G64	12	连续切削
*G01		直线插补	G29		参考点返回	G65	00	宏非模态调用
G02		顺圆插补	G30		回第 2～4 参考点	G68	05	旋转变换开启
G03		逆圆插补	G34	01	攻螺纹	G68.1		倾斜面特性坐标系 1
G02.4		三维顺圆插补	*G40	09	刀径补偿取消	G68.2		倾斜面特性坐标系 2
G03.4		三维逆圆插补	G41		刀径左补偿	G69		旋转、特性坐标取消
G04	00	暂停延时	G42		刀径右补偿	G70～G79	06	钻孔样式循环
G05.1		高速高精模式	G43		刀长正补偿	G73～G89		钻、镗固定循环
G06.2		NURBS 样条插补	G44		刀长负补偿	*G80		固定循环取消
G07		虚轴指定	G43.4		开 RTCP 角度编程	G90	13	绝对坐标编程
G08		关闭前瞻功能	G43.5		开 RTCP 矢量编程	G91		增量坐标编程
G09		准停校验	*G49		关刀长补偿及 RTCP	G92	00	工件坐标系设定
G10	07	可编程输入	*G50	04	缩放关	G93	14	反比时间进给
*G11		可编程输入取消	G51		缩放开	G94		每分钟进给
*G15	16	极坐标编程取消	G52	00	局部坐标系设定	G95		每转进给
G16		极坐标编程开启	G53		机床坐标系编程	*G98	15	固定循环起始面
*G17	02	XY 加工平面	G53.2	00	刀具轴方向控制	G99		固定循环回 R 面
G18		ZX 加工平面	G53.3		法向进退刀	G106	00	刀具中断回退
G19		YZ 加工平面	G54.X		扩展工件坐标系	G140	00	线性插补
G20	08	英制单位	G54～G59	11	工件坐标系 1～6 选择	G141		大圆插补
*G21		公制单位				G160～G164		工件测量
G24	03	镜像功能开启	G60	00	单向定位	G181～G189	06	固定特征,铣削循环
*G25		镜像功能取消	*G61	12	精确停止			

注:①表内 00 组为非模态指令,只在本程序段内有效;其他组为模态指令,一次指定后持续有效,直到碰到本组其他代码。②标有 * 的 G 指令为数控系统通电启动后的默认状态。

2) M 指令

M 指令是用于控制零件程序走向、机床各辅助功能开关动作及指定主轴启停、程序结束等的辅助功能指令。HNC-848 系统所具有的 M 指令如表 12-3 所示,其中包括系统内定的 M 功能(M00、M01、M02、M30、M90/91、M92、M98/99)和由 PLC 设定的 M 功能(如 M3/4/5、M6、M7/8/9、M64、M19/20)。

表 12-3　常用 M 指令

代码	作用时间	组别	指令功能	代码	作用时间	组别	指令功能	代 码	作用时间	组别	指令功能
M00	★	00	程序暂停	M06	★	00	自动换刀	M30	★	00	程序结束并返回
M01	★	00	条件暂停	M07	♯		开切削液 1	M64			工件计数
M02	★	00	程序结束	M08	♯	b	开切削液 2	M90/M91			用户输入/输出
M03	♯		主轴正转	M09	★		关切削液	M92		00	暂停(可手动干预)
M04	♯	a	主轴反转	M19			主轴定向停止	M98/M99		00	子程序调用和返回
M05	★		主轴停转	M20		c	取消主轴定向	M128/M129		00	开/关工作台坐标系

注:①组别为"00"的属非模态指令。其余为模态指令,同组可相互取代。

②作用时间为"★"号者表示该指令在程序段指令运动完成后开始作用,为"♯"号者则表示该指令与程序段指令运动同时开始。

③使用 M90/M91 可方便用户根据 PLC 的执行动作来控制 G 指令执行流程,或通过 G 指令执行流程来控制 PLC 的执行动作,由此拓展系统功能的应用控制。

3) F、S、T 指令

F 指令用于控制刀具相对于工件的进给速度。速度采用直接数值指定法,可由 G94、G95 指令分别指定 F 的单位是 mm/min 还是 mm/r。注意:实际进给速度还受操作面板上进给速度修调倍率的控制。

S 指令用于控制带动刀具旋转的主轴的转速,其后可跟 4 位数。主轴转速采用直接数字指定法,如 S1500 表示主轴转速为 1500 r/min,实际主轴转速受操作面板上主轴转速修调倍率的控制。

T 指令用于机床刀库的选刀,其后的数值表示要选择的刀具号。使用机械手换刀方式时可在执行其他指令功能的同时通过 T 指令预选刀具,以节省选刀占机时间;使用主轴刀库互动换刀方式时,T 指令应与 M06 指令在同一程序段中使用。

2. 多轴加工的指令编程规则

HNC-848 系统基本编程指令用于三轴加工时的程序编制规则与 HNC-21/22M 一致,在此主要就其用于多轴加工时的要求进行介绍。

1) 多轴加工的插补指令应用规则

(1) 快速定位指令 G00 和直线插补指令 G01。

相对于三轴数控铣削编程而言,五轴机床中快速定位或直线插补的标准程序段可在指定 X、Y、Z 坐标数据的同时指定 A、B、C 轴旋转角度数据(RTCP 模式下使用 G43.4),或通过指定刀轴矢量数据的形式(RTCP 模式下使用 G43.5),实现五轴联动的移动控制,如图 12-40 所示。

指令格式:

①G43.4 H＿；启动 RTCP,旋转轴角度控制方式

G90(G91) G0 X＿ Y＿ Z＿ A＿ B＿ C＿

或 G90(G91) G1 X＿ Y＿ Z＿ A＿ B＿ C＿ F＿

②G43.5H＿；启动 RTCP,旋转轴矢量控制方式

G90(G91) G0 X＿ Y＿ Z＿ I＿ J＿ K＿

或 G90(G91) G1 X ＿ Y ＿ Z ＿ I ＿ J ＿ K ＿ F ＿

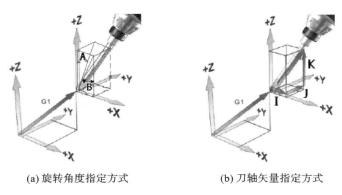

(a) 旋转角度指定方式　　　　　　　(b) 刀轴矢量指定方式

图 12-40　G00/G01 的两种多轴编程方式

（2）高速高精加工模式设定指令 G05.1。

对于模具加工行业,由于编程时常常采用微小线段来逼近复杂曲面,因此,在一般的加工模式下,由于对小线段的处理功能不足,会导致加工效率低下,加工表面也不光滑。高速高精模式增强了小线段的处理功能,可以提高程序中微小线段的加工速度,从而实现高速加工的目的。高速高精加工模式设定的格式为

G05.1 Q1　高速高精模式 1

G05.1 Q2　高速高精模式 2

G05.1 Q0　高速高精模式关闭

高速高精模式关闭后,执行 G61 准停方式,即各程序段编程轴都要准确停止在程序段的终点,然后再继续执行下一程序段。在高速高精模式 1 下,系统自动计算相邻线段连接处的过渡速度,在保证不产生过大加速度的前提下,使过渡速度达到最高,从而实现高速加工的目的。在高速高精模式 1 下,插补轨迹与编程轨迹重合。

高速高精模式 2 是样条曲线插补模式。在该模式下,程序中由 G01 指定的刀具轨迹在满足样条条件的情况下被拼成样条进行插补。如图 12-41 所示,其中虚线部分为编程轨迹,实线部分是刀具实际移动的样条轨迹。在拼成样条的情况下,在编程轨迹的直线拐点处(如点 B、C、D 等),刀具将以很高的速度过渡,从而实现高速加工。其样条条件包括:①相邻线段矢量之间的夹角;②相邻线段的长度之比。

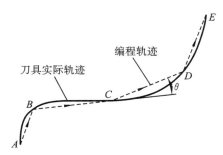

图 12-41　高速高精样条插补模式

（3）刀具中心点控制（RTCP）。

RTCP 主要包括三维刀具长度自动补偿和工作台坐标系编程功能。

①三维刀具长度补偿。

三维刀具长度补偿是在五轴机床中,无论刀具旋转到什么位置,对于刀具长度的补偿始终沿着刀具长度方向进行,如图 12-42 所示。

格式:G43.4 H ＿;刀具长度补偿开始(旋转轴角度编程方式,同时启用 RTCP)

　　　　G43.5 H ＿;刀具长度补偿开始(旋转轴矢量编程方式,同时启用 RTCP)

G43/G44 H ___；可在启用上述功能后，再使用 G43/G44 指令做刀具长度的正负补偿

G49；刀具长度补偿取消，同时关停 RTCP

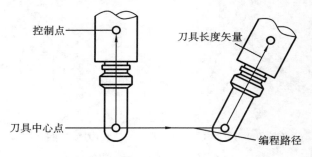

图 12-42　刀具长度补偿

说明：G43 为正向补偿，使刀具中心点沿着刀具轴线往控制点方向（刀尖反方向）偏移一个刀具长度补偿值；G44 为负向补偿，使刀具中心点沿着刀具轴线向刀尖方向偏移一个刀具长度补偿值。

②工作台坐标系编程。

在进行五轴加工编程时，既可以将工件坐标系作为编程坐标系，也可以将工作台坐标系作为编程坐标系。工作台坐标系是与工作台固连在一起并随着工作台一起旋转变化的，如图 12-43 所示。系统上电默认是工件坐标系编程，通过 M 指令可以切换到工作台坐标系编程模式。

格式：M128；开启工作台坐标系编程功能

　　　 M129；关闭工作台坐标系编程功能（即返回到工件坐标系编程）

该指令和上述 G43.4 的功能相同，通常在早期版本（如 HNC808/818M 系统）中使用。

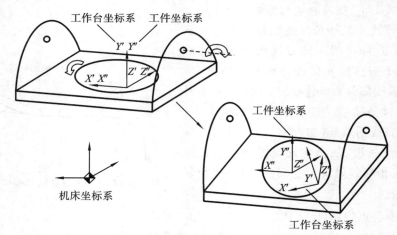

图 12-43　工件坐标系与工作台坐标系的切换

（4）倾斜面加工指令。

①倾斜面特性坐标系的构建指令 G68.1。

对于在倾斜面上的加工，可以在该斜面上建立一个特性坐标系（TCS），并在该坐标系中进行编程。由于特性坐标系与斜面相适应，因此在斜面上加工的编程与在平面上加工的编程同

样简单。特性坐标系的构建关系如图 12-44 所示。

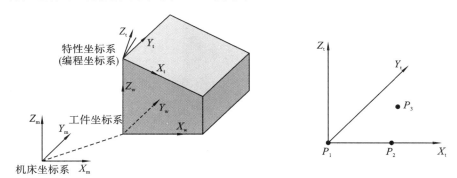

图 12-44 倾斜面特性坐标系的构建关系

特性坐标系可以通过指定以下三点，在系统的 CNC 界面中进行预设置。

P_1：特性坐标系零点。

P_2：特性坐标系 X 轴正方向上任意一点。

P_3：特性坐标系 XY 平面第一或第二象限内任意一点。

以上各点坐标均为该点在工件坐标系中的坐标值。系统最多可存储 9 个特性坐标系，可使用 G68.1 指令来选择采用哪一个特性坐标系，使用 G69 指令取消当前选择的特性坐标系。

格式：G68.1 Q __ ；Q 后指定要选择的特性坐标系，其值范围为 1~9

G69；取消当前选择的特性坐标系

使用 G68.1 指令前应通过 G43.4 或 M128 指令开启 RTCP 功能，指定 G68.1 以后，所有编程坐标都是在特性坐标系下的坐标值。

②倾斜面特性坐标系的构建指令 G68.2。

除上述采用数据预置后由序号调用形式指定的特性坐标系之外，在 HNC-848 系统内也可使用 G68.2 指令，通过在程序中给定旋转变换关系的方法实现特性坐标系构建。

格式：G68.2 Xxq Yyq Zzq Iα Jβ Kγ

说明：xq、yq、zq 为特性坐标系原点在工件坐标系中的坐标，α、β、γ 为按特定顺序变换的欧拉角。α 为进动角（EULPR），是围绕 Z 轴旋转的角度；β 为盘转角（EULNU），是围绕进动角改变后的 X 轴旋转的角度；γ 为旋转角（RULROT），是围绕盘转角改变后的 Z 轴旋转的角度。角度取值按逆正顺负原则。

如图 12-45 所示，为构建图（c）所示左前侧斜表面的特性坐标系的旋转变换，应先将 WCS 原点平移至 P_1（-70，-100，20），然后将坐标系绕 Z 轴逆时针进动旋转 120°，得到 X_1、Y_1、Z_1 轴的方位，再将坐标系绕 X_1 轴顺时针旋转 90° 得到盘转变换后的 X_2、Y_2、Z_2 轴的方位，最后再将坐标系绕 Z_2 轴顺时针旋转 90° 即可得到所需特性坐标系 X、Y、Z 轴的方位。由此，其程序指令为

G68.2 X-70 Y-100 Z20 I120 J-90 K-90

③刀具轴方向控制指令 G53.2。

在通过指令 G68.1/G68.2 建立特性坐标系后，可以通过指令 G53.2 来控制刀具轴摆动到与特性坐标系 Z 轴平行的方向，如图 12-46 所示。G53.2 必须在 G68.1 建立特性坐标系后指定，否则系统会报警。

（5）法向进退刀控制指令 G53.3。

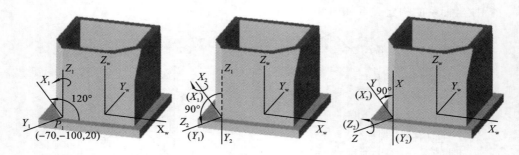

图 12-45　倾斜面特性坐标面变换方法

法向进退刀是指刀具沿着刀具轴线方向进刀或退刀,如图 12-47 所示。

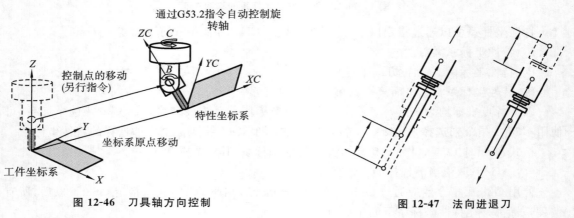

图 12-46　刀具轴方向控制　　　　　　　　图 12-47　法向进退刀

格式:G53.3 L ___

说明:L 为进退刀的距离。进刀时指定负值距离,退刀时指定正值距离。

使用法向进退刀功能时,必须在系统参数中正确设置机床的结构形式,否则无法正确执行法向进退刀指令;编写程序代码时,必须加入 G43.3 H1 指令启用 RTCP 功能,否则不能准确法向进退。

(6)刀具中断回退控制指令 G106。

在加工过程中,当刀具破损时,可以使刀具从工件处回退,等待换刀完成后再次开始返回,这种功能称为刀具中断回退功能。

格式:G106 IP ___

IP 为设置的回退点坐标。回退时,仅对定义的编程轴进行回退。

使用该功能时,当刀具破损、折断或发生其他紧急情况时,可以触发一个信号,该信号触发后,会中断当前的加工,并自动执行一个与该信号关联的子程序。执行该子程序时,刀具将被移动到指定的回退点,系统切换到示教模式,在该模式下,可以进行点动及换刀等控制,同时记录刀具移动的路径。调整完毕后按循环启动键,刀具可按照记录的移动路径返回回退点,并返回中断点继续加工。该指令主要适用于中途更换刀片而没有改变刀具长度的情况。

(7)多轴加工的钻镗固定循环编制规则。

HNC-848 系统钻镗固定循环指令 G73～G89 中,各 G 指令所控制的钻镗加工方式与 FANUC-0iM 系统基本相同。两系统除深孔间断进给指令 G73、G83,主轴定向控制指令 G76、G87 有所区别之外,其余基本相同,大致都采用以下格式:

G90(G91) G99(G98) Gxx X __ Y __ Z __ R __ P __ F __ L __

对于采用间断进给方式做深孔钻削加工的指令 G73/G83，HNC-848 系统的格式为

G90(G91) G99 (G98) G73(G83) X __ Y __ Z __ R __ Q __ K __ P __ F __ L __

采用 G73 时 K 为每次退刀距离；采用 G83 时，K 为每次退刀再次进给时，由快进转为工进时距上次加工面的距离。K 取正值，Q 取负值，且 K≤|Q|。

对于中途需做主轴定向及横移避让控制的指令 G76/G87，HNC-848 系统的格式为

G90(G91) G99(G98) G76 (G87) X __ Y __ Z __ R __ I __ J __ P __ F __ L __

I 为 X 轴刀尖反向位移量；J 为 Y 轴刀尖反向位移量。I,J 只能为正值，位移方向由装刀时确定。

2) 钻孔样式循环功能和铣削循环功能

为方便用户简化编程，HNC-848 系统增加了一些钻孔样式循环指令（如圆周钻孔指令 G70、圆弧钻孔指令 G71、角度直线钻孔指令 G78、棋盘格钻孔指令 G79）和基于固定结构特征的铣削循环指令（圆弧槽铣削指令 G181～G182、圆周槽铣削指令 G183、矩形凹槽铣削指令 G184、圆形凹槽铣削指令 G185、端面铣削指令 G186、矩形凸台铣削指令 G188、圆形凸台铣削指令 G189）。在此仅介绍圆周钻孔指令 G70 和圆形凸台铣削指令 G189，其余指令请参阅 HNC-848 数控系统用户手册。

（1）圆周钻孔循环指令 G70。

在以 X、Y 指定的坐标为中心所形成半径为 I 的圆周上，以 X 轴和角度 J 形成的点开始将圆周 N 等分，做 N 个孔的钻孔动作，每个孔的动作根据 Q、K 的值执行 G81 或 G83 标准固定循环。孔间位置的移动以 G00 方式进行。G70 为模态指令，其后的指令字为非模态。

格式：(G98/G99)G70 X __ Y __ Z __ R __ I __ J __ N __ Q __ K __ P __ F __ L __

各参数含义见表 12-4。

表 12-4　圆周钻孔循环各参数的含义

参数	含义
X、Y	圆周孔循环的圆心坐标
Z	孔底坐标
R	绝对编程时是参照点 R 的坐标值；增量编程时是参照点 R 相对于初始点 B 的增量值
I	圆半径
J	最初钻孔点的角度，逆时针方向为正
N	孔的个数，正值表示逆时针方向钻孔，负值表示顺时针方向钻孔
Q	每次进给深度，为有向距离
K	每次退刀后，再次进给时，由快速进给转换为切削进给时距上次加工面的距离
P	孔底暂停时间（单位：s）
F	指定切削进给速度
L	循环次数（L 不指定时 L=1）

（2）圆形凸台铣削循环指令 G189。

圆形凸台铣削循环指令可用于加工平面上任意尺寸的圆形凸台。

格式：(G98/G99) G189 R __ Z __ X __ Y __ I __ J __ F __ Q __ E __ O __ H __ U __ P __

C __ D __ V __

各参数含义见表12-5。

表 12-5　圆形凸台铣削循环各参数的含义

参数	含　义
R	绝对编程时是参考点 R 的坐标值；增量编程时是参考点 R 相对初始点的增量值
Z	绝对编程时是凸台底部坐标值；增量编程时是凸台底相对于参考点 R 的增量值
X	凸台中心位置。绝对编程时是当前平面第一轴的坐标，相对编程时是相对于起点的增量值
Y	凸台中心位置。绝对编程时是当前平面第二轴的坐标，相对编程时是相对于起点的增量值
I	圆形凸台的半径
J	圆形凸台毛坯的半径
F	粗加工时的铣削速度
Q	粗加工时的每次进给深度（可省略，Q＝槽深度－槽底精加工余量）
E	凸台边缘的精加工余量（可省略，E＝0）
O	凸台底部精加工余量（可省略，O＝0）
H	精加工时的进给深度（可省略，凸台底和边缘一次完成精加工）
U	精加工进给速度（可省略，U 取 F）
P	精加工主轴转速（可省略，P＝进入循环前主轴转速或默认转速）
C	加工凸台的铣削方向（可省略，C＝3） 0：同向铣削；1：逆向铣削；2：G02 方向铣削；3：G03 方向铣削
D	加工类型（可省略，D＝1） 1：粗加工　2：精加工
V	铣削刀具半径

粗加工（D＝1）时，以 G00 方式定位到平面内第一轴正方向凸台右侧上方参考平面处，深度进给一个进刀量，根据铣削方向插入半圆进入工件轮廓，铣削工件表面至凸台边缘精加工余量，循环自动插入反方向半圆退出工件轮廓，以 G00 方式快移至下刀点，再次深度下刀加工凸台表面轮廓至凸台底部精加工余量。

精加工（D＝2）时，以 G00 方式定位到平面内第一轴正方向凸台右侧上方参考平面处，深度进给一个进刀量，根据铣削方向插入半圆进入工件轮廓，铣削边缘精加工余量，表面加工完成后循环自动插入反方向半圆退出工件轮廓，以 G00 方式快移至下刀点，再次深度下刀加工边缘余量直至凸台底部精加工余量；然后铣削凸台底部精加工余量。

凸台加工完成后，使用 G98/G99 指令抬刀至初始平面或参考平面，循环完成。

12.4.3　五轴定位加工操作与编程实例

如图 12-48 所示为一箱体零件的工程图样，其上几个斜面及孔需要通过五轴控制机床来加工。零件的实体模型及其在五轴转台上的装夹如图 12-49 所示。装夹定位时使工件坐标系原点与工作台回转中心重合，即工件底面中心在 C 轴回转轴线上。

五轴钻孔加工时，以 A 轴摆转 90°，先加工 ϕ50 的孔，再使 C 转台逆时针转动 60°加工 ϕ20 的孔；提刀安全退出并使 A、C 返回零位，再以 C 转台顺时针旋转 45°，A 轴向上摆转 60°后加工

φ18 的孔,各孔位坐标关系计算如下。

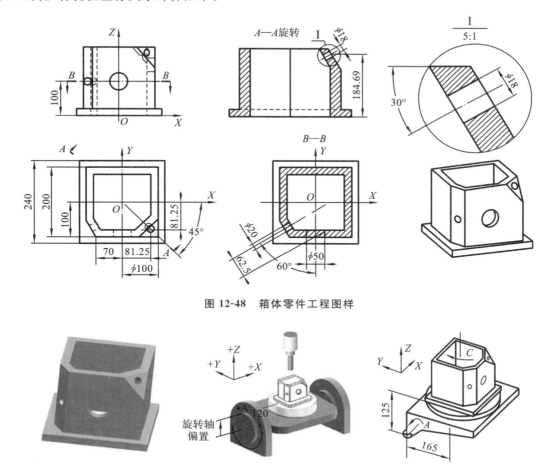

图 12-48　箱体零件工程图样

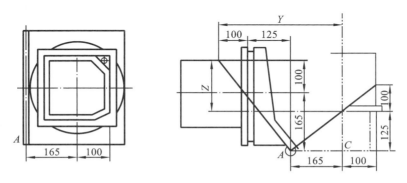

图 12-49　箱体零件及其五轴加工的装夹

（1）加工 φ50 的孔时,$A=90°$,$C=0°$,$X=0$;Y、Z 坐标可按图 12-50 所示几何关系计算得出 $Y=(100+125+165)$ mm$=390$ mm,$Z=(165+100-125)$ mm$=140$ mm。

图 12-50　φ50 孔 Y、Z 计算几何关系图

（2）加工 φ20 的孔时,$A=90°$,$C=-60°$,但相对回转中心的坐标原点在 X 方向上有一定的偏置,该偏置值可由图 12-51 所示几何关系,利用三角函数进行计算。

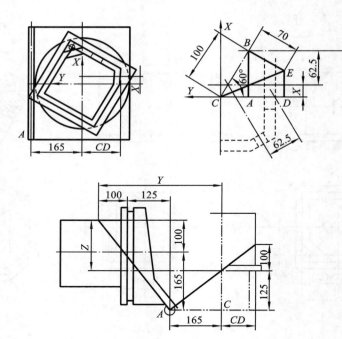

图 12-51　ϕ20 孔 X 偏置计算

在图示直角三角形 CAB 中，斜边 $CB=100$，$\angle ACB=60°$，则：

$$AB=100\times\sin 60°=86.603$$

转台逆时针转动 $60°$ 后 ϕ20 孔中心点的 X、Y 坐标分别为

$$X=AB-62.5=86.603-62.5=24.103$$

$$Y=100+125+165=390$$

而要计算 Z 坐标，必须先由图 12-51 计算出 CD 线长：

$$CE=\sqrt{100^2+70^2}=122.066$$

$$\angle ECB=\arctan(70/100)=34.992°，\angle DCE=60°-34.992°=25.008°$$

$$CD=CE\times\cos 25.008°=110.622$$

则加工 ϕ20 孔时，$Z=165+CD-125=165+110.622-125=150.622$

（3）从图 12-48 中知，在 A、C 轴为 0 时，ϕ18 孔的中心点坐标为 $(81.25，-81.25，184.69)$。从图 12-49 知，工件坐标系的原点（工作台面中心）至 A 轴的距离为 $Y=165$，$Z=125$。当按工作台 C 轴顺时针旋转 $45°$，A 轴向上旋转 $60°$ 后加工该孔时，其孔中心点的坐标可按图 12-52 所示的几何关系计算。

$$CB=\sqrt{81.25^2+81.25^2}\ \text{mm}=114.905\ \text{mm}$$

$$\angle DAE=\arctan[(165+114.905)/(125+184.69)]=42.108°$$

$$\angle D'AE=60°-42.108°=17.892°$$

$$AD=\sqrt{(165+114.905)^2+(125+184.69)^2}\ \text{mm}=417.438\ \text{mm}$$

则回转后 ϕ18 孔中心点 D' 的坐标为

$$X=0$$

$$Y=165+AD\times\sin 17.892°=293.247$$

$$Z=AD\times\cos 17.892°-125=272.25$$

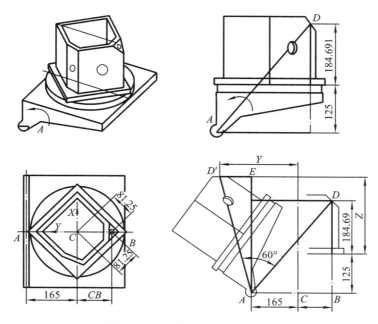

图 12-52　五轴加工几何关系图

据此,以点钻孔深 2 mm 控制,可编制对上述三孔点中心的非 RTCP 程序如下。

O0001

T1 M6(φ16 中心钻)

G90 G54 G00 X0 Y390.0 A90.0 C0 S1000 M3(G54 建立工件原点在工作台回转中心上)

G43 Z180.0 H01 M8

G98 G81 Z138.0 R150.0 F150

G0 C-60.0

G81 X24.1 Z148.622 R160.622

G0 Z300.0

C45.0 A60

G98 G81 X0 Y293.247 Z270.25 R280.25 F150

G80

G28 Z0 M9

……

上述编制的非 RTCP 五轴加工程序是人工进行 RTCP 预补偿计算所得到的程序,要求装夹后工件原点相对 A、C 轴确保其在 Y 向 165,Z 向 125 的轴间偏置关系,否则必须重新进行编程计算。若使用机床的 RTCP 功能,其程序编制可简化,且对工件在机床上的装夹位置无严格要求,此时,可对其 X、Y、Z 节点坐标直接按 A、C 零度方位时如传统三轴位置计算编程。若通过 CAD 测算出三轴下各节点位置数据,如图 12-53 所示,则对上例所述三孔做 2 mm 深点钻加工时,可编制其 RTCP 程序如下。

％0001

T1 M6

G0 G54 G90 X0 Y0 A0 C0 S1000 M3

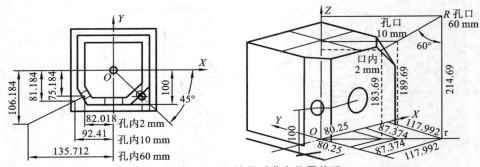

图 12-53　RTCP 编程时节点位置关系

G43 H1 Z350.	
G43.4 H1 M8	;启用 RTCP 功能
G0 X0. Y-160. Z100. A90. C0.	;走刀至距孔 1 表面 60 mm 处，A 轴转至 90°，加工面水平
Y-110.	;快进走刀至距孔 1 表面 10 mm 处
G1 Y-98. F250.	;工进钻孔 2 mm 深
G0 Y-160.	;快速退刀到距孔 1 表面 60 mm 处
G0 X-135.712 Y-106.184 C-60	;走刀至距孔 2 表面 60 mm 处，C 转至−60°
X-92.41 Y-81.184	;快进至距孔面 10 mm 处
G1 X-82.018 Y-75.184	;工进钻孔 2 mm 深
G0 X-135.712 Y-106.184	;退刀至距孔 2 表面 60 mm 处
X117.992 Y-117.992 Z214.69 A60. C45.	;走刀至距孔 3 表面 60 mm 处，A 轴转至 60°，C 轴转至 45°处
X87.374 Y-87.374 Z189.69	;快进至距孔面 10 mm 处
G1 X80.025 Y-80.025 Z183.69	;工进钻孔 2 mm 深
G0 X117.992 Y-117.992 Z214.69	;退刀至距孔 3 表面 60 mm 处
G49	取消 RTCP 功能
G0 Z350.	
G91 G28 Z0.	
G28 A0. C0.	
M5	
M30	

由此可知，RTCP 编程用节点数据较直观，与偏置距离无关，相对来说容易解读。

12.4.4　五轴联动加工操作与编程实例

如图 12-54 所示，若要用双摆头五轴机床来加工上述箱体零件上的孔，由于工件不能做摆转，无法满足各孔轴线与 Z 轴平行的要求，因此较难以使用钻镗循环的指令来加工孔。利用主轴摆头虽然可使刀具轴线与各孔向平行，若此时刀轴方向与 X、Y、Z 轴平行，尚可利用 G17、G18、G19 切换平面后使用钻镗循环指令，其余的只能用 G00/G01 基本指令控制 X/Y/Z 合成运动实现孔的加工。由于非正交五轴方式的运动计算较繁杂，在此仅以图 12-54(a) 所示正交 C+A 形式为例介绍双摆头五轴点位加工的孔位计算与编程。

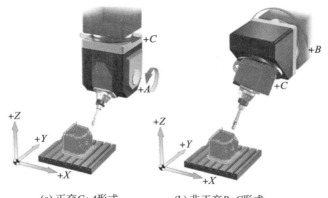

| (a) 正交C+A形式 | (b) 非正交B+C形式 |

图 12-54　双摆头五轴加工

以双摆头方式加工箱体的孔 1、2 时，动轴 A 需摆转 90°以使刀轴方向与孔轴线平行，此时工件在 X、Y 方向上与定轴轴线间就需要有足够的偏置距离范围，用于实施钻孔加工的动作。为此，装夹时宜将该箱体零件的孔 1 轴线与 X 轴平行放置，以充分利用床身工作台 X 轴行程范围较大的优势，避免 Y 向行程范围不足而可能引发的问题。

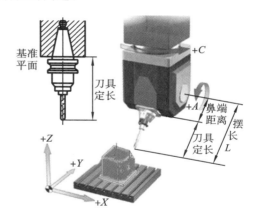

对于双摆头五轴机床，其摆长（枢轴中心距 L）由两旋转轴的交点（即枢轴点）到刀具刀位中心点的距离决定，如图 12-55 所示。L 由枢轴点到主轴鼻端的距离和刀具定长两部分组成。其主轴鼻端到枢轴点的距离由机床厂家给定，通常为定值，而刀具定长为刀柄安装基准平面（与主轴鼻端平齐）到刀具刀位点的距离，随加工所用刀具不同而变化。

若某机床鼻端距离为 120 mm，所用中心钻刀具定长为 180 mm，则其摆长 L 为（120＋180）mm＝300 mm。以箱体零件底面中心为工件零点，用此刀具钻各孔深 2 mm 的中心孔，其孔位坐标关系计算如下：

图 12-55　双摆头机床的摆长

（1）加工 $\phi50$ 的孔时，$A=90°$，$C=90°$，$Y=0$；X、Z 坐标可按图 12-56(a)所示几何关系计算得出。$X=(100-2+180+120)$ mm$=398$ mm，$Z=100$ mm$-L=(100-300)$ mm$=-200$ mm。若以距 $\phi50$ 孔的孔口 10 mm 处为工进钻孔前的初始位，则其 X_0 坐标应为 $X_0=(100+10+180+120)$ mm$=410$ mm

（2）加工 $\phi20$ 的孔时，$A=90°$，$C=30°$，Z 坐标与加工 $\phi50$ 孔时相同，即 $Z=-200$，X、Y 坐标可按图 12-56(b)所示几何关系计算得出。

由图 12-48 的尺寸关系可知，在图 12-56(b)中，$oa=100$，$ad=70$，$cf=62.5$。可计算得出：

$$af=ad\times\cos30°=60.622$$
$$fb=cf\times\tan30°=36.084$$
$$ae=bc=cf/\cos30°=72.169$$
$$oe=100-ae=27.831,\ ce=ab=af+fb=60.622+36.084=96.706$$

则加工 $\phi20$ 孔时，$X=oe+(ce-2+L)\times\sin30°=225.184$

$$Y=-(ce-2+L)\times\cos30°=-341.826$$

若以距 $\phi20$ 孔的孔口为 10 mm 处为工进钻孔前的初始位，则其 X_0、Y_0 坐标计算为

$$X_0=oe+(ce+10+L)\times\sin30°=231.184$$

$$Y_0=-(ce+10+L)\times\cos30°=-352.218$$

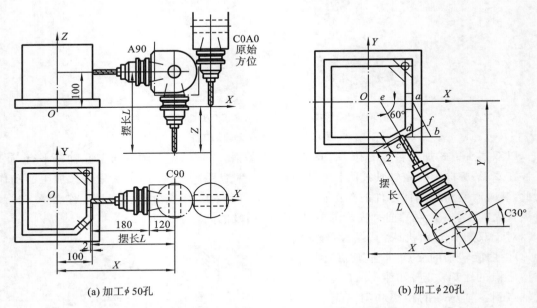

(a) 加工 $\phi50$ 孔　　　　　　　　　　　　　　(b) 加工 $\phi20$ 孔

图 12-56　加工 $\phi50$、$\phi20$ 孔时孔位计算几何关系图

（3）加工 $\phi18$ 的孔时，$A=60°$，$C=135°$，钻孔加工需要 X、Y、Z 三轴联动进给实现，因此必须分别计算工进钻孔前后两点的 X、Y、Z 坐标，可按图 12-57 所示几何关系计算。图中，孔口

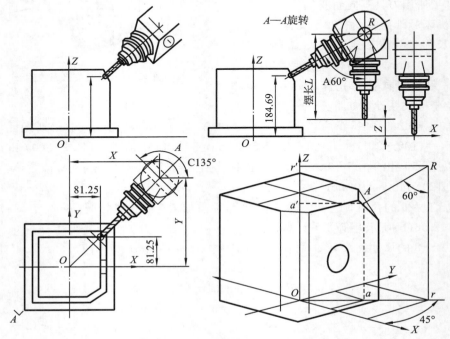

图 12-57　加工 $\phi18$ 孔时孔位计算几何关系图

中心 A 点坐标为(81.25,81.25,184.69)，$AR = L - 2 = 298$ mm，可计算得出：
$$ar = AR \times \sin 60° = 258.0756 \text{ mm}$$
$a'r' = AR \times \cos 60° = 149$ mm，即 R 点坐标为
$$X_r = Y_r = 81.25 + ar \times \sin 45° = 263.737, Z_r = 184.69 + a'r' = 333.69$$
则加工 $\phi 18$ 孔时，
$$X = X_r = 263.737$$
$$Y = Y_r = 263.737$$
$$Z = Z_r - L = 33.69$$

若以距 $\phi 18$ 孔的孔口为 10 mm 处为工进钻孔前的初始位，则其 X_0、Y_0、Z_0 坐标计算为
$$X_0 = Y_0 = 81.25 + (A_R + 12) \times \sin 60° \times \sin 45° = 271.086$$
$$Z_0 = 184.69 + (A_R + 12) \times \cos 60° - L = 39.69$$

根据以上孔位数据的计算结果，可编制对上述三孔点中心的非 RTCP 程序如下：

```
O0002
T1 M6(φ16 中心钻)
G90 G54 G00 X410.0 Y0 A90.0 C90.0 S1000 M3      ;定位到钻 φ50 孔初始位置
G0 Z-200.0 M8                                    ;下刀到刀轴平齐 φ50 孔中心的 Z
                                                    高度
G19 G81 X398.0 R410.0 F150                       ;钻削循环点 φ50 孔中心
G80                                              ;退出钻削循环模态
G17 G0 X450.0                                    ;远离孔位
C30.0                                            ;刀轴摆转
X231.184 Y-352.218                               ;定位到钻 φ20 孔初始位置
G1 X225.184 Y-341.826 F150                       ;点 φ20 孔中心
G0 X231.184 Y-352.218                            ;退出到孔口外 10 mm 处
Z220.0                                           ;提刀到安全转换高度
X271.086 Y271.086 A60.0 C135.0                   ;X、Y、A、C 轴定位到钻 φ18 孔初始
                                                    方位
Z39.69                                           ;Z 轴定位到钻 φ18 孔初始位置
G1 X263.737 Y263.737 Z33.69 F150                 ;钻 φ18 孔中心
G0 X271.086 Y271.086 Z39.69                      ;退出到孔口外 10 mm 处
Z220.0                                           ;提刀到安全转换高度
G91 G28 Z0 M9                                    ;各轴回零
G28 A0 C0
...
```

若使用机床的 RTCP 功能，其程序编制同前述双摆台示例一样，对其 X、Y、Z 节点坐标直接按 A、C 轴零度方位时如传统三轴位置计算编程。由于相对于前述双摆台模式工件在装夹方向上做了 90°的摆转，在 CAD 中其三轴各节点位置数据应按图 12-58 所示测算，同样的钻孔加工控制，可编制其 RTCP 程序如下。

```
%0001
T1 M6
G0 G54 G90 X0 Y0 A0 C0 S1000 M3
```

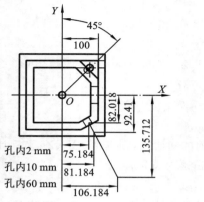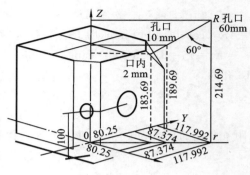

图 12-58　RTCP 编程时节点位置

G43 H1 Z350.

G43.4 H1 M8　　　　　　　　　　　　；启用 RTCP 功能

G0 X160. Y0. Z100. A90. C90.　　　　；走刀至距孔 1 表面 60 mm 处，A、C 轴均转

　　　　　　　　　　　　　　　　　　　至 90°

X110.　　　　　　　　　　　　　　　；快进走刀至距孔 1 表面 10 mm 处

G1 X98. F250.　　　　　　　　　　　；工进钻孔 2 mm 深

G0 X160.　　　　　　　　　　　　　；快速退刀到距孔 1 表面 60 mm 处

G0 X106.184 Y-135.712 C30.　　　　；走刀至距孔 2 表面 60 mm 处，C 转至 30

X81.184 Y-92.41　　　　　　　　　　；快进至距孔面 10 mm 处

G1 X75.184 Y-82.018　　　　　　　　；G1 点钻孔 2 mm 深

G0 X106.184 Y-135.712　　　　　　　；退刀至距孔 2 表面 60 mm 处

X117.992 Y117.992 Z214.69 A60. C135.　；走刀至距孔 3 表面 60 mm 处，A 转至 60°，C

　　　　　　　　　　　　　　　　　　　轴转至 135°

X87.374 Y87.374 Z189.69　　　　　　；快进至距孔面 10 mm 处

G1 X80.025 Y80.025 Z183.69　　　　　；G1 点钻孔 2 mm 深

G0 X117.992 Y117.992 Z214.69　　　　；退刀至距孔 3 表面 60 mm 处

G49　　　　　　　　　　　　　　　　；取消 RTCP 功能

G0 Z350.

G91 G28 Z0.

G28 A0. C0.

M5

M30

　　根据以上两种不同五轴机床结构模式及相应 RTCP 和非 RTCP 的计算编程，不难看出，非 RTCP 编程模式需要进行比较复杂的几何计算，而且随机床结构模式及其结构特征参数的不同，其节点坐标数据将不同，要求编程者具有较为明晰的空间几何解析能力。且对于不具备 RTCP 功能的机床，五轴加工编程时必须并确保机床上实际工件零点与编程零点的位置关系不再变动。这种非 RTCP 的程序不具通用性，因程序数据与机床结构模式、结构数据及装夹位置密切相关，若有变动必须再次计算后重新编程。

　　而 RTCP 模式的计算编程相对简单,编程者只需对其 X、Y、Z 节点坐标直接按 A、C 零度方位时如传统三轴位置那样计算编程即可,因旋转轴加入而引起刀位点坐标数据的变化,将由系统根据机床结构模式及特征参数自动进行补偿计算。RTCP 功能使得编程像三轴加工一样便利,既不需预先考虑机床的结构模式及结构特征参数,且其工件在机床上的安装位置也可以更灵活,只要通过对刀设置好工件零点,其工件零点与旋转轴心间的偏置关系即可由系统自动实现计算处理。

12.4.5　五轴加工中心典型案例编程与仿真实习指导

1. 实习目的

(1) 了解五轴加工中心的基本结构;

(2) 掌握五轴加工中心的基本编程指令;

(3) 了解五轴加工的工艺规划。

2. 实习内容

(1) 学习五轴加工中心基本结构、实习安全注意事项。

(2) 学习五轴加工中心对刀操作。

(3) 学习五轴加工中心编程案例加工工艺。

　　叶轮是一种能传递能量的、具有叶片的旋转体机械装置,是发动机的重要零件。而轴流叶轮是指把工作液体沿着轴向流动的一种叶轮(见图 12-59)。

　　① 图纸分析。

　　叶轮零件工程图如图 12-60 所示。该零件材料为铝,叶片表面粗糙度为 $Ra6.3~\mu m$,尺寸公差为 $\pm 0.02~mm$,孔及键槽与相应零件配作。

　　初始毛坯零件图如图 12-61 所示。

　　工装图如图 12-62 所示。

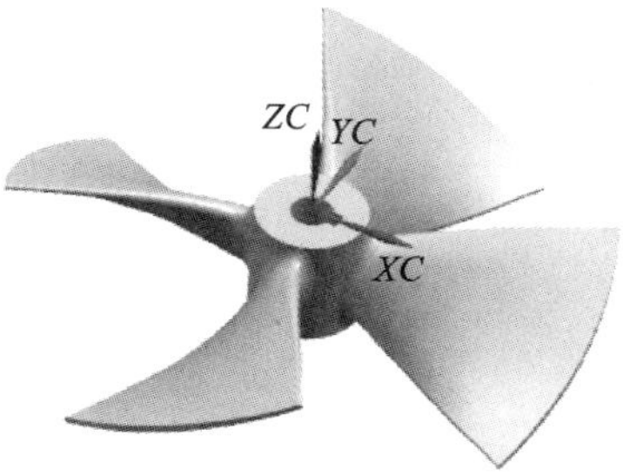

图 12-59　轴流式叶轮实体图

图 12-60　零件工程图

　　② 加工工艺。

　　• 初始毛坯加工工艺。

　　开料:毛料为 $\phi 170~mm \times 50~mm$ 的棒料,材料为铝。

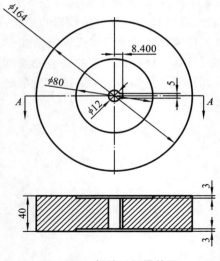

图 12-61　初始毛坯零件图

车削:先车一端面及外圆,然后掉头,夹持已经车削的一端,车削内外圆及另外端面,保证图纸尺寸。

插削:加工键槽。

五轴数控铣:将上述加工出来的圆棒料装在工装上,然后装夹在三爪卡盘上,三爪卡盘通过螺栓与机床的 C 盘连接,再进行五轴数控铣加工。

· 工装加工工艺。

开料:毛料大小为 ϕ35 mm×120 mm 的棒料一件,材料为 45 钢。此料已经包含了螺母的材料。毛料大小为 35 mm×10 mm×10 mm 的方料一件,材料为钢。

车削:先车螺母的螺纹孔深度为 10 mm,再车 ϕ30 mm×15 mm 的外圆柱,作为螺母加工毛

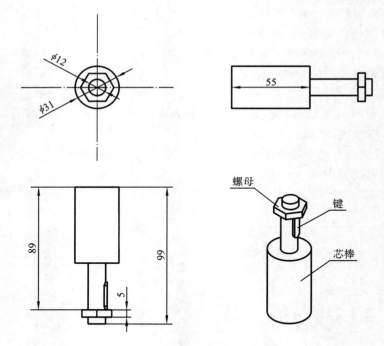

图 12-62　工装装配图

坯料。再车芯棒的一端面及外圆,然后掉头,夹持已经车削的一端,车削芯棒外圆及另外端面,保证芯棒设计尺寸。

三轴数控铣加工:加工螺母的六方外形;加工键尺寸与芯棒配作。

· 五轴数控铣加工程序。

a. 开粗刀路 KA05A,叶轮型腔开粗,使用 ED8 平底刀,余量为 1.0,层深为 0.8。

b. 轮毂半精加工刀路 KA05B,使用 BD6R3 球头刀,余量为 0.3。

c. 叶型半精加工刀路 KA05C,使用 BD6R3 球头刀,余量为 0.2。

d. 叶型全部精加工刀路 KA05D,使用 BD6R3 球头刀,余量为 0。

· 加工操作步骤。

a. 开机,各坐标轴手动回机床原点。

b. 将程序中所使用的刀具,按编号装入刀库。

c. 清洁工作台,安装夹具和工件。

d. 对刀,确定并输入工件坐标系参数。

用基准刀对刀,把坐标参数值输入 G54 程序段。

e. 对刀确定其他刀具的长度补偿值。

f. 输入刀具半径补偿值。

g. 传入利用自动编程软件编写的加工程序。

h. 自动加工或在线加工。

开始自动加工时,把进给倍率调整到很小,在进给保持下,核对加工余量。观察机器工作正常后把进给率调整到适当大小。

i. 测量并进行加工质量分析。

j. 清理加工现场。

全部零件加工完毕后,应对所有刀具、工装、加工程序、工艺文件等进行整理。

复习思考题

1. 高速高精加工的切削特点是什么?

2. 数控机床需要满足哪些功能才能具备高速高精加工的能力?

3. 世界各国为什么要发展高速切削加工技术?高速切削技术有哪些优势?

4. 从机床结构组成和使用数控系统的基本要求来看,五轴加工中心和三轴加工中心大致有什么不同?

5. RTCP 是什么含义?其包括哪些功能部分?使用 RTCP 功能有何优势?

6. 五轴加工有什么特点?为什么说五轴加工能简化工艺、提高加工质量和切削效率?

7. 五轴加工的刀具补偿是如何设置的?

8. 多轴曲面精修加工时,怎样能获得较高的表面质量和切削效率?

9. 在 UG 五轴加工的刀路功能中如何实现刀轴的控制?

第 13 章　特 种 加 工

13.1　数控电火花线切割

13.1.1　数控电火花线切割机床工作原理、分类及结构组成

数控电火花线切割机床简称线切割机床,是在电火花成形加工技术的基础上发展起来的一种专用电火花加工机床。其加工机理属电火花放电加工(简称电火花加工),是基于浸在工作液中的工件与工具电极之间脉冲放电时产生的瞬时高温作用使金属融化甚至汽化蚀除材料的加工方法。

1. 数控电火花线切割机床的工作原理

电火花线切割加工是用运动着的金属丝做电极丝,利用电极丝和工件在水平面内的相对运动来切割出各种形状的工件。工作时,电极丝和工件分别接脉冲电源的两极,电极丝和工件之间施加足够的具有一定绝缘性能的工作液。在特定的距离内,两电极之间的介质被脉冲放电击穿,瞬间产生高温,使放电点的工件被熔化甚至汽化,这个过程具有雪崩似的爆炸性质,把融化了的物质抛离工件表面,这样不断地蚀除,完成对工件的加工。其工作原理如图 13-1 所示。

若电极丝相对工件进行有规律的倾斜运动,还可加工出带锥度的工件。

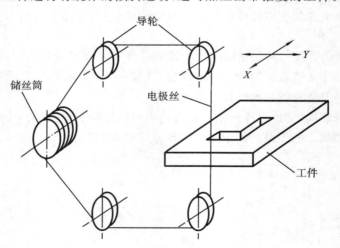

图 13-1　数控电火花线切割的工作原理

电火花加工条件:①必须具备足够的直流脉冲方波电流。②工件必须具有导电性能。③放电必须在一定的绝缘介质中进行。④电火花加工必须依据加工的需要来正确选择工具电极和工件电极的极性。依据正离子轰击负极的能量大于负离子轰击正极的原理,粗加工时工具电极接正极,工件接负极。精加工时反之。

与传统的切削加工比较,电火花线切割加工有如下特点:①可以加工所有导电材料,对工件材料的硬度没有要求,加工过程中几乎不存在切削力,因此,可以解决传统切削加工难以甚

至无法解决的硬脆材料加工问题；②由于常用的电极丝直径只有 0.08～0.2 mm，因此可以加工细微的几何特征、切缝和很小的内角。

电火花线切割加工的应用范围：①试制新产品；②加工特殊材料；③加工模具零件。

2. 数控电火花线切割机床的分类

按照电极丝走丝速度分类：①快走丝线切割机床，采用高速往复走丝方式，一般走丝速度为 8～10 m/s；②慢走丝线切割机床，采用慢速单向走丝方式，通常走丝速度低于 0.2 m/s。此外，近年还出现了一种中走丝线切割机床。

3. 数控电火花线切割机床的结构组成

快走丝线切割机床的外形结构如图 13-2 所示，其组成部分主要包括机床床身、工作台、走丝机构、供液系统、脉冲电源和控制系统等。

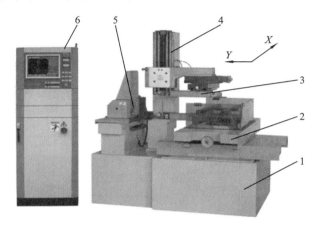

图 13-2　快走丝线切割机床的结构组成
1—床身；2—工作台；3—丝架；4—立柱；5—储丝筒；6—控制柜

（1）床身　床身是机械部分的基础件，用于支撑工作台、丝架、走丝系统等。

（2）工作台　工作台用于装夹工件，是一个具有 X 轴和 Y 轴移动的十字滑台，由驱动电动机（直流或交流电动机，或步进电动机）、测速反馈系统、进给丝杠（一般使用滚珠丝杠）、纵向和横向拖板、工作液盛盘等组成。

（3）走丝机构　走丝机构用于控制电极丝连续不断地运动，包括走丝电动机、储丝筒、丝架、导轮等，快走丝线切割机床的储丝筒是往复旋转运动的。

（4）供液系统　供液系统由工作液、工作液箱、工作液泵和循环导管等组成，具有迅速消电离、控制火花放电、排除电蚀产物和冷却等功能。

（5）脉冲电源　脉冲电源输出的是高频率的单向脉冲电源，为工件和电极丝之间的放电加工提供能量，对加工质量和加工效率有直接的影响。一般集成于控制柜中。

（6）控制系统　控制系统用于控制电极丝与工件的相对运动轨迹与运动速度等，并实现整机控制。

（7）坐标系　面向机床正面，横向为 X 轴，且丝向右运行为 +X 方向，向左运行为 -X 方向；纵向为 Y 轴，且丝向前运行为 +Y 方向，向后运行为 -Y 方向。

13.1.2　数控线切割机床的加工工艺

1. 电极丝材料与直径

常用电极丝有钼丝、钨丝、黄铜丝和包芯丝等。钨丝抗拉强度高，直径在 0.03～0.1 mm

范围内,一般用于各种窄缝的精加工,但价格高。黄铜丝适合慢速加工,加工表面粗糙度和平直度较好,蚀屑附着少,但抗拉强度差,损耗大,直径在 0.1～0.3 mm 范围内,一般用于慢速单向走丝加工。钼丝抗拉强度高,适于快速走丝加工,所以我国快速走丝机床大都选用钼丝作电极丝,直径在 0.08～0.2 mm 范围内。

2. 线切割加工的技术指标

技术指标:切割速度、表面粗糙度、加工精度等。

影响技术指标的因素:脉冲参数、电极丝及其移动速度、进给速度、工件材料及其厚度、工作液等。

脉冲电源的波形及参数的影响是相当大的,如矩形波脉冲电源的参数主要有电压、电流、脉冲宽度、脉冲间隔等。所以根据不同的加工对象选择合理的电参数是非常重要的。

电极丝直径的选择应该根据切缝宽窄、工件厚度和拐角大小来选择。加工带尖角、窄缝的小型模具零件宜选择较细的电极丝;加工大厚度工件或大电流切割,应选择较粗的电极丝。

工作液对切割速度、表面粗糙度、加工精度等都有较大影响,加工时必须正确选配。常用的工作液主要有乳化液和去离子水。

3. 合理确定切割路线

正确的切割路线能减少工件变形,容易保证加工精度。为避免材料内部组织和内应力对加工精度的影响,除了考虑工件从坯料中取出的位置外,还必须合理选择程序的走向和起点。

如图 13-3 所示,加工程序引入点为 A,起点为 a,则走向可有:

①A-a-b-c-d-e-f-a-A

②A-a-f-e-d-c-b-a-A

如选走向②,则在切割过程中,工件悬留在被切缝 af 切开后易变形的部分,会带来较大误差。如选走向①,就可减少或避免材料变形影响。如加工程序引入点为 B 点,起点为 d,这时无论选哪种走向,其切割精度都会受到材料变形的影响。

4. 电极丝位置的调整

线切割加工之前,应将电极丝调整到切割的起始坐标位置上,其调整方法有以下几种。

1) 目测法

如图 13-4 所示,利用穿丝处划出的十字基准线,分别沿划线方向观察电极丝与基准线的相对位置,根据两者的偏离情况移动工作台,当电极丝中心分别与纵、横方向基准线重合时,工作台纵、横方向上的读数就确定了电极丝中心的位置。

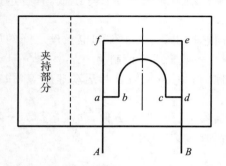

图 13-3　程序走向和起点对加工精度的影响　　　　**图 13-4　目测法调整电极丝位置**

2) 火花法

如图 13-5 所示,移动工作台使工件的基准面逐渐靠近电极丝,在出现火花的瞬时,记下工作台的相应坐标值,再根据放电间隙推算电极丝中心的坐标。此法简单易行,但往往因电极丝靠近基准面时产生的放电间隙,与正常切割条件下的放电间隙不完全相同而产生误差。

　　3）自动找中心

　　如图 13-6 所示,让电极丝在工件孔的中心自动定位。此法是根据线电极与工件的短路信号,来确定电极丝的中心位置。数控功能较强的线切割机床常用这种方法。

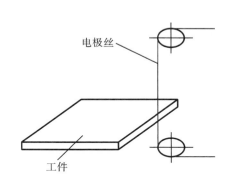

图 13-5　火花法调整电极丝位置

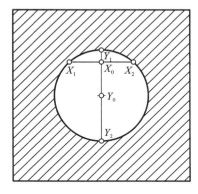

图 13-6　自动找中心

13.1.3　自动编程

　　常用的编程软件有 CAXA 线切割、AUTOP、YH 等。本书以 CAXA 线切割编程软件为例进行介绍。

　　CAXA 线切割是在 CAXA 电子图板的基础上开发而来的。其与 CAXA 电子图板相比多了一个下拉菜单——"线切割（W）"菜单,如图 13-7 所示。

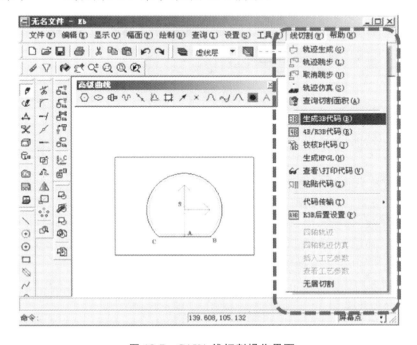

图 13-7　CAXA 线切割操作界面

1. 加工模型的获取

方法一：按 CAXA 电子图板的方式绘图。"绘制"菜单及其子菜单如图 13-8 所示。

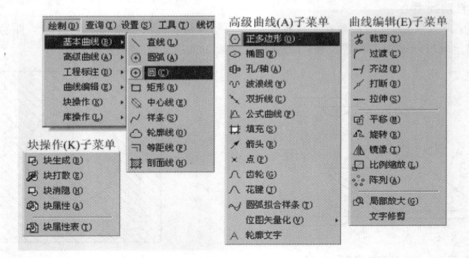

图 13-8　绘图菜单及其子菜单

方法二：利用 CAXA 线切割软件的数据接口读取用其他软件绘制的图形，如应用 AutoCAD 软件绘制的 DWG/DXF 图形。图 13-9 所示为文件导入方法。

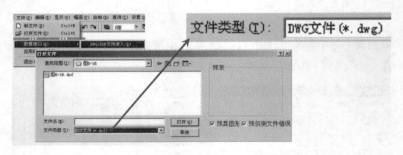

图 13-9　文件导入

2. 线切割程序的编制

选定要加工的轮廓线，并设置相关参数，生成单轮廓图形的线切割加工轨迹。

操作如下：

（1）按以上方法获得加工轮廓的几何模型；

（2）设置相关工艺参数，如图 13-10 所示。

说明："切割参数"选项卡中，切入方式一般选择"垂直"，若无特殊要求"切割次数"一般选择 1 次。"偏移量/补偿值"选项卡中，设置电极丝的偏移量 f。其余按图示设置。

以下按窗口左下角的提示操作即可。

（3）确定切割方向。

（4）确定偏移方向。

（5）选择程序起始点与退出点。一般按回车键（或按鼠标右键）选择重合。

（6）生成加工轨迹，注意观察是否满足要求。

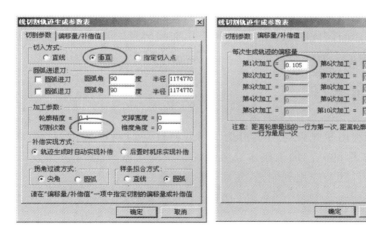

图 13-10 工艺参数设置

3. 生成数控代码功能

生成数控代码,即通常所说的后置处理,操作步骤如下。

(1)执行"线切割(W)|生成 3B 代码(B)"命令,选择文件存盘位置,输入文件名,按"保存"按键。

(2)提示拾取加工轨迹,并弹出 3B 代码输出设置选项,如图 13-11 所示。

图 13-11 输出设置

(3)用鼠标拾取加工轨迹后,按回车键(或按鼠标右键)完成轨迹选取并输出代码,同时,可弹出生成的加工程序文件。

注意:若拾取的是单个轮廓的轨迹,则生成从穿丝点到退出点之间的加工轨迹;若拾取了多个独立的加工轨迹,虽然图形显示上没有各轮廓的连接程序,但实际上生成的加工程序与跳步程序相同,这是因为同一个零件上的各个轮廓之间的过渡必须用程序实现。

13.1.4 数控电火花线切割实习指导

1. 实习目的

(1)了解数控电火花线切割加工的原理、结构组成、特点和典型应用;

(2)了解工件的安装方法及操作注意事项;

(3)学会数控线切割操作方法并加工零件。

2. 实习内容

(1)学习数控线切割加工的原理、结构组成、特点和典型应用,及实习安全注意事项;

(2)采用 CAD 软件设计并修改创意图形;

(3)制定创意图形的工艺并规划加工轨迹,自动生成加工程序;

(4)加工创意图形。

线切割机床的操作步骤:

①合上电源开关;②启动机床;③调整好电器参数;④对好刀(即把工具电极和工件电极调

整到可以产生火花放电的距离);⑤打开储丝筒电动机,走丝;⑥打开工作液;⑦打开加工开关,启动加工的控制系统;⑧打开高频开关,将脉冲电压加到两极;⑨按下 F8,开始加工;⑩加工完成后,关掉脉冲电源和加工的控制系统。

13.2 激光加工

激光加工技术是利用激光束与物质相互作用的特性对材料进行切割、焊接、表面处理、打孔、增材加工及微加工等的一门加工技术。激光加工技术与原子能、半导体及计算机技术并称为 20 世纪的四大发明,已经应用到制造、军事、通信等各领域。

13.2.1 基础知识

1. 激光特性

激光是利用光能、热能、电能等外部能量来激励物质,使原子受激辐射而产生的一种特殊的光。原子中的电子吸收能量后从低能级跃迁到高能级,再从高能级回落到低能级的时候,所释放的能量以光子的形式放出。被激发出来的光子束(激光)中的光子光学特性(频率、传播方向、位相、偏振)高度一致,这使得激光较普通光源而言单色性好、亮度高、方向性好(见图 13-12)。

(1) 单色性好　理论上只有一种波长。

(2) 高方向性　光束的发散角小,激光的发散角可以限制在毫弧度立体角甚至更小的范围。

(3) 高亮度　由于激光的高相干性和高方向性,其亮度比普通光源高亿万倍,能量高度集中。激光加工正是利用激光束透射到材料表面产生的热效应来实现的。

2. 激光器

产生激光的装置称为激光器,它由激励系统、工作物质和光学谐振腔三部分组成(见图 13-13)。

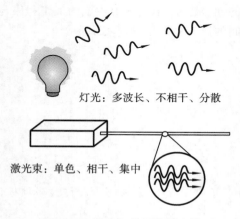

图 13-12　激光与普通光的比较

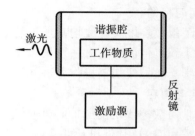

图 13-13　激光器的基本结构组成

激励系统是产生光、电、化学能等的装置。激励系统提供能量,使工作物质里的大多数电子吸收能量跃迁到原子的外层轨道上去,为放出激光创造条件。

　　工作物质是能够产生激光的物质,包括固体物质,如红宝石、钕玻璃、钇铝石榴石（YAG）等,还包括气态的 CO_2 和 He-Ne 等,以及半导体和液体等工作物质。

　　光学谐振腔的作用是加强输出激光的亮度,调节和选定光的波长和方向。

3. 激光加工原理

1）激光切割原理及工艺

　　激光切割是将激光束聚焦成很小的光斑（光斑直径为 0.1 mm）,在光束焦点处获得超过 10^4 W/mm^2 的功率密度,所产生的能量足以使激光照射点处材料的温度急剧上升,并在瞬间达到汽化温度,使材料蒸发,形成孔洞。通过数控系统控制激光头与工件做相对运动,形成切缝。在切割过程中系统还应该设置必要的辅助气体吹除装置,以便将切缝处产生的熔渣排除。图 13-14 所示为激光切割原理示意图。

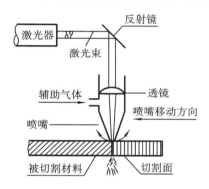

图 13-14　激光切割原理示意图

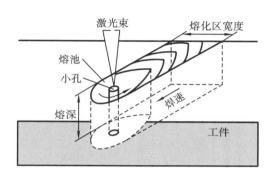

图 13-15　激光深熔焊原理示意图

　　目前激光切割碳钢板材最大厚度可达 20 mm,切缝可控制得很小,薄板碳钢切割时切缝可达 0.1 mm。激光切割不锈钢薄板是一种非常有效的加工方法。

2）激光焊接

　　激光焊接是以高功率聚焦激光束为热源,熔化材料形成焊接接头的高精度高效率焊接方法。

　　激光焊接的基本模式有热导焊和深熔焊两种。热导焊激光功率密度较低（$10^5 \sim 10^6$ W/cm^2）,依靠热传导向工件内部传递热量形成熔池。这种焊接模式熔深浅,深宽比较小。

　　深熔焊激光功率密度高（$10^6 \sim 10^7$ W/cm^2）,工件迅速熔化乃至汽化形成小孔（见图 13-15）。这种焊接模式熔深大,深宽比也大。在机械制造领域,除了那些微薄零件以外,一般应选用深熔焊。

3）激光打标原理

　　激光打标的基本原理是,由激光发生器生成高能量的连续激光光束,聚焦后的激光作用于承印材料,使表面材料瞬间熔融,甚至汽化,通过控制激光在材料表面的路径,形成需要的图文标记。激光打标机采用扫描法打标,即将激光束入射到两反射镜上,利用计算机控制扫描电动机带动反射镜分别沿 X、Y 轴转动,激光束聚焦后落到被标记的工件上,从而形成激光标记的痕迹。振镜式激光打标原理如图 13-16 所示。

4. 激光加工的特点与优势

　　（1）非接触加工。激光加工属于非接触加工,无切削力作用于工件,无刀具磨损;由于激光束具有极高的功率密度,可进行高速焊接和切割,再加上激光无惯性,在高速焊接切割中又

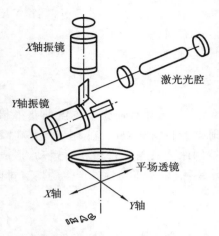

X轴振镜

激光光腔

Y轴振镜

平场透镜

X轴

Y轴

IMAB

图 13-16　振镜式激光打标原理

可以急停和快速启动。

（2）对加工材料的热影响区小。激光束照射物体表面局部区域，虽然加工部位温度高，热量大，但加工的移速快、热影响区域小，对非照射区域没有热影响。实际加工中工件的热变形极小。

（3）加工灵活多样。激光具有聚焦、发散和导向的物理特性，可以方便地得到不同光斑和功率，适应不同的加工要求，并且通过光路系统的调节，能很轻松地改变光束的方向，与数控机床、机器人配合连接，形成各种加工系统，进行复杂激光加工。

（4）利用光的非线性效应，可通过透明介质对工件内部进行加工。

（5）可加工高硬度、高脆性及高熔点的金属和非金属材料。

5. 激光加工的注意事项

（1）绝对不能直视激光光束，尤其是原光束。也不能直视反射镜反射的激光束。操作激光时，一定要将具有镜面反射的物体放置到合适的位置或者干脆搬走。

（2）为了减少对眼睛的伤害，应该在照明良好的情况下操作激光器。同时接触激光源的人员一定要戴激光防护镜。

（3）不能对近目标或实验室墙壁发射激光。

（4）不能佩戴珠宝首饰，因为激光可能通过珠宝产生反射，造成对眼睛或皮肤的伤害。

13.2.2　激光加工实习指导

1. 实习目的

（1）了解激光加工原理、激光设备基本结构；

（2）掌握常见的非金属、金属激光切割工艺和激光打标、内雕的加工方法。

2. 实习内容

（1）学习激光加工基础知识，实习安全注意事项。

（2）竹简书签激光加工。

①利用 CAD 设计软件在 80 mm×20 mm 的版面上绘制好矢量书签的图案，将其以 PLT 格式输出到雕刻机上。（参见视频 13-1）

②使用雕刻机的控制软件打开并设置好加工参数。

③进行雕刻加工。

（3）金属板材切割演示教学。

①材料：Q235 钢；

②在 CAD 软件中将零件绘制完成，注意绘制卡口时的尺寸配合。

③在切割机控制软件中读入绘制文件，对所有零件进行切割排样并排序。切割范围不能超过钢板材料外形尺寸。设置切割速度、空走速度、抬刀高度等切割参数。

④按操作指导进行零件切割。

（4）水晶钥匙扣工艺品激光内雕。

①材料:人造水晶(K9 玻璃)。

②利用杭州先临三维科技股份有限公司的 3DVision 软件进行设计,输出 DXF 格式的点云文件(参见视频 13-2)。

③在激光内雕机控制软件中读入文件,启动内雕机完成水晶内部雕刻。

(5) 金属名片设计与激光打标(参见视频 13-3)。

①材料:金属名片(铝合金)。

②利用矢量图绘制软件(文泰、CorelDRAW)设计个性名片,输出 DXF、PLT 等格式文件。

③在激光打标机上用控制软件读取文件,利用红光辅助指示摆放工件,调整打标高度至聚焦高度,启动打标完成加工。

视频 13-1　书签设计　　　　视频 13-2　水晶内雕设计　　　视频 13-3　金属名片设计

13.3　增材制造

13.3.1　概述

增材制造(additive manufacturing,AM)融合了 CAD/CAM/CNC 技术、激光技术、新材料技术和精密伺服驱动技术等先进技术,它以 CAD 模型为基础,通过软件与数控系统将专用的金属材料、非金属材料以及医用生物材料等可黏合材料,按照挤压、烧结、熔融、光固化、喷射等方式逐层堆积,制造出实体物品。

增材制造是基于离散-堆积原理,由零件三维数据驱动直接制造零件。离散和堆积是增材制造技术的两大核心,即分层加工、叠加成形,其中离散部分需要专用的分层切片程序去完成,将三维模型离散成一层层二维平面模型,堆积部分则依靠快速成形机在数控代码的控制下再一层一层进行叠加而成。增材制造过程如图 13-17 所示。

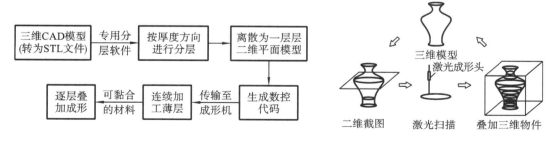

图 13-17　增材制造过程

1. 三维 CAD 模型的构建

目前物体的建模方法大体上有三种:第一种是利用三维软件建模;第二种是通过仪器设备测量建模;第三种是利用图像或者视频来建模。

一般增材制造应用的标准文件类型为 STL。STL 文件是在计算机图形应用系统中,用于

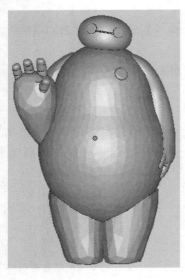

图 13-18　STL 模型图

表示三角形网格的一种文件格式。它的文件格式非常简单,应用很广泛。STL 模型是用三角网格来表现的三维 CAD 模型,复杂的模型用一系列的微小三角形平面来近似模拟,如图 13-18 所示。每个三角形用四个数据项表示,即三个顶点坐标和一个法向矢量。它便于在后续分层处理时获取每一层片实体点的坐标值,三角形的大小的选择决定了这种模拟的精度。

由于 STL 文件在数据处理上较简单,所以 STL 格式很快发展为快速成型制造领域中 CAD 系统与快速成形机之间数据交换的标准格式。

2. 模型的离散(分层)

在选定了制作(堆积)方向后,通过专用的分层程序对 STL 模型进行一维离散,即沿制作方向分层切片处理,获取每一薄层片截面轮廓及实体信息。分层的厚度就是成形时堆积的单层厚度,切片层的厚度将直接影响零件的表面粗糙度和整个零件的型面精度。

3. 模型的成形加工

根据切片处理的截面轮廓,在数控系统控制下,相应的成形头(激光头或喷头等)进行扫描,在工作台上一层一层地堆积材料,逐层黏结,最终得到原型产品。

增材制造常在模具制造、工业设计等领域被用于制造原型,后逐渐用于一些产品的直接制造,如汽车零部件的直接制造等。该技术在珠宝、鞋类、工业设计、建筑、汽车、航空航天、牙科和医疗产业、教育以及其他领域都有所应用。

13.3.2　增材制造工艺

增材制造工艺有多种,不同工艺可用材料及层构建方式有所不同。主流的工艺主要包括 FDM、SLA、SLS、3DP、LOM 等。下面对增材制造的几种常见工艺进行简要介绍。

1. 熔融沉积成形

熔融沉积成形(fused deposition modeling,FDM)是将丝状材料通过喷头加热熔化后经过喷头底部的喷嘴挤压出来,同时,喷头会在计算机的控制下做 X-Y 平面运动,将熔融的材料涂覆在工作台上,与前一层熔结在一起;一层成形后,工作台下移一层高度,进行下一层涂覆,这样逐层堆积形成三维工件。其工艺原理如图 13-19 所示。FDM 主要成形材料为固体丝状工程塑料。该方法污染小,材料可以回收,用于中、小型工件的成形。图 13-20 所示为丝状材料及 FDM 成形件。

FDM 工艺的优点是工艺简单易于操作,原料价格便宜且多种材料可选,操作环境干净安全等;缺点是成形表面粗糙、精度较低,成形速度较慢,需要浪费材料做支撑等。

2. 光固化立体成形

光固化立体成形(stereo lithography appearance,SLA),有时也简称 SL。世界上第一台快速成形机采用的就是 SLA 工艺。该工艺使用的材料为液态的光敏树脂,主要利用液态光敏树脂在紫外激光照射下会发生固化的原理。加工时,树脂槽内会盛满透明、有黏性的液态光敏树脂,在计算机的控制下,紫外激光束会按照第一层的截面轮廓经快速转动着的反射镜对树脂

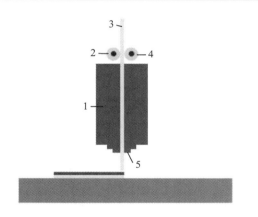

图 13-19　FDM 工艺原理图

1—导向套;2—从动辊;3—材料丝;4—主动辊;5—喷头

图 13-20　丝状材料及 FDM 成形件

进行照射,照射到的区域的树脂被快速固化;固化完一层后,工作台会下降一层高度,再固化下一层,层层叠加构成一个三维实体。SLA 工艺原理如图 13-21 所示。图 13-22 所示为 SLA 成形件。

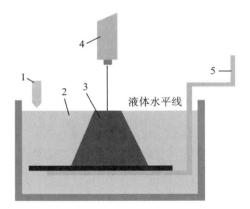

图 13-21　SLA 工艺原理图

1—刮板;2—光敏树脂;3—成形件;4—紫外激光器;5—升降台

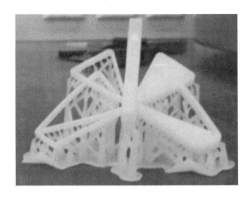

图 13-22　SLA 成形件

　　SLA 工艺的优点是成形件尺寸精度高、表面质量好,成形速度较快等,缺点是设备及材料价格昂贵,使用和维护成本高,成形件强度较差、耐热性有限,成形过程中需要设计其他支撑等。因此它目前主要用于成形薄壁的、精度要求较高的零件,适合于制作中小型工件。

3. 选择性激光烧结

选择性激光烧结(selective laser sintering,SLS)采用二氧化碳激光器作为能源,目前使用的材料多为各种粉末。SLS 工艺的流程是:利用粉末材料在激光照射下烧结的原理,首先在工作台上均匀铺一层很薄的粉末,使激光束在计算机控制下,按照截面轮廓有选择性地进行扫描,使粉末温度升至熔化点,烧结形成黏结;然后不断重复铺粉、烧结的过程,堆叠成形;最后去掉多余的粉末,并进行打磨、烘干等处理,获得最终成形零件。SLS 工艺原理如图 13-23 所示。SLS 与 SLA 都需用到激光器,所不同的是 SLA 采用紫外激光,而 SLS 采用红外激光。SLS 工艺与工业结合很紧密,使用材料很广泛,在市场上也应用得比较多。例如砂型铸造中一些复杂的砂芯,就可以利用 SLS 工艺进行制造,节省时间,同时利用 SLS 工艺还可以直接制造一些小型的金属零件,如模具等。

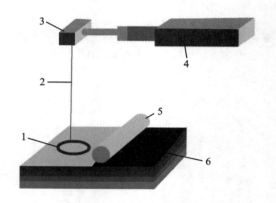

图 13-23　SLS 工艺原理图
1—成形轮廓;2—激光束;3—扫描镜;4—激光器;5—压辊;6—粉末

SLS 工艺的优点是成形材料广泛,成形过程中无须设计任何其他支撑,可以直接制造金属零件等,缺点是设备昂贵,加工及维护成本高,粉末烧结后表面较粗糙等。

4. 三维打印黏结成形

三维打印黏结成形(three-dimensional printing,3DP)利用喷头喷黏结剂,选择性地黏结粉末来成形。该工艺的流程是:首先铺粉机构在加工平台上精确地铺上一薄层粉末材料,打印头在计算机的控制下根据这一层的截面形状在粉末上喷出一层特殊的胶水,喷到胶水的薄层粉末发生固化;然后在这一层上再铺上一层一定厚度的粉末,打印头按下一截面的形状喷胶水,如此层层叠加,从下到上,直到把一个零件的所有层打印完毕,最后把未固化的粉末清理掉,得到一个三维实体原型。3DP 工艺原理如图 13-24 所示。未被黏结的地方为干粉,可以在成形过程中起支撑作用,同时可以回收再利用。打印完成后,需在温控炉中进行后处理。

3DP 工艺与 SLS 工艺相似,也采用粉末材料,但 SLS 一般都为金属粉末、陶瓷粉末等,3DP 一般采用石膏粉末。此外,两种工艺成形方式不同,3DP 是用胶水黏结成形,而 SLS 是采用激光烧结成形。

3DP 工艺的优点是成形过程中无须设计任何其他支撑,可以直接打印彩色零件,成形速度较快等,缺点是打印制品强度低,只能做概念型模型,表面较粗糙等。

5. 分层实体制造

分层实体制造(laminated object manufacturing,LOM)又称层叠法成形,它以片材(如纸

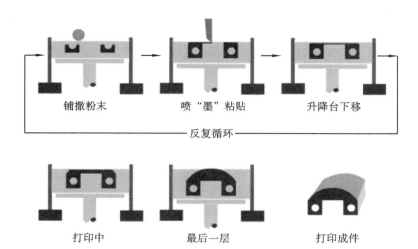

图 13-24　3DP 工艺原理图

片、塑料薄膜或复合材料)为原材料,其基本原理是激光切割系统按照计算机提取的横截面轮廓线数据,将背面涂有热熔胶的纸用激光切割出工件的内外轮廓。切割完一层后,送料机构将新的一层纸叠加上去,利用热黏压装置与已切割层黏合在一起,然后再进行切割,这样一层层地切割、黏合,最终成为三维工件。LOM 工艺原理如图 13-25 所示。LOM 常用材料是纸、金属箔、塑料膜、陶瓷膜等,此方法除了可以制造模具、模型外,还可以直接制造结构件或功能件。

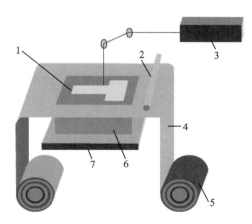

图 13-25　LOM 工艺原理图

1—切割轮廓线;2—压辊;3—激光切割器;4—薄膜材料;5—材料辊筒;6—成形工件;7—升降台

　　LOM 工艺的优点是工作可靠,原材料价格便宜、成本低,无须设计和制作支撑结构,成形速度快等;缺点是前后处理费时费力,不能制造中空结构件和结构太复杂的零件,工件易吸湿膨胀,工件表面有台阶纹等。

13.3.3　正向及逆向设计

　　增材制造的模型获取除了通过传统的正向设计获取三维模型以外,基于现有物体的逆向设计获取其三维模型的方式也越来越被广泛应用。正向设计是通过三维 CAD 软件如 UG、Pro/E、Solidworks、3dsmax 等设计模型。逆向设计又称反求设计、逆向工程,与传统的产品正向设计方法不同,它是一种基于逆向推理的设计方法。逆向设计已从最初的原型复制技术逐步发展成为支持产品创新设计和新产品开发的重要技术手段。

　　根据测量探头是否与样件表面接触,逆向设计数据采集可分为接触式采集与非接触式采集两大类。采用非接触式方法采集数据时,探测针无须跟物体直接接触,可以避免探测针对物体如贵重文物等的表面造成损伤,减少探测针对物体表面施加的压力,避免使物体表面发生形变,对扫描非刚性物体来说至关重要。

　　通过三维扫描仪获得三维数据属于非接触式采集方法中的一种。在逆向设计中,三维扫描仪(以武汉惟景三维科技有限公司的 PowerScan 产品为例)测量时使用数字光栅投影装置向被测物体投射一系列相移光栅图像,并由高品质的工业相机同步采集经物体表面调制而变形的相移光栅图像,再由软件对光栅图像进行相位计算和三维重建等处理,得到物体表面完整的三维点云数据。如今已出现一些可以自动对扫描得到的三维点云数据进行简单处理及封装的三维扫描仪,不过,若对模型数据要求较高,一般在用三维扫描仪获取到点云数据后需要用专门的后处理软件如 Geomagic 进行处理,若需要对模型再进行改进,则在后处理后还将用到相关软件对其进行再设计。图 13-26 所示为实物及扫描并完成后处理的三维模型。

图 13-26　三维扫描实物及完成后处理的模型

13.3.4　增材制造实习指导

1. 实习目的

(1)掌握增材制造概念、基本原理、特点及应用等知识;

(2)掌握增材制造过程工艺参数设置及操作技巧;

(3)了解几种常见的增材制造工艺;

(4)掌握三维扫描仪的基本使用。

2. 实习内容

(1)了解实习设备、材料及安全注意事项。

(2)学习增材制造概念、基本原理、特点及应用等知识。

(3)学习 FDM 增材制造加工过程中的工艺参数设置及操作技巧。

(4)练习 FDM 增材制造的基本操作。

利用模型库模型进行练习,熟悉增材制造过程的软硬件操作。

软件操作:在操作分层软件时,必须注意以下事项。

①3D 打印机有一定打印范围,同时模型尺寸很大程度上决定了模型打印时间,所以在满足要求的前提下,调整模型比例到合适的尺寸再进行打印。

②支撑设计:支撑的设计是为了防止某些突出部分因自身重量而倾倒,或者作为打印中途开始成形的部分的底座,所以在打印过程中可根据模型特征选择是否需要添加支撑。

③底板:当模型底面与打印平台接触面较小时,一般需开启底板,使模型与平台能黏得更牢固。

④在模型编辑过程中,要综合考虑两个原则:第一,模型与打印平台接触面尽可能大,使模型能与打印平台黏得更牢固;第二,支撑设计尽可能少,以降低后处理难度以及支撑剥离后对模型表面光滑度的影响。

⑤工艺参数设置:切片层的厚度直接影响零件的表面粗糙度和整个零件的型面精度,同时打印速度也会影响模型精度。

硬件操作:在操作 3D 打印机时,必须注意以下事项。

①模型开始打印前,必须将打印平台清理干净,同时保证打印材料充足。

②检查打印机运作是否良好,同时查看电脑与打印机是否连接正常。

③查看喷嘴挤丝是否正常,打印平台是否已经调平,这将直接影响模型打印效果质量,甚至对打印过程能否顺利进行起决定性作用。

(5)逆向设计讲解,掌握三维扫描仪的基本操作。

固定式扫描仪开启扫描仪及软件后,需调整模型或扫描仪,使模型在两个相机视图中处于十字线中心附近,如图 13-27 所示。

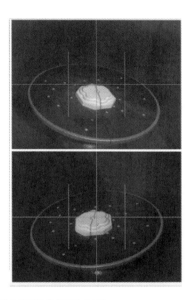

图 13-27　模型摆放位置示意图

同时,扫描完一次后需要手动转动转台,每次转动后进行下一次扫描时,需要捕捉到至少 3 个参考点才能继续扫描,因此转动角度不宜过大,当然也不宜过少,不然数据量会太大。

扫描完成后的点云数据由专用后处理软件如 Geomagic 进行处理。

手持式扫描仪支持特征拼接、编码点拼接及标志点拼接。使用时需注意:应根据不同零件的特点选择相应不同的扫描模式。

(6)自主创新设计(正向及逆向),并完成作品的加工。

正向设计设计时应注意以下几点:

对零件结构进行优化,使其加工时需要的支撑尽可能少。

涉及配合的部件,需要留出配合间隙。考虑到设备成形精度,孔一般来说需要比轴的直径约大 0.5 mm。

逆向设计时，应尽可能使获取物品各表面的数据完整，最终需获得 STL 文件格式的三维数据进行增材制造。

复习思考题

1. 简述数控电火花线切割机床的加工原理。

2. 记录数控电火花线切割实习加工时间，并计算切割速度（轨迹长度（mm）×材料的厚度（mm）/时间（min）＝切割速度（mm^2/min））。

3. 请将电火花线切割实训加工零件的图形绘制出来，并标明起割点、切入点、加工方向。

4. 增材制造的加工原理是什么？

4. 简述增材制造的基本流程。

6. 列举出几种常见的增材制造工艺，简述其原理。

第14章 工业机器人

14.1 工业机器人基础应用

工业机器人是什么？国际上对工业机器人的定义有很多。

国际标准化组织(ISO)曾于1984年将工业机器人定义为："机器人是一种自动的、位置可控的、具有编程能力的多功能机械手,这种机械手具有几个轴,能够借助于可编程序操作来处理各种材料、零件、工具和专用装置,以执行各种任务。"

在我国1989年的国际草案中,工业机器人被定义为:一种自动定位控制,可重复编程的、多功能的、多自由度的操作机。操作机被定义为:具有和人手臂相似的动作功能,可在空间抓取物体或进行其他操作的机械装置。

14.1.1 工业机器人的组成

工业机器人一般由控制系统、驱动系统、传感器、执行机构以及机器人本体等几个部分组成。

1. 控制系统

控制系统是机器人的大脑,支配着机器人按规定的程序运动,同时按其控制系统的信息对执行机构发出执行指令。

2. 驱动系统

驱动系统是将控制系统发来的控制指令进行信息放大,驱动执行机构运动的传动装置。常用的有电气、液压、气压等驱动形式。

3. 传感器

速度、位置、触觉、视觉等传感器能检测机器人的运动位置和工作状态,并随时反馈给控制系统,以便使执行机构根据控制的要求完成加工任务。

4. 执行机构

执行机构是一种具有和人手相似的动作功能,可在空间抓持物体或执行其他操作的机械装置,主要包括如下的一些部件。

(1)手部,又称抓取机构或夹持器,用于直接抓取工件或工具。此外,在手部安装的某些专用工具,如焊枪、喷枪、电钻、螺钉螺帽拧紧器等,可视为专用的特殊手部。

(2)腕部,是连接手部和手臂的部件,用以调整手部的姿态和方位。

(3)手臂,是支承手腕和手部的部件,由动力关节和连杆组成,用以承受工件或工具载荷,改变工件或工具的空间位置,并将它们送至预定的位置。

此外,机器人是一种通用性很强的自动化设备,根据作业要求,配上各种专用的末端执行器后,就能完成各种工作。例如,通用机器人安装上焊枪就成为一台焊接机器人,安装上拧螺母机则成为一台装配机器人。

5. 机器人本体

机器人本体包括机座、立柱等，是整个工业机器人的基础部件，起着支承和连接的作用。

14.1.2 工业机器人示教编程的基本操作

工业机器人一般都属于"示教再现型"机器人，"示教"就是机器人学习的过程，在这个过程中，操作者要"教会"机器人怎样工作，机器人的操作系统会将这些工程程序和要领记忆下来，机器人按照记忆下来的程序进行工作，这就是"再现"过程。

目前示教的方式主要分为直接示教和离线示教。

直接示教包括手把手示教和示教器示教。手把手示教是由操作员直接搬动机器人的手臂对机器人进行示教，示教时将机器人各个关节的角度用多通道记录仪记录下来，然后根据所记录的信号让机器人再现与这些关节角度一样的动作，从而完成工作任务；示教器示教是首先用示教器控制机器人的终端，使其达到需要的方位，然后把每一位置、姿态的有关数据存储起来，接着编辑并再现示教过的动作。目前大部分应用中的机器人均属于这一类。

离线示教也称离线编程，通过使用计算机内存储的模型生成示教数据，间接地对机器人进行示教，离线编程可以在示教结果的基础上对机器人的运动进行仿真，从而确保示教内容恰当及机器人运动正确。

本节通过学习示教器示教来介绍工业机器人的基本操作。这里以华数工业机器人的手持编程器 HSpad 为例进行说明，HSpad 示教器具有使用华数工业机器人所需的各种操作和显示功能。

1. HSpad 示教器按键、接口介绍

华数机器人系统连接如图 14-1 所示。

示教器是进行机器人的手动操纵、程序编写、参数配置及监控用的手持装置，也是最常用的机器人控制装置。HSpad 示教器正面按键、接口如图 14-2 所示，其功能如表 14-1 所示。

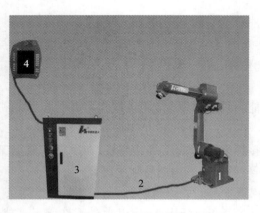

图 14-1　HSpad 和华数机器人连接图
1—机械手；2—连接线缆；
3—控制系统；4—HSpad 示教器

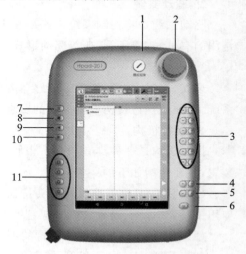

图 14-2　HSpad 示教器正面示意图

表 14-1　HSpad 示教器正面的按键及其功能

序号	功　　能
1	用于调出连接控制器的钥匙开关。只有插入了钥匙后,状态才可以被转换。可以通过连接控制器切换运行模式
2	紧急停止按键。用于在危险情况下使机器人停机
3	点动运行键。用于手动移动机器人
4	移动调节量按键。可自动运行倍率调节
5	手动调节量按键。可手动运行倍率调节
6	菜单按钮。可进行菜单和文件导航器之间的切换
7	暂停按钮。用于暂停正在运行的程序
8	停止键。用于停止正在运行的程序
9	预留
10	开始运行键。在加载程序成功时,点击该按键后开始运行
11	辅助按键

图 14-3 所示为 HSpad 示教器背面,相关说明如表 14-2 所示。

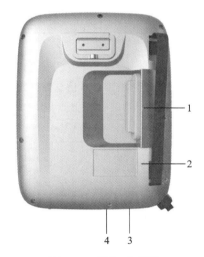

图 14-3　HSpad 背面

表 14-2　HSpad 示教器背面相关功能说明

序号	功　　能
1	三段式安全开关。有 3 个位置:安全开关未按下,中间位置,完全按下。在手动 T1 或手动 T2 运行方式中,开关必须保持在中间位置,方可使机器人运动;在采用自动运行模式时,安全开关不起作用
2	HSpad 标签型号粘贴处
3	调试接口
4	U 盘 USB 接口,用于完成存档、还原等操作

2. HSpad 操作界面介绍

HSpad 操作界面见图 14-4,其说明见表 14-3。

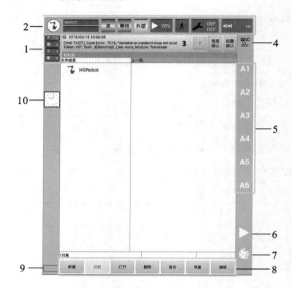

图 14-4   HSpad 操作界面

表 14-3   HSpad 操作界面说明

序号	说　　明
1	信息提示计数器 信息提示计数器显示每种信息类型各有多少条信息等待处理。触摸信息提示计数器可进行放大显示
2	状态栏
3	信息窗口 默认设置为只显示最后一个信息提示。触摸信息窗口可显示信息列表。列表中会显示所有待处理的信息; "信息确认"键用于确认所有除错误信息以外的信息; "报警确认"键用于确认所有错误信息; "?"按键可显示当前信息的详细信息
4	坐标系状态 触摸该图标就可以显示所有坐标系,并可进行坐标系选择
5	点动运行指示 如果选择与轴相关的运行,这里将显示轴号(A1、A2 等),如果选择笛卡儿式运行,这里将显示坐标系的方向(X、Y、Z、A、B、C); 触摸图标会显示运动系统组选择窗口,选择运动系统组后,将显示为相应组所对应的名称
6	自动倍率修调图标

续表

序号	说　明
7	手动倍率修调图标
8	操作菜单栏 用于程序文件的相关操作
9	网络状态显示 为红色时表示网络连接错误,需检查网络线路问题; 为黄色时表示网络连接成功,但初始化控制器未完成,无法控制机器人运动; 为绿色时表示网络初始化成功,HSpad 正常连接控制器,可控制机器人运动
10	时钟 时钟可显示系统时间,点击时钟图标就会以数码形式显示系统时间和当前系统的运行时间

　　状态栏(见图 14-5)显示工业机器人设置的状态。多数情况下点击图标就会打开一个窗口,可在打开的窗口中更改设置。状态栏说明见表 14-4。

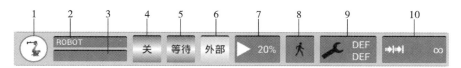

图 14-5　HSpad 状态栏

表 14-4　HSpad 状态栏说明

标签项	说　明
1	菜单键 功能同"菜单"按键功能
2	机器人名 显示当前机器人的名称
3	加载程序名称 在加载程序之后,会显示当前加载的程序名
4	使能状态显示 为绿色并且显示"开",表示当前使能打开 为红色并且显示"关",表示当前使能关闭 点击可打开使能设置窗口,在自动模式下点击"开/关"可设置使能开关状态。窗口中可显示安全开关的按下状态
5	程序运行状态 自动运行时,显示当前程序的运行状态
6	模式状态显示 模式可以通过钥匙开关设置,可设置为手动模式、自动模式、外部模式

标签项	说　　明
7	倍率修调显示 切换模式时会显示当前模式的倍率修调值 触摸会打开设置窗口,可通过加/减键以每按一次加(减)1%进行加减设置,也可通过滑块左右拖动设置
8	程序运行方式显示 在自动运行模式下只能是连续运行,在手动 T1 和手动 T2 模式下可为单步或连续运行 触摸会打开运行方式设置窗口,在手动 T1 和手动 T2 模式下可点击"连续/单步"按钮进行运行方式切换
9	激活基坐标/工具显示 触摸会打开窗口,点击"工具"和"基坐标"可选择相应的工具和基坐标进行设置
10	增量模式显示 在手动 T1 或手动 T2 模式下触摸可打开窗口,点击相应的选项设置增量模式

14.1.3　工业机器人的示教编程

1. 程序结构

在示教器上新建一个程序时,系统会自动生产一个程序模板,用户可以在原模板的基础上进行机器人的示教编程操作。程序模板如图 14-6 所示。

```
1
2    ' (ADD YOUR COMMON/COMMON SHARED VARIABLE HERE )
3
4    PROGRAM
5    ' (ADD YOUR DIM VARIABLE HERE )
6
7    WITH ROBOT
8    ATTACH ROBOT
9    ATTACH EXT_AXES
10
11   WHILE TRUE
12   ' (WRITE YOUR CODE HERE)
13
14   SLEEP 100
15   END WHILE
16
17   DETACH ROBOT
18   DETACH EXT_AXES
19   END WITH
20   END PROGRAM
```

图 14-6　程序模板

程序模板中各部分的含义如下:

PROGRAM 和 END PROGRAM,WITH ROBOT 和 END WITH,ATTACH 和 DETACH 是三对配合使用的程序指令。

PROGRAM 和 END PROGRAM:指明程序段的开始和结束位置,系统需要依据这对关键词来识别这是一个用户程序,而不是子程序等。

WITH ROBOT 和 END WITH:指明系统控制的默认组是 robot 组,因为存在外部轴,而所有外部轴是一个组,机器人的 6 个轴也是一个组,所以有两个组,with robot 就是说默认的操作是对 robot 组,在程序中如果不指明是哪个组,则是运动机器人组。

ATTACH 和 DETACH：用于绑定组和解除组，用户程序只有绑定了一个控制组/轴（单个轴、机器人组或者外部轴组）才能运行。

2. 机器人编程指令

1）运动指令

运动指令包括点位之间运动的 MOVE 指令和 MOVES 指令，以及圆弧运动的 CIRCLE 指令。

（1）MOVE 指令。

MOVE 指令以单个轴或某组轴（机器人组）的当前位置为起点，移动某个轴或某组轴（机器人组）到目标点位置。移动过程不进行轨迹以及姿态控制。工具的运动路径通常是非线性的，在两个指定的点之间任意运动。

（2）MOVES 指令。

MOVES 指令以机器人当前位置为起点，控制其在笛卡儿空间范围内进行直线运动，常用在对轨迹控制有要求的场合。该指令的控制对象只能是机器人组。

（3）CIRCLE 指令。

CIRCLE 指令以当前位置为起点、以 CIRCLEPOINT 为中间点、以 TARGETPOINT 为终点，控制机器人在笛卡儿空间进行圆弧轨迹运动，同时附带姿态的插补。

2）延时指令

DELAY 指令用来延迟机器人的运动，最短延时时间为 2 ms。

SLEEP 指令的作用是执行延时程序（任务），最短延时时间为 1 ms。

3）IO 指令

IO 指令包括 D＿IN 指令、D＿OUT 指令、WAIT 指令、WAITUNTIL 指令及 PULSE 指令。

D＿IN、D＿OUT 指令可用于给当前 IO 赋值为 ON 或者 OFF，也可用于在 D＿IN 和 D＿OUT 之间传值。

WAIT 指令用于等待一个指定 IO 信号，可选 D＿IN 和 D＿OUT。

WAITUNTIL 指令用于等待 IO 信号，超过设定时限后退出等待。

PULSE 指令用于产生脉冲。

14.1.4　工业机器人示教编程实习指导

1. 实习目的

（1）了解工业机器人示教再现的概念和实现方法；

（2）学会用示教器对机器人进行示教编程；

（3）应用示教再现方法完成指定工作任务。

2. 实习内容

（1）学习工业机器人编程操作安全注意事项；

（2）学习工业机器人示教编程；

（3）完成工业机器人码垛实训应用练习。

码垛实训步骤如下。

步骤 1：使用机器人示教器，在示教编程界面新建程序，打开新建程序。

步骤 2：添加指令代码，进行示教编程，并保存。

步骤 3：加载程序，检查程序语法是否错误。

步骤 4：在手动 T1 模式下，单步运行程序，检查程序是否错误。

步骤 5：自动运行程序实现工业机器人码垛应用。

14.2　工业机器人机械结构和控制系统

14.2.1　工业机器人的机械结构

1. 工业机器人的结构形态

虽然工业机器人的形态各异，但其本体的机械结构都是由若干关节和连杆通过不同的结构设计和机械连接所组成的机械装置。根据关节间的连接形式，多关节工业机器人的典型结构形态主要有垂直串联、水平串联和并联三大类。

垂直串联是工业机器人最常见的结构形式，其本体部分一般由 5～7 个关节在垂直方向上依次串联而成，典型结构有如图 14-7 所示的六关节型机器人。为了便于区分，在机器人上，通常将能够在 4 个象限进行 360°或接近 360°回转的旋转轴称为回转轴；将只能在第三象限进行小于 270°回转的旋转轴称为摆动轴。垂直串联机器人可以较好地实现三维空间内的位置和姿态的控制，可用于加工、搬运、装配、包装等场合。

水平串联结构机器人是为 3C 行业的电子元器件安装等操作而研制，适合于中小型零件的平面装配、焊接或搬运等作业。如图 14-8 所示，水平串联结构机器人一般有 3 个手臂和 4 个控制轴，机器人的 3 个手臂依次沿水平方向串联延伸布置，各关节的轴线相互平行，每一臂都可绕垂直轴线回转。

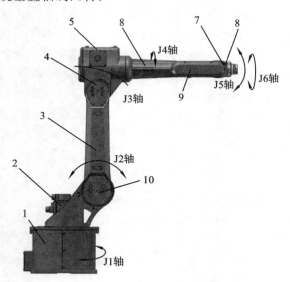

图 14-7　六关节工业机器人基本结构

1—底座部分；2—电动机 1；3—大臂；4—电动机 3；5—电动机 4；

6—小臂部分；7—电动机 6；8—手腕部分；9—电动机 5；10—电动机 2

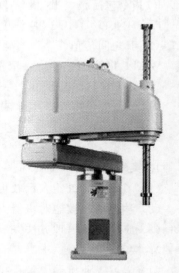

图 14-8　水平多关节型工业机器人

并联结构机器人的外形如图 14-9 所示。这种机器人一般采用悬挂式布局，其基座上置，手腕通过空间均布的 3 根并联连杆支撑。并联结构主要用于电子电工、食品药品等行业装配、包装、搬运的高速、轻载机器人。

2. 垂直串联结构工业机器人

垂直串联结构是工业机器人最典型的结构，它被广泛应用于加工、搬运、装配、包装机器人。垂直串联结构工业机器人的形式多样、结构复杂，维修、调整相对困难。

垂直串联结构机器人的各个关节和连杆依次串联，机器人的每一个自由度都需要通过一台伺服电动机实现。因此，如果将机器人本体结构进行分解便可知，它是若干台伺服电动机经过减速器减速后驱动部件的机械运动机构的叠加和组合。

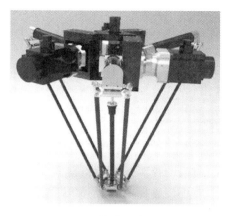

图 14-9　并联结构机器人

常用的轻量级垂直串联的六关节型工业机器人结构如图 14-7 所示。该机械本体结构由底座部分、大臂部分、小臂部分、手腕部分和本体管线包部分组成，共有 6 个电动机，可以驱动 6 个关节实现不同的运动。其 6 个运动轴分别为腰部回转轴（J1）、大臂摆动轴（J2）、小臂摆动轴（J3）、腕回转轴（J4）、腕弯曲轴（J5）、手回转轴（J6）。其减速器和机械传动部件均安装于本体内部，因此，其外形简单，防护性能好，机械传动结构简单，传动精度高，刚度高，因此，被广泛应用于中小型加工、搬运、装配等。

3. 减速器

机器人每一关节的运动都需要有相应的电动机驱动，交流伺服电动机是目前工业机器人最常用的驱动电动机，小功率的最高转速一般为 $3000\sim6000$ r/min，额定输出转矩通常在 30 N·m 以下。然而，机器人的关节回转和摆动的负载惯量大，最大回转速度低（通常为 $25\sim100$ r/min），加减速时的最大输出转矩需要达到几百甚至几万牛·米，故要求驱动系统具有低速、大转矩输出特性。因此，在机器人上，几乎所有轴的伺服驱动电动机都必须配套结构紧凑、传动效率高、减速比大、承载能力强的 RV 减速器或谐波减速器，以降低转速和提高输出转矩。以下仅简述谐波减速器基本组成及原理。

谐波减速器又称为谐波齿轮传动机构，主要由刚轮、谐波发生器和柔轮三个主要零件组成（见图 14-10），具有高精度、高承载的优点。和普通的减速器相比，由于所用材料减少至少 50%，其体积至少减少 1/3。

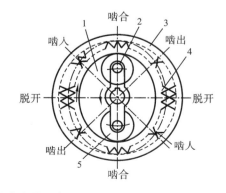

图 14-10　谐波齿轮减速器组成

1—波发生器；2—转臂；3—刚轮；4—柔轮；5—滚轮

当刚轮固定、波发生器为主动轮、柔轮为从动轮时，柔轮在椭圆凸轮的作用下产生变形。在波发生器长轴两端处的柔轮轮齿与刚轮轮齿完全啮合；在短轴处柔轮轮齿与刚轮齿完全脱开；在波发生器长轴与短轴之间，柔轮轮齿与刚轮轮齿有的处于半啮合状态，称为啮入，有的则正逐渐退出啮合，处于半脱开状态，称为啮出。由于波发生器连续的转动，柔轮齿的啮入、啮合、啮出、脱开这四种状态循环往复，不断地改变各自原来的啮合状态。柔轮比刚轮的齿数少2，所以当波发生器转动一周时，柔轮向相反方向转过两个齿的角度，从而实现大的减速比。

14.2.2　工业机器人控制系统

机器人的控制系统是机器人的控制中心，包含对机器人本体工作过程进行控制的控制机、机器人专用传感器、运动伺服驱动系统等。控制系统主要对机器人工作过程中的动作顺序、应到达的位置及姿态、路径轨迹及规划、动作时间间隔以及末端执行器施加在被作用物上的力和力矩等进行控制，控制系统中涉及传感技术、驱动技术、控制理论和控制算法。

1. 机器人控制系统的特点

（1）机器人有若干个关节，每个关节由一个伺服系统控制，多个关节的运动要求各个伺服系统协同工作。

（2）机器人的工作任务是要求操作机的末端执行器进行空间点位运动或轨迹运动。对机器人运动的控制，需要进行复杂的坐标变换运算，以及矩阵函数的逆运算。

（3）机器人的数学模型是一个多变量、非线性和变参数的复杂模型，各变量之间还存在着耦合，因此机器人的控制中经常使用前馈、补偿、解耦、自适应等复杂控制技术。

（4）较高级的机器人要求对环境条件、控制指令进行测定和分析，采用计算机建立庞大的信息库，用人工智能的方法进行控制、决策、管理和操作，按照给定的要求自动选择最佳控制规律。

2. 机器人控制系统的功能

（1）伺服控制功能。

该功能主要是指机器人的运动控制，实现机器人各关节的位置、速度、加速度等的控制。

（2）运算功能。

机器人运动学的正运算和逆运算是其中最基本的部分。对于具有连续轨迹控制功能的机器人来说，还需要有直角坐标轨迹插补功能和一些必要的函数运算功能。在一些高速度、高精度的机器人控制系统当中，系统往往还要完成机器人动力学模型和复杂控制算法等运算功能。

（3）系统的管理功能。

①方便的人机交互功能。

②具有对外部环境（包括作业条件）的检测和感觉功能。

③系统的监控与故障诊断功能。

机器人控制系统还有其他的一些功能，如记忆功能、示教功能、与外围设备联系功能、坐标设置功能、故障诊断安全保护功能、运行时系统状态监视、故障监视、故障状态下的安全保护和故障自诊断功能等。

14.2.3　工业机器人本体拆装虚拟实习指导

利用工业机器人装调虚拟仿真实训与考评系统，通过在软件搭建的虚拟场景中完成工业机器人本体拆卸、装配和调试的全过程，可熟悉机器人内部结构，熟悉拆卸装配工艺，提高拆卸装配熟练度。

工业机器人装调虚拟仿真实训与考评系统包含以下主要内容:作业安全、工具的认知与使用方法、工业机器人本体拆卸和工业机器人本体装配。

通过工业机器人虚拟拆装的学习,再结合实际工业机器人的拆装实训,能够更加立体地理解工业机器人的结构形式和零部件拆装的基本步骤、方法。

1. 实习目的

在进行真实机器人本体拆装实训之前,需要在工业机器人装调虚拟仿真实训与考评系统中,完成系统预置的任务并顺利通过任务考核,以达到了解工业机器人内部结构,熟练掌握工具的使用方法、装配作业的流程和工艺知识的目的,并通过在仿真实训过程中强化有关安全概念,提高实训教学的质量和安全性。

2. 实习内容

(1)学习工业机器人基本结构、组成,熟悉安全注意事项。

(2)完成工业机器人装调虚拟仿真实训与考评系统中所有工业机器人本体拆卸任务。

(3)完成工业机器人装调虚拟仿真实训与考评系统中所有工业机器人本体装配任务。

(4)完成工业机器人装调虚拟仿真实训与考评系统中工业机器人本体拆装综合任务。

14.2.4　工业机器人机电结构装配实习指导

1. 实习目的

(1)掌握工业机器人机械装配过程及装配工艺;

(2)掌握工业机器人的结构和组成。

2. 实习内容

(1)学习工业机器人机电结构装配安全注意事项;

(2)学习工业机器人机械结构的装配;

(3)练习六关节机器人 J3/J4/J5/J6 轴的装配。

任务完成步骤如下。

步骤 1:用无尘布清理 J3 轴减速器并装配 J3 轴减速器。禁止使用纱布清理减速器。严禁用金属敲打减速器,合理设置扭力值。

步骤 2:装配 J3 轴伺服电动机。密封胶要涂抹均匀,严禁敲打电动机,合理设置扭力值。

步骤 3:装配 J3 轴电动机座。一人把 J3 轴减速器输出孔对准大臂的连接法兰盘轴孔,同时另一人先预紧减速器螺栓,合理设置扭力值。

步骤 4:用无尘布清理 J4 轴减速器并装配 J4 轴减速器。禁止使用纱布清理减速器。严禁用金属敲打减速器,合理设置扭力值。

步骤 5:装配 J4 轴电动机。严禁敲打电动机。预先在 J4 轴减速器与 J4 轴电动机端套入传动带,预紧 J4 轴电动机传动带,确定传动带松紧合适后,锁紧螺钉,合理设置扭力值。

步骤 6:装配手腕体。把轴承压入手腕体轴承孔中,在压入轴承过程中,装外圈时严禁强力敲打内圈,装内圈时严禁强力敲打外圈。

步骤 7:手腕套入小臂中,然后把 J5 轴减速器组合安装到小臂中,可以预先拧入 3 个 J5 轴减速器组合输出法兰螺钉(不拧紧),再把 J5 轴轴承座安装到小臂上,拧入 3 个螺钉。合理设置扭力值。

步骤 8:轻轻搬动手腕体连接体,听减速机是否带有杂音。若有明显的声音,请立即暂停减速器,检查装配过程的问题。

步骤9:装配J5轴电动机组合。严禁敲打电动机。预先在J5轴减速器与J5轴电动机端套入传动带,预紧J5轴电动机传动带,确定传动带松紧合适后,锁紧螺钉。合理设置扭力值。

步骤10:J6轴组合体安装。把J6轴组合体安装在手腕体中,对角拧紧螺钉。

步骤11:装配小臂组合体。把中间套筒安装到小臂组合体上。把小臂组合体安装到J4轴减速器上。

步骤12:连接机器人全部的电源线和编码器线,进行整机实验,检查减速器是否存在异响、转动是否顺畅。如有异响或者晃动过大,立刻停止试机。

步骤13:装配小臂侧盖和电动机座侧盖及后盖。完成机器人本体装配工作。

14.3　工业机器人离线编程

14.3.1　工业机器人离线编程

1. 离线编程的特点及流程

离线编程是通过软件在计算机里重建整个工作场景的三维虚拟环境,借助软件的沿直线、圆、曲线等的动作指令控制机器人在虚拟环境里运动,生成运动控制指令,再经过软件仿真与调整轨迹生成机器人程序,输入机器人控制器。

目前离线编程广泛应用于打磨、去毛刺、焊接、激光切割、数控加工等机器人应用领域。离线编程克服了在线示教编程的很多缺点,与示教编程相比,离线编程系统具有如下优点:

①减少机器人停机的时间,当对下一个任务进行编程时,机器人仍可在生产线上工作;

②使编程者远离危险的工作环境,改善了编程环境;

③离线编程系统使用范围广,可以对各种机器人进行编程,并能方便地实现优化编程;

④便于和 CAD/CAM 系统结合,做到 CAD/CAM/ROBOTICS 一体化;

⑤可使用高级计算机编程语言对复杂任务进行编程;

⑥便于修改机器人程序。

机器人离线编程从狭义上讲,指通过三维模型生成数控程序的过程,与数控加工离线编程类似,都必须经过标定、路径规划、运动仿真、后置处理几个步骤,如图 14-11 所示。一般而言,机器人离线编程可针对单个机器人或流水线上多个机器人进行。将针对单个机器人工作单元的编程称为单元编程,将针对流水线上多个机器人工作单元的编程称为流水线编程。本质上,流水线编程是由单元编程组成的,但是需要注意在各单元编程时设置好节拍。

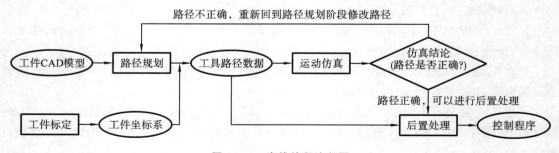

图 14-11　离线编程流程图

2．离线编程系统

机器人离线编程系统是以实现机器人离线编程为主要功能的工具。机器人离线编程系统的组成如图 14-12 所示。

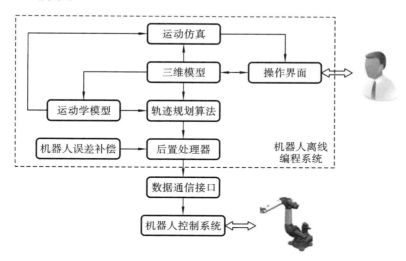

图 14-12　机器人离线编程系统的组成

1）操作界面

操作界面作为人机交互的唯一途径，支持参数的设定，同时将路径信息与仿真信息直观地显示给操作员。

2）三维模型

三维模型是离线编程不可或缺的，路径规划和仿真都依托于已构建的机器人、工件、夹具及工具的三维模型，所以离线编程系统通常需要 CAD 系统的支持。目前的离线编程软件在 CAD 的集成模式上可分为三种：包含 CAD 功能的独立软件，支持 CAD 文件导入的独立软件，集成于 CAD 平台的功能模块。

3）运动学模型

运动学模型通常指机器人的正、逆运动学计算模型，一般要求与机器人控制系统采用同样的算法，主要用于运动仿真的关节角度计算，以及用于后置处理中直接控制关节运动量的快速运动的生成。

4）轨迹规划算法

轨迹规划算法包括离线编程软件对工具运动路径的规划算法及控制系统对 TCP 运动的规划算法，前者与工艺相关，由编程人员确定；后者与控制系统中轨迹插值和速度规划算法有关。

5）运动仿真

运动仿真是检验轨迹合法性的必要过程和重要依据，编程人员需要根据仿真检查路径的正确性，及时避免刚体间的碰撞干涉。

6）数据通信接口

数据通信是指离线编程系统与机器人控制系统进行数据交换的接口，常见的有通过网线、USB 接口、CF 卡等进行通信。

　　7）机器人误差补偿

由于机器人连杆制造和装配的误差，以及刚度不足、环境温度变化等因素的影响，机器人的定位精度通常要比机床低很多，如 ABB IRB2400 的定位精度为＋1 mm，这些影响可以通过机构参数标定、修正 NC 指令等措施予以改善。

14.3.2　工业机器人离线编程实习指导

1. 实习目的

（1）掌握离线编程仿真工作站的搭建；

（2）能够进行喷涂路径生成与仿真；

（3）能够进行程序导出，并能够导入实体设备进行验证。

2. 实习内容

（1）学习工业机器人编程操作安全注意事项。

（2）学习工业机器人离线编程软件，参见视频 14-1。

（3）完成工业机器人离线编程实训综合应用练习。

　　步骤 1：打开离线编程软件，新建文件，然后添加机器人。

　　步骤 2：添加工具，并将工具坐标的坐标系修改至与实际工具坐标一致。

视频 14-1　离线编程操作

　　步骤 3：添加工件，并完成工件标定，使工件位置与实际位置一致。

　　步骤 4：创建离线操作，进行路径规划，并生成路径。

　　步骤 5：进行仿真运行，检查是否有错误，然后生成程序。

　　步骤 6：将生成的程序导入机器人，验证机器人程序是否正确。

14.4　工业机器人视觉应用

14.4.1　视觉系统的组成与工作原理

1. 机器视觉概述

机器视觉系统就是使机器人具有像人一样的视觉功能的系统，实现各种检测、判断、识别、测量等功能。

它是计算学科的一个重要分支，它综合了光学、机械、电子、计算机软硬件等方面的技术，涉及计算机、图像处理、模式识别、人工智能、信号处理、光机电一体化等多个领域。图像处理和模式识别等技术的快速发展，也大大地推动了机器视觉技术的发展。

2. 机器视觉系统工作过程

机器视觉系统通过图像采集硬件（相机、镜头、光源等）将被摄取目标转换成图像信号，并传送给专用的图像处理系统，图像处理系统根据像素亮度、颜色分布等信息，对目标进行特征抽取，并作出相应判断，最终将处理结果输出到执行单元进行使用。简单地说，机器视觉系统的功能就是进行图像采集、图像处理、传输图像处理结果。

机器视觉检测系统工作流程主要分为图像信息获取、图像信息处理和机电系统执行检测结果三个部分，另外根据系统需要还可以实时地通过人机界面进行参数设置和调整。

当被检测的对象运动到某一设定位置时会被位置传感器发现，位置传感器会向 PLC 控制器发送"探测到被检测物体"的电脉冲信号,PLC 控制器经过计算得出何时物体将移动到 CCD 相机的采集位置,然后准确地向图像采集卡发送触发信号,采集卡检测到此信号后会立即要求 CCD 相机采集图像。被采集到的物体图像会以 BMP 文件的格式送到工控机,然后调用专用的分析工具软件对图像进行分析处理,得出被检测对象是否符合预设要求的结论。根据"合格"或"不合格"信号,执行机会对被检测物体作出相应的处理。机器视觉系统如此循环工作,完成对被检测物体队列的连续处理。如图 14-13 所示。

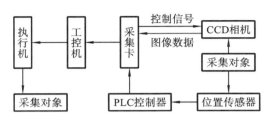

图 14-13　机器视觉检测系统工作原理

3. 机器视觉系统组成

一个典型的机器视觉系统组成包括图像采集单元(光源、镜头、相机、采集卡、机械平台),图像处理分析单元(工控主机、图像处理分析软件、图形交互界面),执行单元(电传单元、机械单元)三大部分。

1) 图像采集单元

图像采集单元主要由光源、镜头、相机以及采集卡组成。光源是影响机器视觉系统输入的重要因素,光源直接影响图像的质量和效果。针对每个特定的应用案例,要选择相应的光源及打光方式,以达到最佳效果。

在机器视觉系统中,镜头的主要作用是将成像目标聚焦在图像传感器的光敏面上。镜头的质量直接影响到机器视觉系统的整体性能,合理选择并安装镜头,是构建机器视觉系统的重要环节。

相机的功能是将获取的光信号进行转换,然后传输至计算机。目前数字相机所采用的传感器主要有两大类:CCD 和 CMOS。目前在机器视觉检测系统中,CCD 相机因具有体积小巧、性能可靠、清晰度高等优点得到了广泛使用。

采集卡只是完整的机器视觉系统的一个部件,但是它扮演着一个非常重要的角色。图像采集卡直接决定了摄像头的接口:黑白、彩色、模拟、数字等等。

2) 图像处理分析单元

图像处理分析单元的核心为图像处理算法。图像处理包含图像增强、特征提取、图像识别等。图像处理分析单元通过图像处理与分析,实现产品质量的判断、尺寸测量等功能,并将结果信号传输到相应的硬件进行显示和执行。

一个高性能机器视觉图像处理流程如图 14-14 所示。

4. 机器视觉的应用

机器视觉有以下几方面的应用。

(1)为机器人的动作控制提供视觉反馈。其功能为识别工件,确定工件的位置和方向以及为机器人的运动轨迹的自适应控制提供视觉反馈。需要应用机器人视觉的操作包括:从传送带或送料箱中选取工件、制造过程中对工件或工具进行管理和控制。

(2)移动式机器人的视觉导航。这时机器人视觉的功能是利用视觉信息跟踪路径,检测

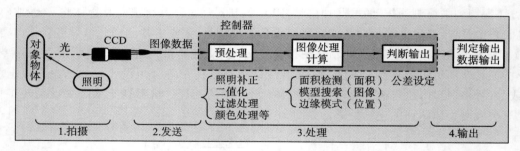

图 14-14　图像处理流程

障碍物以及识别路标或环境,以确定机器人所在方位。

（3）代替或帮助人工进行质量控制和安全检查。

5. 基于 2D 和 3D 相机的视觉技术

1）传统的 2D 视觉技术

2D 技术根据灰度或彩色图像中对比度的特征提供结果。2D 适用于缺失/存在检测、离散对象分析、图案对齐、条形码和光学字符识别（OCR）以及基于边缘检测的各种二维几何分析,用于拟合线条、弧线、圆形及其关系（距离、角度、交叉点等）。

2）2D 视觉技术的优缺点

2D 传感器不支持与形状相关的测量,2D 视觉易受变量照明条件的影响,且难以适应复杂背景。但其优点也较明显:当能够控制这些外部因素时,2D 视觉有很成熟的方案和接口,开发效率很高。

3）越来越受欢迎的 3D 视觉技术

3D 视觉系统能获得 2D 系统不能获得的形状信息。因此,3D 视觉系统可以测量与形状相关的特征量,例如物体平直度、表面角度和体积。3D 视觉技术在许多"痛点型应用场景"中大显身手,成为当前"智"造业最炙手可热的技术之一,业界认为 2D 向 3D 的转变将成为继黑白到彩色、低分辨率到高分辨率、静态图像到动态影像后的第四次革命。

4）3D 视觉技术的优缺点

3D 视觉技术很大程度上避免了光照明暗变化对检测结果的影响,能够精准地描述目标外形和姿态。3D 视觉中立体位置信息意味着目标可以规避物体位置不同而导致的成像差异,目标物体可以在相机视野内移动,而相机可以正确地捕获目标所处的空间位置。单纯的 3D 相机只能获得物体形态和位置信息,但对于形态和位置无法描述的图像信息,则无能为力（比如识别二维码）。

14.4.2　工业机器人视觉应用实习指导

1. 实习目的

（1）掌握工业机器人视觉系统的调试;

（2）熟悉工业机器人视觉系统的应用。

2. 实习内容

（1）学习工业机器人视觉系统安全注意事项。

（2）学习工业机器人视觉系统操作,见视频 14-2。

（3）完成工业机器人视觉应用综合练习。

视频 14-2　工业机器人
视觉操作

工业机器人视觉应用步骤如下。

步骤 1：打开视觉软件，完成视觉软件的调试和操作。

步骤 2：通过机器人示教器完成程序的编写与调试。

步骤 3：加载程序，检查程序语法是否错误。

步骤 4：在自动运行下，实现工业机器人视觉应用。

复习思考题

1. 工业机器人由哪几部分组成？

2. 工业机器人的机械结构由哪几部分组成？

3. 工业机器人机械结构装配注意事项有哪些？

4. 简述视觉系统的组成和工作原理。

5. 工业机器人视觉应用的注意事项有哪些？

6. 列举视觉系统在工业机器人中的实际应用。

第 15 章　智　能　制　造

15.1　概述

15.1.1　智能制造概念

智能制造（intelligent manufacturing，IM）起源于 20 世纪 80 年代人工智能在制造业领域中的应用，它将智能技术、网络技术和制造技术等应用于产品管理和服务的全过程中，并能在产品的制造过程中分析、推理、判断、构思和决策等，满足产品的动态需求。它改变了制造业中的生产方式、人机关系和商业模式。因此，智能制造不是简单的技术突破，也不是简单的传统产业改造，而是信息技术和制造业的深度融合、创新集成。

智能制造主要包括智能制造技术（intelligent manufacturing technology，IMT）与智能制造系统（intelligent manufacturing system，IMS）。

智能制造技术是指利用计算机模拟制造专家的分析、推理、判断、构思和决策等智能活动，并将这些智能活动与智能机器有机融合，使其贯穿应用于制造企业的各个子系统（如经营决策、采购、产品设计、生产计划、制造、装配、质量保证和市场销售等子系统）的先进制造技术。该技术能够实现整个制造企业经营运作的高度柔性化和集成化，取代或延伸制造环境中的专家的部分脑力劳动，并对制造业专家的智能信息进行收集、存储、完善、共享、集成和发展，从而极大地提高生产效率。

智能制造系统是一种由部分或全部具有一定自主性和合作性的智能制造单元组成的、在制造活动全过程中表现出相当智能的制造系统。其最主要的特征在于工作过程中对知识的获取、表达与使用。根据其知识来源，智能制造系统可分为两类。

（1）以专家系统为代表的非自主型制造系统。该类系统的知识由人类的制造知识总结归纳而来。

（2）建立在系统自学习、自进化与自组织基础上的自主型制造系统。该类系统可以在工作过程中不断自主学习、完善和进化自有的知识，因而具有强大的适应性以及高度开放的创新能力。

随着以神经网络、遗传算法与遗传编程为代表的计算机智能技术的发展，智能制造系统正逐步从非自主型智能制造系统向具有持续发展能力的自主型智能制造系统过渡发展。

15.1.2　智能制造的三个基本范式

综合智能制造的演化进程和相关技术可以总结归纳和提升出三种智能制造的基本范式，也就是数字化制造、数字化网络化制造、数字化网络化智能化制造（即新一代智能制造）。智能制造三个基本范式次第展开、迭代升级。

数字化制造是智能制造第一种基本范式，可以称之为第一代智能制造。以计算机数字控制为代表的数字化技术广泛运用于制造业，形成"数字一代"创新产品和以计算机集成系统

（CIMS）为标志的集成解决方案。数字化制造是智能制造的基础,它的内涵不断发展,贯穿于智能制造的三个基本范式和全部发展历程中。

数字化网络化制造是智能制造第二种基本范式,也可称之为"互联网＋制造"或第二代智能制造。20世纪末互联网技术开始广泛运用,"互联网＋"不断推进制造业和互联网融合发展,网络将人、数据和事物连接起来,通过企业内、企业间的协同,以及各种社会资源的共享和集成,重塑制造业价值链,推动制造业从数字化制造向数字化网络化制造转变。

数字化网络化智能化制造是智能制造的第三种基本范式,可以称之为新一代智能制造。近年来人工智能加速发展,实现了战略性突破,先进制造技术和新一代人工智能技术深度融合,形成了新一代智能制造,我们也可以称之为数字化网络化智能化制造。新一代智能制造的主要特征表现在制造系统具备学习能力,深度学习、增强学习等技术应用于制造领域,知识产生、获取、运用和传承效率发生革命性变化,显著提高了创新与服务能力,新一代智能制造是真正意义上的智能制造。

15.2　智能制造系统

15.2.1　智能制造系统架构

智能制造系统架构是通过研究各类智能制造应用系统,提取其共性抽象特征构建的。它从生命周期、系统层级和智能特征三个维度对智能制造所涉及的活动、装备、特征等内容进行描述。

智能制造系统架构如图15-1所示。

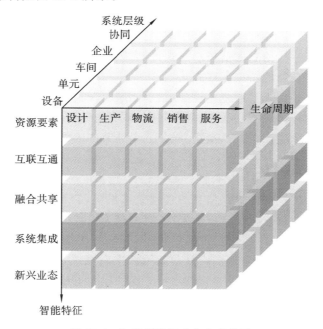

图 15-1　智能制造标准化参考模型

1. 生命周期

生命周期是指从产品原型研发开始到产品回收再制造的各个阶段,包括设计、生产、物流、销售、服务等一系列相互联系的价值创造活动。生命周期中的各项活动可进行迭代优化,具有可持续发展等特点,不同行业的生命周期构成不尽相同。

2. 系统层级

系统层级是指与企业生产活动相关的组织结构的层级划分,包括设备层、单元层、车间层、企业层和协同层。

(1) 设备层是指企业利用传感器、仪器仪表、机器、装置等,实现实际物理流程并感知和操控物理流程的层级;

(2) 单元层是指用于工厂内处理信息、实现监测和控制物理流程的层级;

(3) 车间层是实现面向工厂或车间的生产管理的层级;

(4) 企业层是实现面向企业经营管理的层级;

(5) 协同层是企业实现其内部和外部信息互联和共享过程的层级。

3. 智能特征

智能特征是智能制造系统架构中关于特征维度的描述,它涉及对智能制造系统中资源要素、互联互通、融合共享、系统集成和新兴业态五个级别中智能化的描述。

(1) 资源要素级是指企业生产时所需要使用的资源或工具及其数字化模型所在的层级;

(2) 互联互通级是指通过有线、无线等通信技术,实现装备之间、装备与控制系统之间、企业之间相互连接及信息交换功能的层级;

(3) 融合共享级是指在互联互通的基础上,利用云计算、大数据等新一代信息通信技术,在保障信息安全的前提下,实现信息协同共享的层级;

(4) 系统集成级是指企业实现智能装备到智能生产单元、智能生产线、数字化车间、智能工厂,乃至智能制造系统集成过程的层级;

(5) 新兴业态级是企业为形成新型产业形态进行企业间价值链整合的层级。

4. 小结

智能制造是基于新一代信息通信技术与先进制造技术深度融合,具有自感知、自学习、自决策、自执行、自适应等功能的新型生产方式。

智能制造的关键就是实现贯穿企业设备层、单元层、车间层、工厂层、协同层五种不同层面的纵向集成,完成跨资源要素、互联互通、融合共享、系统集成和新兴业态五个不同级别的横向集成,从而完成覆盖设计、生产、物流、销售、服务五个环节的端到端集成。

15.2.2　制造信息系统

制造信息系统是为生产职能提供信息的管理信息系统,它在制造业信息化建设的过程中不断发展和完善。制造业信息化包含三个层次:第一层为设计信息化及制造与生产信息化,它是后续信息化发展的基础;第二层为管理信息化;第三层为决策信息化。在实际应用中,各信息化系统之间的关系或纵横交错,或形成复杂的闭环生态系统,信息系统的应用与产品设计、工业自动化生产过程、物流、市场、企业管理等各方面的联系也越来越紧密。

常见的管理信息系统如图 15-2 所示。

从管理理念而言,ERP 的作用是提高企业内部资源的计划和控制力,以效益为中心;CRM更关注市场与客户。如果说 ERP 是企业级的全面管理应用的话,那么 CRM 就是 ERP 的前端,可以看作 ERP 的一部分。

PLM 倡导的是创新,以产品研发为中心,其目标是期望通过产品设计及流程的有效管理,

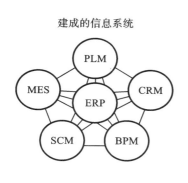

建成的信息系统

ERP： Enterprise Resource Planning 　　企业资源计划
CRM： Customer Relationship Management 　　客户关系管理
PLM： Product Lifecycle Management 　　产品生命周期管理
SCM： Supply Chain Management 　　供应链管理
MES： Manufacturing Execution System 　　制造执行系统
BPM： Business Process Management 　　业务流程管理

图 15-2　常见的管理信息系统

从设计源头控制产品质量,实现"开源"、"生钱"。

SCM 与 ERP 互补,属于两个不同范畴,ERP 基本上是企业内部的问题,SCM 系统对企业来说是成本性系统。

BPM 系统用于组织管理计划、执行、控制、监控和改进等业务流程,关注企业的工作流程制度化、标准化。

MES 重点在于制造,也就是以产品质量、准时交货、设备利用、流程控制等作为管理的目标。

15.2.3　ERP

在实际应用中,ERP 系统主要指面向制造行业进行物资资源、资金资源和信息资源一体化集成管理的企业信息管理系统。ERP 系统以管理会计为核心,可以跨地区、跨部门甚至跨公司整合实时信息并进行管理。常见的 ERP 系统包括以下主要功能:供应链管理、销售与市场管理、分销管理、客户服务管理、财务管理、制造管理、库存管理、工厂与设备维护、人力资源管理、报表管理、制造执行系统管理、工作流服务管理等企业信息系统管理。此外,还包括金融投资管理、质量管理、运输管理、项目管理、法规与标准过程控制等补充功能。

ERP 系统能把客户需求和企业内部的制造活动以及供应商的制造资源整合在一起,形成一个完整的供应链 ERP 的管理核心思想主要体现在以下三个方面:对整个供应链资源进行管理,精益生产、敏捷制造和同步工程,事先计划与事前控制。

15.2.4　MES

MES 系统是位于上层的计划管理系统与底层工业控制之间的面向车间层的管理信息系统,为车间操作人员和管理人员提供计划的执行、跟踪以及所有资源(包括人、设备、物料、客户需求等)的当前状态信息。

MES 能通过信息的传递,对从订单下达开始到产品完成的整个产品生产过程进行优化管理,对工厂发生的实时事件,及时作出相应的反应和提供报告,并用当前准确的数据进行相应的指导和处理。

MES 系统的重心有三个:一是整体优化,关注对整个车间制造过程的优化,而不是单一解决某个生产瓶颈;二是信息的实时处理,实时收集生产过程中的数据,实时对数据作出相应分析及处理；三是信息交互，与上游计划层和下游控制层进行信息交互，实现企业信息流的连续全集成。

MES 系统管理贯穿车间人（man）、机（machine）、料（material）、法（method）、环（environment）、测（measurement）六大生产要素——"5M1E"。

MES 系统的核心功能包括生产计划管理、生产执行、车间物流管理、质量管理、设备管理。

生产计划管理模块主要用于管理车间生产计划排程与工单任务下发，指导车间现场操作人员按照生产计划进行加工作业，并跟踪计划的生产进度，以及对订单的异常变化进行及时响应。

生产执行模块主要通过现场生产数据采集，获取实时生产状态，并管控现场异常情况，实现快速反馈和处理。

车间物流管理模块主要用于管理车间物料及物料配送，通过配送需求及配送计划管理，确保现场生产不因缺料而停止。

质量管理模块主要用于管理车间生产质量的数据采集与信息追溯，以及通过作业指导和防错防呆的方法减少质量问题。

设备管理模块主要用于设备保养及维护的管理，支撑 TPM 管理体系，并实时监控设备状态，统计和分析设备应用效率。

15.2.5　PLM

根据业界权威的 CIMDATA 的定义，PLM 系统是一种应用于单一地点的企业内部，或分散在多个地点的企业内部，以及在产品研发领域具有协作关系的企业之间的，支持产品全生命周期的信息创建、管理、分发和应用的一系列应用解决方案，它能够集成与产品相关的人力资源、流程、应用系统和信息。PLM 系统完全支持在整个数字化产品价值链中构思、评估、开发、管理和支持产品，把企业中多个未连通的产品信息孤岛集成为一个数字记录系统。PLM 打破了限制产品设计者、产品制造者、销售者和使用者进行沟通的技术桎梏，通过互联网进行协作，让企业在产品的设计创新上突飞猛进，同时缩短开发周期，提高生产效率，降低产品成本。

15.3　智能装备及技术

15.3.1　智能装备

1. 数控机床

数控机床一般由数控系统和机床本体两部分组成。数控系统能够读取根据加工工艺及参数、刀具运动轨迹、切削参数等编写的加工代码，自动控制机床动作，对零件按照预定工艺流程进行加工。数控机床是先进制造技术和制造信息集成的重要单元，是制造业中不可或缺的生产设备。随着各种新技术的发展，数控机床技术水平的高低已经成为衡量一个国家工业发展水平的重要标志。

2. 工业机器人

工业机器人是一种应用于工厂复杂生产环境的多关节机械手或多自由度的智能设备，可通过示教器控制或导入预先编写的程序完成特定功能、执行相应的指令或任务。工业机器人由机器人本体、机器人控制柜及示教器三部分组成。机器人本体由机身与行走机构、传动部件、伺服电动机及传感器等组成;机器人控制柜由柜体、控制器、通信模块、电源转换模块、I/O 模块及伺服驱动器等组成;示教器由控制器、触摸屏、通信模块、应用软件等组成。

目前的工业机器人大多应用在两种场合:

(1) 恶劣或危险环境,如核污染、粉尘污染、高强辐射等环境,以避免环境对人的威胁。

(2) 自动化工厂,用于完成高复杂度、高强度、高精度的工作任务,以提高生产效率、改善产品品质、节省成本、降低故障率。

3. 3D 打印设备

3D 打印设备通过 CAD 软件进行设计或通过扫描将工件制作成三维模型,然后将模型分层并逐层打印,最终将设计的模型加工成实际产品。作为生产制造的一种新型现代化设备,3D 打印设备融合了三维扫描技术、激光技术、计算机控制技术与新材料技术等,广受国内外研究者青睐。目前,3D 打印设备不仅可减少模型制造时间,而且可节省制造材料并完善加工工艺,已应用在医疗、航空航天、建筑、教育及其他领域。

15.3.2　智能检测技术

智能检测技术中最典型的是射频识别(radio-frequency identification,RFID)技术,它通过无线通信方式对数据进行读取或写入。RFID 系统由电子标签、读写器及应用软件组成。电子标签具有体型小、结构简单的特点,既有较大的数据存储容量,又可抵抗污渍、尘垢等恶劣环境的干扰;读写器为非接触式,读取速度快(小于 100 ms)。根据频段不同,RFID 系统可分为低频、高频和超高频系统三类。由于具有高效化、快速化、智能化采集与存储信息的优点,RFID 技术已被广泛应用于物流、仓储、零售、制造、医疗、交通等行业中。

15.3.3　云计算与大数据技术

云计算指的是互联网服务的交付和使用模式,云计算平台能以按需、易扩展的方式获得所需的服务,实现远程操控功能并具备数据存储能力与连接数据库的能力,有利于优化互联网资源配备。用户通过计算机终端设备接入云计算平台的数据中心,可体验高达每秒 10 万亿次的云计算能力。云计算平台可模拟气象云图、核弹爆炸、市场趋势等。按照运营模式分类,数据云可分为公共云、私有云和混合云三种。

大数据又可以称为海量数据或者巨量数据。大数据技术是指计算机首先通过传感器、网络等渠道识别获取的数据,再通过数据处理技术挖掘出有效信息,最后将数据进行存储和分析的技术。大数据技术为数据分析的高端技术,是实施数据分析的先行条件,是人类实现智能制造的前提和基础。在智能制造行业中,大数据技术可以帮助企业实现订单管理、库存管理及配送管理等,合理制定排产计划,降低物流和库存成本,优化生产资源配置。

从技术角度讲,云计算技术和大数据技术相互依存,密不可分。云计算平台是大数据分析和处理的平台,能够提升数据处理的速度和效率;大数据的价值和规律使云计算平台能更精准地得出分析结果。用户可以利用高效、低成本的云计算资源分析大数据的相关性,更加客观地认识事物的共性规律。

15.3.4　工业物联网技术

物联网是通过使用 RFID 设备、GPS(全球定位系统)、红外感应装置、激光扫描装置等获取物体信息,通过某种通信协议将物体信息接入互联网,从而实现对物体的状态监测、数据收集、数据分析、远程操控等自动化信息处理的技术手段。

工业物联网可以看作工业自动化系统与物联网系统的高度结合体，在其发展过程中引入了互联网、高级计算、分析以及传感等技术，并完成了工业生产系统、工业监控系统以及工业管理系统的融合，根据数据中心对工业数据的分析和处理结果，能够高效合理管理制造业供应链，优化生产工艺，监控生产设备及质量。

工业物联网从下至上可以分为三个层次：感知层、网络层和应用层。感知层是获取信息的来源，通过智能传感技术等来感知相关数据。感知层是物联网发展和应用的基础，感知节点感知到有用信息并传输给网络层。网络层建立在现有的移动通信设备和互联网基础之上，通过各种接入设备与移动通信网、互联网连接，传输感知数据，其核心技术包括传感器网络数据的存储、查询、分析、挖掘及基于感知数据决策和行为的理论和技术。应用层利用经过分析处理的感知数据为用户提供丰富的特定服务，主要解决信息的处理及可视化展示问题。

15.3.5　虚拟现实与人工智能技术

虚拟现实（virtual reality，VR）就是利用计算机技术模拟出一个三维空间的虚拟世界，为用户提供关于视觉、触觉和听觉等感受，让用户与虚拟环境中的人、物、信息及产品设计进行交互，获得与在现实世界中一致的体验，以预测可能出现的问题。在智能制造应用中，通过虚拟现实技术，能够检测、评价产品性能和产品的可制造性等，在产品实际生产前就采取预防措施，确保产品一次性开发成功，以达到降低成本、缩短产品开发周期、增强企业竞争力的目的。

人工智能（artificial intelligence，AI）技术是通过计算机技术学习和分析人的知觉、推理、学习、交流等活动和在复杂环境中的行为等，从而模仿、延伸和扩展人的行为，实现机器的具有人的思维或脑力的自动化、智能化。

15.3.6　智能制造产业模式

智能制造融合了先进的计算机技术、互联网及物联网技术、云计算和大数据技术、工业机器人等智能化设备的相关技术，使得单一重复的工作由机械手以流水线生产的方式完成。智能制造系统可以是由多个工业机器人工作站、物流系统及必要的非机器人工作站组成，从而使整个产品制造的适应性更加柔性、生产管控更透明可视，进而达到制造生产效率更高、产品质量更好、生产成本更低的目标。智能制造产业模式是多样化的，包含但不限于：

（1）以满足用户个性化需求为目标的个性化定制模式；

（2）以缩短产品研制周期为核心的全生命周期一体化模式；

（3）以供应链优化、仓储优化为核心的协同制造模式；

（4）以质量管控为核心的产品全生命周期可追溯模式；

（5）以提高资源利用率为核心的全生产过程的优化管理模式；

（6）以快速响应多样化市场需求为目标的柔性制造模式。

15.3.7　智能制造认知实习指导

1. 实习目的

（1）了解智能车间生产加工设备的基本构成、原理及应用，掌握智能车间的基本使用方法；

（2）了解智能车间生产的过程和流程，初步建立智能制造的生产管理概念；

（3）学习智能制造 VR 系统、智能车间离线仿真系统、智能车间在线仿真系统的使用；

（4）了解设备总控系统、MES 软件的作用及使用方法。

2. 实习内容

（1）自主体验智能制造 VR 系统，并通过智能车间离线仿真系统、智能车间在线仿真系统了解智能制造车间整体布局及运行仿真（参见视频 15-1、15-2、15-3）。

视频 15-1　智能制造 VR 系统　　　视频 15-2　智能车间离线仿真　　　视频 15-3　智能车间在线仿真
　　　　　使用方法演示　　　　　　　　　　系统使用方法演示　　　　　　　　　系统使用方法演示

（2）参观智能车间硬件单元，熟悉其硬件单元结构及各单元功能。

智能车间硬件单元主要由智能制造加工单元、仓储物流系统、清洗检测单元组成，如图15-3所示。

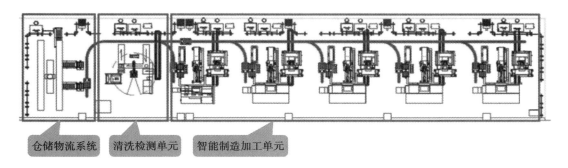

图 15-3　智能车间硬件单元布局

①智能制造加工单元　智能车间中共有五套智能制造加工单元，每套智能制造加工单元由数控车床、加工中心、工业机器人及第七轴、机器人定制夹具、定位台、快换夹具工作台、数字化立体料仓（小型）及单元内总控系统等组成。其中，数控车床及加工中心负责根据零件加工工艺对三种不同的工件进行加工，加工过程中由六轴工业机器人完成零件的自动上下料操作。为增大机器人的运行范围，在机器人原有六个轴的基础上增加移动导轨，成为机器人第七轴，使机器人能够适应多工位、多机台、大跨度的工作场景。五套智能制造加工单元既可串联整体运行，也可独立使用。独立使用时由单元内的小型数字化立体料仓进行工件存储，运行流程的控制则由单元内总控系统完成。

②仓储物流系统　包括数字化立体料仓、堆垛机、AVG 小车、RFID 系统等设备。其中，数字化立体料仓是智能车间的物料存储单元，它利用 RFID 系统实现智能化的管理。该立体料仓分为毛坯件区、成形品区和废品区，各区每个仓位安装有感应开关，判断仓位是否有物料存在。在使用过程中，料仓管理系统与总控系统进行信号交互，控制机器人取放工件至相应的仓位。AGV 小车也是机器人的一种，它通常用于工件物料的搬运、转移，是整个车间物料周转流动的载体。该 AGV 运料系统采用磁条引导方式，安装有三色塔灯及碰撞保护装置，采用PLC 控制系统与机床、机器人、定位台及立体仓库进行实时通信，保证相互之间的信息交流及工作对接。

③清洗检测单元 主要由六轴工业机器人、桁架机械手、清洗机、三坐标检测仪、数字测微计和 U 形流水线组成。清洗机采用超声波清洗工件表面废屑油污等杂物,完毕后烘干,可以避免工件在装配过程中受到杂物影响。三坐标检测仪主要用于对工件进行几何公差的检验和测量,判断该工件的加工误差是否在公差范围之内。数字测微计则主要利用其光学系统对圆柱体外径尺寸进行测量。

(3) 练习智能车间软件单元的使用,其步骤如下。

步骤 1:智能车间总控系统模块功能操作演示。

步骤 2:MES 系统模块功能操作演示(参见视频 15-4)。

视频 15-4 MES 系统操作演示及功能讲解

步骤 3:通过学号登录 MES 系统。

步骤 4:结合演示操作,在系统中选择产品,提交订单。

步骤 5:订单提交完成后,由教师在系统中汇总订单并调整数量。

步骤 6:由教师进行计划排产和任务分解操作,并将任务下发到产线。

步骤 7:MES 系统将任务对应的物料需求下发给 WMS 系统。

步骤 8:在教师的带领下到产线观摩实际生产,了解各个加工单元的工作流程及协作方式。

①智能车间零件加工工艺。

智能车间可进行三种不同零件的混流加工,其中 A 类零件为十二生肖浮雕挂件,B 类零件为个性化阴刻摆件,C 类零件为酒杯。根据其加工工艺的不同,A 类零件和 C 类零件由 1~4 号(智能制造加工单元从靠近料仓侧开始依次编号为 1、2、3、4、5 号)智能制造加工单元进行加工,B 类零件由 5 号智能制造加工单元进行加工。三类零件加工工艺见表 15-1。

表 15-1 三类零件加工工艺

零件分类	毛坯图	工序一	工序二	成品图
A 类	A $Ra1.6$ $C1$ $\phi 50$ $Ra1.6$ $\perp$ 0.05 A 10	铣生肖图案、钻孔	无	

续表

零件分类	毛坯图	工序一	工序二	成品图
B 类	A　$Ra1.6$　$C1$　$\phi60$　$Ra1.6$　$\perp\ 0.05\ A$　10	车端面	雕刻刀加工字样	
C 类	$\bigcirc\ 0.05\ A$　18　16　$R5$　$\phi62$　$\phi22$　$\phi53$　A　$R2$　91	车外圆、钻孔、车型腔	无	

②智能车间运行流程。

为提升智能车间运行效率,数字化立体料仓的每个料盘中放置四个同种零件。订单下发完成后,各类零件进出产线各设备(或机构)的运行顺序如下:

A 类零件:立体仓→定位台(出库)→AGV 小车→X 号加工单元(机器人→钻攻中心)→AGV 小车→U 形流水线(定位机构)→清洗检测单元(清洗机)→U 形流水线(缓存机构)→AGV 小车→定位台(入库)→立体料仓。

B 类零件:立体仓→定位台(出库)→AGV 小车→5 号加工单元(机器人→数控车床→钻攻中心)→AGV 小车→U 形流水线(定位机构)→清洗检测单元(清洗机→三坐标检测仪)→U 形流水线(缓存机构)→AGV 小车→定位台(入库)→立体料仓;

C 类零件:立体仓→定位台(出库)→AGV 小车→X 号加工单元(机器人→数控车床)→AGV 小车→U 形流水线(定位机构)→清洗检测单元(清洗机→数字测微计)→U 形流水线(缓存机构)→AGV 小车→定位台(入库)→立体料仓。

步骤 9:加工过程中,在教师的带领下通过现场大屏查看实时生产进度、异常 ANDON 看板及设备状态监控。

步骤 10:产线观摩讲解完毕后,通过 MES 系统生产执行模块跟踪制定的订单生产状态。

步骤 11:订单全部生产完毕后,在自动化立体料仓处分发成品。

步骤 12:关闭所有实习设备的电源气源,完成实习报告(参见视频 15-5)。

视频 15-5　智能制造加工单元设备归位还原注意事项及演示

3. 注意事项

严禁在设备自动运行过程中进入智能车间工作区域!

15.3.8 智能产线设备安装与调试虚拟实训指导

1. 智能产线虚拟仿真实训系统简介

虚拟智能产线以计算机建模和仿真技术为支持,可对产线进行系统化分析、设计和组织,并可通过建模、仿真运行和计算,辅助真实智能产线的规划与设计,通过在虚拟环境中完成智能产线的布局搭建、产线动作模拟仿真、实际操作培训等,有效地提高智能产线前期设计的效率,提升产线操作和运维人员的操作熟练度。

智能产线虚拟仿真实训系统具备完整的产线设计环节,通过运用产线布局、节拍与工艺路线设计的原则和方法,可方便使用者在虚拟环境中完成产线设备选型、设计、瓶颈改善、安全设计等相关操作。围绕智能产线相关知识点,分别从智能产线架构、单元运行、产线运行、产线设计等多个方面完成对智能产线的全面认知、安装调试和使用培训。

智能产线虚拟仿真实训系统包含智能产线的认知、产线设计、产线设备的安装和调试、数控加工设备的基本操作、人机交互、机器人上下料、物流系统调试、智能产线软件使用等多方面内容。通过内容认知、原理讲解、方法讲解、虚拟操作、操作反馈形成知识闭环,通过虚拟实训掌握智能产线相关的知识和技能,利用所学知识解决智能产线虚拟仿真实训与考评系统中提出的问题,并能够在现实智能产线中解决类似问题。

2. 智能产线设备安装与调试虚拟实训目的

智能产线设备安装与调试虚拟实训的目的是帮助学习者从硬件层面了解智能产线常见设备的基本知识和设备安装调试及设备间联调的基本方法,让学习者了解一些智能产线硬件设备的基础知识,为进行真实产线实训奠定一定的理论基础。该项实习的具体目的如下:

(1) 使学习者掌握智能产线中数控车床安装、调试的内容、方法和步骤;

(2) 使学习者掌握智能产线中加工中心安装、调试的内容、方法和步骤;

(3) 使学习者掌握智能产线中工业机器人安装、调试的内容、方法和步骤;

(4) 使学习者掌握智能产线中立体仓库及物流设备安装、调试的内容、方法和步骤;

(5) 使学习者掌握智能产线中智能软硬件设备通信连接和调试;

(6) 使学习者掌握智能产线中产线综合调试的方法;

(7) 使学习者能够通过智能产线中智能软件操作,控制产线完成智能加工。

3. 实习内容

1) 完成智能产线虚拟仿真实训系统中所有设备的安装调试任务内容

①教师概括性讲解智能产线虚拟仿真实训与考评系统基本操作方法,实习需要使用的知识点对应的任务(包括数控车床的安装与调试、加工中心的安装与调试、行走机器人的安装与调试、产线通信设置、产线软件使用)。

②学生自主练习智能产线虚拟仿真实训系统中有关数控车床、加工中心、行走机器人、设备通信、产线软件使用相关任务内容。

2) 完成智能产线虚拟仿真实训系统中软硬件通信及调试任务内容

①教师抽取智能产线虚拟仿真实训系统中产线综合调试任务中的一个任务,详细讲解产线综合调试任务完成的方法和步骤。

②学生自主练习教师讲解过的产线综合调试任务,通过自主练习,加深对产线综合调试任

务的理解,进一步熟悉软件的操作方式,了解产线综合调试任务操作错误反馈和得分情况。

3) 完成智能产线虚拟仿真实训系统中产线生产任务内容

教师抽取智能产线虚拟仿真实训系统中未讲解的产线综合调试任务中的一个任务,让学生自行完成。任务完成步骤如下。

步骤 1:进入智能产线虚拟仿真实训系统产线综合调试部分,并接取任务。

步骤 2:读取任务书,了解需要完成的任务内容。

步骤 3:穿戴安全防护装备。

步骤 4:拾取任务对应技术资料,了解任务基本信息。

步骤 5:完成数控机床的调试(包括数控机床开机、查看数控机床需要的 M 指令、安装机床刀具、机床对刀等)。

步骤 6:完成工业机器人及立体仓库调试(包括物料放置、机器人上电、机器人对点、机器人程序调用等)。

步骤 7:完成通信设置(包括设备间线缆连接、通信地址设置等)。

步骤 8:使用智能控制软件完成产线试运行。

步骤 9:使用智能软件完成有一定批量的生产派单操作。

步骤 10:完成生产后,关闭所有设备需要关闭的电源、气源,归还调试使用的工具及未使用完的物品。

步骤 11:提交任务,查看任务完成结果。

15.3.9　智能制造加工单元运行实习指导

1. 实习目的

(1) 理解智能制造加工单元各设备的基本构成、原理及应用;

(2) 熟悉虚拟仿真软件中智能制造加工单元设备的安装、调试和操作;

(3) 了解智能制造加工单元的软硬件系统,能够正确进行设备间的网络连接和通信;

(4) 掌握智能制造加工单元主要设备的操作技术,能够进行产品的加工生产;

(5) 了解机械加工工艺优化的工作原理,能够使用工艺优化的方法,提高生产效率。

2. 注意事项

(1) 进入设备工作区域时须戴安全帽;

(2) 严禁在自动运行过程中进入机器人工作区域;

(3) 严禁踩踏机器人导轨及桥架,严禁随意移动加工工件及机器人快换夹具;

(4) 保持场内清洁,确保机器人及机床周围区域无水、油及杂质等。

3. 实习内容

(1) 学习使用智能制造虚拟仿真软件,熟悉智能制造加工单元的基本构成。

(2) 学习、熟悉智能制造加工单元内各设备的操作使用。

① 练习智能制造加工单元中数控设备、工业机器人的常规操作,包括电源气源的开启与关闭、设备状态检查及试运行操作(参见视频 15-6、15-7、15-8)。

② 练习智能制造加工单元中各设备的网络连接及单元内总控软件、大数据采集软件、工艺优化软件的使用(参见视频 15-9)。

(3) 使用智能制造加工单元进行零件的加工(参见视频 15-10)。

(4) 采用工艺优化方法改进零件的生产效率。

视频 15-6 五轴加工中心
基础操作演示

视频 15-7 数控车床
基础操作演示

视频 15-8 单元内机器人
基础操作演示

视频 15-9 大数据采集及工艺优化软件操作
演示及功能讲解

视频 15-10 智能制造加工单元整体运行
操作演示

使用智能制造加工单元完成两个工件的加工,并对加工程序进行工艺优化操作,步骤如下。

步骤 1:完成智能制造加工单元的设备网络连接,确保各设备工作状态正常。

步骤 2:完成工业机器人程序编写及示教对点。

步骤 3:完成规定范围内的工件产品设计(根据实际情况,可做签名、个性化设计等调整)。

步骤 4:检查加工 G 代码的正确性,然后通过总控软件系统进行 G 代码的下发。

步骤 5:完成智能制造加工单元设备运行前的准备,包括设置 RFID 参数、毛坯工件的信息写入、毛坯信息与料仓仓位信息的一致性确认、单元内总控软件中各通信设备的参数设置、机床刀具对刀等。

步骤 6:加工第一个工件,同时使用大数据采集软件进行数控加工中心数据的采集,加工完成后进行在线测量,合格工件自动入库。

步骤 7:通过工艺优化软件,对加工程序进行优化,产生优化后的 G 代码,并对 G 代码进行下发。

步骤 8:加工第二个工件,并进行在线测量,合格工件自动入库。

步骤 9:加工完成后,对比两次零件加工时间,并完成实习报告。

步骤 10:将设备复位,清理实训现场,并关闭所有实习设备的电源气源。

15.3.10 智能制造车间运行实习指导

1. 实习目的

(1)掌握智能车间虚拟仿真软件的使用方法。

(2)认识智能车间的硬件和软件设备,并且掌握其使用方法。

(3)了解云数控平台的功能和原理,掌握其使用方法。

(4)掌握智能车间的总控系统、MES 的工作流程和使用方法。

2. 注意事项

(1)进入设备工作区域时须戴安全帽。

(2)严禁在自动运行过程中进入机器人工作区域。

(3)严禁踩踏机器人导轨及桥架,严禁随意移动加工工件及机器人快换夹具。

(4)保持场内清洁,确保机器人及机床周围区域无水、油及杂质等。

3. 实习内容

（1）学习智能制造 VR 系统、智能车间离线仿真系统、智能车间在线仿真系统的使用。

自主体验智能制造 VR 系统，并通过智能车间离线仿真系统、智能车间在线仿真系统了解智能制造车间整体布局及运行仿真（参见视频 15-1、视频 15-2、视频 15-3）。

（2）学习智能车间各设备功能和作用，了解产品生产的工艺流程、节拍等。

练习智能制造车间中数控设备、工业机器人及产线专机设备的常规操作，包括电源气源的开启与关闭、设备状态检查及试运行操作（参见视频 15-11 至视频 15-14）。

视频 15-11　AGV 操作演示及功能讲解

视频 15-12　清洗机操作演示及功能讲解

视频 15-13　三坐标检测仪操作演示及功能讲解

视频 15-14　数字测微计操作演示及功能讲解

（3）学习云数控平台的操作使用（参见视频 15-15）。

（4）学习 MES 系统的使用，完成计划排程、生产工单下达、物流配送等任务，跟踪订单生产进度，完成生产报告（参见视频 15-4）。

①练习智能制造车间中各设备的网络连接及智能车间总控软件、MES 系统、WMS 软件、云数控软件、大数据采集软件及工艺优化软件的使用（参见视频 15-4、15-16、15-15、15-9）。

视频 15-15　云数控系统操作演示及功能讲解

视频 15-16　WMS 系统操作演示及功能讲解

②完成规定范围内的产品设计并进行下单操作，观察智能制造车间的整体运行流程，步骤如下。

步骤 1：完成智能制造车间的设备网络连接，并保持各设备工作状态正常。

步骤 2：完成工业机器人程序编写和示教对点。

步骤 3：完成规定范围内的工件产品设计（根据实际情况，可做签名、个性化设计等调整）。

步骤 4：检查加工 G 代码的正确性，然后通过总控软件进行 G 代码的下发。

步骤 5：完成智能制造车间设备运行前的准备工作，包括设置 RFID 参数、毛坯工件的信息写入、毛坯信息与料仓仓位信息的一致性检查、智能制造车间总控软件中各通信设备的参数设置、机床刀具对刀等。

步骤 6：通过 MES 系统下发订单。

步骤 7：订单提交完成后，由教师在系统中汇总订单并调整数量。

步骤 8：由教师进行计划排产和任务分解操作，并将任务下发到产线。

步骤 9：加工完成后，所有设备归位还原，包括示教器、工业机器人的姿态、仓储物料等。

步骤 10：关闭所有实习设备的电源气源，完成实习报告。

复习思考题

1. 理解智能制造的关键技术和内涵，并用自己的语言描述什么是智能制造。

2. 理解新一代智能制造的主要特点，查找并写下其在现阶段企业中的应用案例。

3. 智能制造系统架构中的生命周期、系统层级和智能特征各包含哪些内容？

4. 常见的制造信息系统有哪些？它们的主要功能是什么？

5. 数控机床与传统机床对比有哪些优点？

6. 工业机器人由哪几部分组成？

7. 说明云计算技术和大数据技术的原理及二者之间的相互关系。

8. 智能车间的硬件单元和软件单元分别有哪些？其中物流仓储系统由哪些部分组成？

9. 智能车间的 MES 系统主要有哪些功能？

10. 云数控系统在智能制造车间的主要作用是什么？

11. 机床的在线检测功能与刀具补偿功能如何配套使用才能提高产品的加工精度？

12. 智能制造加工单元的总控软件主要统计了哪些数据？

参 考 文 献

[1]　徐鸿本.沈其文.金工实习[M].2版.武汉:华中科技大学出版社,2005.

[2]　傅水根,李双寿.机械制造实习[M].北京:清华大学出版社,2015.

[3]　严绍华.金属工艺学实习[M].3版.北京:清华大学出版社,2017.

[4]　刘世平,贝恩海.工程训练(制造技术实习部分)[M].武汉:华中科技大学出版社,2008.

[5]　安萍.材料成形技术[M].北京:科学出版社.2008.

[6]　周世权.工程实践(机械及近机械类)[M].武汉:华中科技大学出版社,2016.

[7]　周继烈.工程训练实训教程[M].北京:科学出版社,2015.

[8]　曲晓海,朱先勇,杨洋.现代工程训练[M].长春:吉林科学技术出版社,2013.

[9]　黄如林.金工实习[M].2版.南京:东南大学出版社,2016.

[10]　魏斯亮,邱小林.金工实习[M].2版.北京:北京理工大学出版社,2016.

[11]　司忠志,孟玲琴,胡蓬辉.金工实习教程[M].北京:北京理工大学出版社,2015.

[12]　孙凤.工程实训教程[M].北京:机械工业出版社,2018.

[13]　黄超,余茜,肖明葵.材料力学[M].重庆:重庆大学出版社,2016.

[14]　李绍成,梁协铭.焊接技术及质量检验[M].南京:东南大学出版社,2001.

[15]　朱文峰,李晏,马淑梅.互换性与技术测量[M].上海:上海科学技术出版社,2018.

[16]　袁梁梁.车工快速入门[M].北京:北京理工大学出版社,2008.

[17]　叶伯生,周向东,朱国文.华中数控系统编程与操作手册[M].北京:机械工业出版社,2010.

[18]　陈吉红.数控机床现代加工工艺[M].武汉:华中科技大学出版社,2009.

[19]　王明红.数控技术[M].北京:清华大学出版社,2009.

[20]　马宏伟.数控技术[M].2版.北京:电子工业出版社,2014.

[21]　詹华西.多轴加工与仿真[M].西安:西安电子科技大学出版社,2015.

[22]　陈明,梁乃明.智能制造之路:数字化工厂[M].北京:机械工业出版社,2016.

[23]　周济.新一代智能制造——新一轮工业革命的核心驱动力[R].北京:中国工程院报告厅,2018.

[24]　况康.数控机床基础件几何精度在线监测技术研究[D].大连:大连理工大学,2018.

[25]　杨昌铸.六轴工业机器人轨迹规划及仿真[D].广州:广东工业大学,2018.

[26]　杨恒.最新物联网实用开发技术[M].北京:清华大学出版社,2012.

[27]　卢清波,宋艳丽,严峻.工业机器人技术基础[M].武汉:华中科技大学出版社,2018.

[28]　邢美峰.工业机器人操作与编程[M].北京:电子工业出版社,2016.

[29]　叶伯生.工业机器人操作与编程[M].武汉:华中科技大学出版社,2016.

[30]　郝巧梅,刘怀兰.工业机器人技术[M].北京:电子工业出版社,2016.

[31]　张玉希,伍东亮.工业机器人入门[M].北京:北京理工大学出版社,2017.

[32]　王芳,赵中宁.智能制造基础与应用[M].北京:机械工业出版社,2018.

[33]　青岛英谷教育科技股份有限公司.智能制造导论[M].西安:西安电子科技大学出版

社,2016.

[34]　鄂大辛.特种加工基础实训教程[M].北京:北京理工大学出版社,2017.

[35]　朱派龙.特种加工技术[M].北京:北京大学出版社,2017.

[36]　吴怀宇.3D打印:三维智能数字化创造[M].北京:电子工业出版社,2015.

[37]　吕鉴涛.3D打印原理、技术与应用[M].北京:人民邮电出版社,2017.

[38]　孙水发,李娜,董方敏,等.3D打印逆向建模技术与应用[M].南京:南京师范大学出版社,2016.

[39]　辛志杰.逆向设计与3D打印实用技术[M].北京:化学工业出版社,2016.

[40]　冯春梅,杨继全,施建平.3D打印成型工艺及技术[M].南京:南京师范大学出版社,2016.

二维码资源使用说明

　　本书配套数字资源以二维码的形式在书中呈现,读者第一次查看数字资源时,可利用智能手机微信扫码,扫码成功后提示微信登录,授权后进入注册页面,填写注册信息。按照提示输入手机号后点击获取手机验证码,稍等片刻收到4位数的验证码短信,在提示位置输入验证码成功后,重复输入两遍设置密码,点击"立即注册",注册成功。(若手机已经注册,则在"注册"页底面选择"已有账号? 绑定账号",进入"账号绑定"页面,直接输入手机号和密码,提示登录成功。)接着提示输入学习码,需刮开教材封底防伪图层,输入13位学习码(正版图书拥有的一次性使用学习码),输入正确后提示绑定成功,即可查看二维码数字资源。手机第一次登录查看资源成功,以后便可直接在微信端扫码登录,重复查看本书所有的数字资源。